建设行业施工现场专业人员
继续教育 培训教材

主编◎杨　博　刘晓东

中国电力出版社
CHINA ELECTRIC POWER PRESS

内 容 提 要

本书的主要内容包括建筑行业新政策、新规范、新规程与新规定,建筑工程施工新技术,市政工程施工新技术,安装工程施工新技术,建筑装饰装修新技术,新型建筑材料,绿色施工技术,防水技术与围护结构节能,抗震、加固与监测技术和信息化技术。本书内容先进、重点突出,易于学习和掌握,符合现场施工实际情况的应用,具有先进性、操作性强等诸多优点。

本书可作为建设行业施工现场专业人员的继续教育培训教材,也可供大中专院校相关专业师生学习参考。

图书在版编目(CIP)数据

建设行业施工现场专业人员继续教育培训教材/杨博,刘晓东主编 . —北京:中国电力出版社,2019.1

 ISBN 978 - 7 - 5198 - 2658 - 1

 Ⅰ . ①建… Ⅱ . ①杨…②刘… Ⅲ . ①建筑施工 - 施工现场 - 施工管理 - 继续教育 - 教材 Ⅳ . ①TU721

 中国版本图书馆 CIP 数据核字(2018)第 269548 号

出版发行:中国电力出版社
地　　址:北京市东城区北京站西街 19 号(邮政编码 100005)
网　　址:http://www.cepp.sgcc.com.cn
责任编辑:周娟华(010 - 63412601)
责任校对:黄　蓓　常燕昆
装帧设计:张俊霞
责任印制:杨晓东

印　　刷:三河市航远印刷有限公司
版　　次:2019 年 1 月第一版
印　　次:2019 年 1 月北京第一次印刷
开　　本:787 毫米×1092 毫米　16 开本
印　　张:14.5
字　　数:351 千字
定　　价:58.00 元

前　言

　　为了更好地促进建设领域科技的发展、推广与应用，全面提高建设领域施工技术管理人员的专业水平，我们结合最新颁布的标准、规范、规程和建设科技发展成果，编写了《建设行业施工现场专业人员继续教育培训教材》。本书内容先进、重点突出，易于学习和掌握，符合施工现场专业人员的学习要求。

　　本书的突出之处在于：技术突出了"新"，主要是针对一些新技术做了阐述，尤其是近几年重点推广的绿色施工技术、装配式建筑施工技术和 BIM 技术，做了详细的介绍。

　　本书具有较强的实用性和可操作性，可作为建设行业施工现场专业人员的继续教育培训教材，同时也可作为从事建筑业、房地产业等工程建设和管理人员的参考用书。

　　由于建筑新技术发展迅速，新材料、新产品、新技术、新工艺等层出不穷，在编写过程中难免会出现纰漏；同时，由于编者时间和精力有限，也难免会有谬误之处和不完善的地方，敬请读者来电批评和改正。我们也会不断完善和改正，使建筑工程新技术得到全面推广和应用，全面促进建筑新技术的发展。

编者
2018 年 10 月

目　录

第1章 建筑行业新政策、新规范、新规程与新规定

1.1 《建筑业10项新技术（2017版）》

1. 意义

党的十九大报告提出：加快建设创新型国家，加强应用基础研究，突出关键共性技术、前沿引领技术、现代工程技术、颠覆性技术创新，为建设科技强国、质量强国提供有力支撑。

当前，建筑业面临新时代发展任务和深化改革的关键时期，2017版修订工作契合了两个方面的需要：

一是贯彻落实新发展理念、优化升级建筑业发展的需要。增强科技创新能力，既是建筑业转变发展方式、推进工程技术领域进入并跑、领跑阶段的关键核心，也是推动工程建设领域向高质量发展的重要支撑。

此次全面修订2017版，既是贯彻实施《国务院办公厅关于促进建筑业持续健康发展的意见》中"推进建筑产业现代化、加强技术研发应用"目标任务的具体举措，也是增强建筑业科技创新力、加快产业技术进步的重要抓手。

二是顺应工程技术发展趋势、破解区域不平衡不充分发展的需要。加快促进建筑业结构升级和可持续发展的共性技术和关键技术推广应用，引导建筑企业采用先进适用、成熟可靠的新技术，提高工程科技含量，保证工程质量和安全生产，是我们的根本任务。

工程技术在高端领域迅速发展的同时，各地区技术发展水平很不均衡、中小建筑企业技术能力差距明显、量大面广工程的整体技术含量偏低等诸多发展不平衡、不充分的状况，在一定程度上制约了建筑产业的整体竞争力。《建筑业10项新技术》坚持"先进、适用、可靠"的原则，定位于适用范围较广、应用前景好、符合发展方向的新技术，整合全国技术资源，引导带动各区域技术发展。

2. 特点

2016年3月，住房和城乡建设部工程质量安全监管司正式启动修订工作，组织国内建筑行业百位权威专家，通过广泛调查、系统研究，深入总结分析近年建筑业新技术发展成果，把握两个基点：

一是"新"，即吸纳了大量的新技术、新材料、新工艺、新设备，在保证安全、可靠的前提下注重技术先进性；

二是"用"，即在建筑业中切实值得推广，广大建筑企业能够有效使用，并取得好的应用效果。

3. 变化

此次修订的2017版的内容包括10个大项、107项技术。与2010版相比，主要有3个方面的变化：

第一，贯彻《国务院办公厅关于促进建筑业持续健康发展的意见》等国家发展战略要

求，注重跟进绿色化、工业化、信息化等相关需求。

第二，加强建筑业重点、热点领域的技术应用，尤其突出了装配式建筑、抗震、节能、信息化等热点领域和前沿技术，新增"装配式混凝土结构技术"章节，"绿色施工技术"中新增"施工噪声控制技术""建筑垃圾减量化与资源利用""绿色施工在线监测及量化评价"等 8 项新技术。

第三，全面升级、优化基础性技术。对旧版重新梳理、吐故纳新，删减、归并 54 项，更新升级 24 项，新增 53 项，其中对地基基础和地下空间、机电安装、模板脚手架等技术均进行了大幅更新和补充。

4. 契机

《建筑业 10 项新技术》在行业内一直保持旺盛的生命力，源自于不断创新发展，根植于广大建筑企业、技术人员的工程实践应用。各地区要切实做好 2017 版的应用推广工作，充分发挥示范引领作用。

一是加大宣传推广力度，全面提升工程技术水平。各地区要组织多层次、多形式的学习交流，结合本地区实际，鼓励企业积极开展新技术应用，打造高品质工程。

二是以对标新技术为契机，加强技术创新体系建设。引导企业通过新技术应用、吸收转化，激发创新动力，营造创新氛围，增强自身技术创新能力。着力推进"以企业为主体，以市场为导向，产学研相结合"的建筑业技术创新体系，为建筑业持续健康发展提供有力支撑。

1.2 《建设项目工程总承包管理规范》（GB/T 50358—2017）

2017 年 5 月 4 日，住房和城乡建设部发布《建设项目工程总承包管理规范》（GB/T 50358—2017），自 2018 年 1 月 1 日起实施。原国家标准《建设项目工程总承包管理规范》（GB/T 50358—2005）同时废止。

该规范主要内容包括：总则；术语；工程总承包管理的组织；项目策划；项目设计管理；项目采购管理；项目施工管理；项目试运行管理；项目进度管理；项目费用管理；项目安全、职业健康与环境管理；项目资源管理；项目沟通与信息管理；项目合同管理；规范用词用语说明；条文说明。

新规范的变化：新规范设置了 17 个章节，共计 89 个条款，其中删减了工程总承包管理的内容与程序章节，增加了项目风险管理和项目收尾的章节。与旧版标准相比较，新标准中规范了标准中的语言，精简了条款中的用词。在术语章节中，删减了较多基础性、众所周知的术语，同时也相应增加和调整了对工程中新名词的理解和解释。

新标准与 GB/T 50358—2005 相比，主要技术性变化如下：

（1）提出了基于 PDCA 循环的过程管理概念。要求项目部在实施项目过程中，每一个管理过程需体现策划（Plan）、实施（Do）、检查（Check）、处置（Action），即 PDCA 循环。

（2）强调了项目各阶段之间的协调、管理。充分发挥工程总承包优势，打破设计、施工、采购之间的隔阂。

（3）增加了项目风险管理的各项要求。明确了项目风险管理应贯穿于项目实施全过程，并且分阶段进行动态管理，对企业风险识别、风险评估、风险控制提出了具体要求。

（4）强调了项目管理过程中考虑职业健康安全及环境的要求。

（5）增加了项目收尾工作的相关内容。明确项目收尾工作由项目经理负责，对收尾阶段的工作内容、竣工验收、项目总结、考核与审计做出了具体要求。

（6）工程总承包管理的组织方面，对项目经理下应设置的管理岗位，如控制经理、设计经理、采购经理、施工经理、试运行经理、财务经理、质量经理、安全经理、商务经理等做出了建议，删减了各管理岗位的具体职责。

（7）项目策划方面，对项目实施计划包括的章节作出了规定，删减了章节内容的具体要求。

（8）项目设计管理方面，对设计质量控制要点中增加了项目全过程中的设计技术支持的控制。

（9）项目施工管理方面，提出了在满足项目矩阵管理要求的形式下，实现项目施工的目标管理。

（10）项目试运行管理方面，对项目试运行执行计划的内容做了相应调整，增加了试运行考核计划的具体内容。

（11）项目进度管理方面，删减了制作项目进度计划图表方法的具体要求、进度计划编制说明、各接口进度实施重点控制的具体内容，增加了项目进度控制以及进度变更控制的具体要求。

（12）项目质量管理方面，减少了对项目各阶段之间接口质量控制的具体要求以及数据分析应收集的质量信息的具体要求，明确提出了项目管理应建立、实施、监督检查、改进质量管理体系。

（13）项目安全、职业健康与环境管理方面，增加了项目环境保护应进行环境因素识别和评价、安全管理主要负责人的具体职责，以及项目应制定生产安全事故隐患排查治理制度等。

（14）项目合同管理方面，增加了合同变更及分包合同变更宜包括的主要内容，减少了对合同违约责任的具体描述以及各类分包合同职责的具体描述。

1.3 《危险性较大的分部分项工程安全管理规定》

为加强房屋建筑和市政基础设施工程中危险性较大的分部分项工程安全管理，有效防范施工安全事故，住房和城乡建设部于 2018 年 3 月 8 日以第 37 号令发布《危险性较大的分部分项工程安全管理规定》（以下简称《管理规定》），自 2018 年 6 月 1 日起施行。

1. 发布的背景

安全生产事关人民生命财产安全，事关党和国家事业发展大局。党的十九大报告强调，要树立安全发展理念，弘扬"生命至上、安全第一"的思想，健全公共安全体系，完善安全生产责任制，坚决遏制重特大安全事故，这对我们进一步加强建筑施工安全生产工作、切实防范安全事故提出了更高更严的要求。近年来，房屋建筑和市政基础设施工程施工安全形势总体稳定，但造成群死群伤的安全事故仍时有发生。

施工活动中，危险性较大（以下简称"危大"）工程具有数量多、分布广、管控难、危害大等特征，一旦发生事故，会造成严重后果和不良社会影响。据统计，近几年全国房屋建筑和市政基础设施工程领域死亡 3 人以上的较大安全事故中，大多数发生在基坑工程、模板工程及支撑体系、起重吊装及安装拆卸工程等危大工程范围内。为切实做好危大工程安全管理，努力减少群死群伤事故发生，从根本上促进建筑施工安全形势的好转，维护人民群众生命财产安全，为此制订了本管理规定。

2. 着重解决的问题

一是危大工程安全管理体系不健全的问题。部分工程参建主体职责不明确，建设、勘察、设计等单位责任缺失，危大工程安全管理的系统性和整体性不够。

二是危大工程安全管理责任不落实的问题。如施工单位不按规定编制危大工程专项施工方案，或者不按方案施工等现象屡见不鲜。

三是法律责任和处罚措施不完善的问题。现有规定对危大工程违法违规行为缺乏具体、量化的处罚措施，监管执法难。

3. 主要内容

共 7 章 40 条，主要包括以下内容：

一是明确危大工程定义和范围。《管理规定》明确危大工程是指房屋建筑和市政基础设施工程在施工过程中，容易导致人员群死群伤或造成重大经济损失的分部分项工程。考虑到危大工程范围要根据安全生产工作需要适时调整，《管理规定》没有详细列出，住房和城乡建设部将另行制订配套文件予以明确。

二是强化危大工程参与各方主体责任。《管理规定》系统规定了危大工程参与各方安全管理职责，特别是明确了建设、勘察、设计单位的责任，如建设单位应当组织勘察、设计等单位在施工招标文件中列出危大工程清单，在申请办理安全监督手续时应当提交危大工程清单及其安全管理措施等资料，勘察单位应当在勘察文件中说明地质条件可能造成的工程风险，设计单位应当在设计文件中注明涉及危大工程的重点部位和环节，提出保障工程周边环境安全和工程施工安全的意见等，进一步健全了危大工程安全管理体系。

三是确立危大工程专项施工方案编制及论证制度。《管理规定》要求，施工单位应当在危大工程施工前，组织工程技术人员编制专项施工方案，对于超过一定规模的危大工程，应当组织召开专家论证会对专项施工方案进行论证，并明确规定了组织专家论证的工作程序，参与论证专家的数量、专业、论证报告以及专项施工方案论证后修改完善等方面要求。

四是强化现场安全管理措施。《管理规定》对危大工程施工现场安全管理作出详细规定：要求施工单位在专项施工方案实施前，要进行方案交底和安全技术交底，必须严格按照专项施工方案组织施工，项目负责人应当在施工现场履职；项目专职安全生产管理人员应当进行现场监督；监理单位应当编制监理实施细则，并对危大工程施工实施专项巡视检查等。并明确规定了第三方监测和组织验收等方面要求。

五是加强危大工程监督管理。《管理规定》要求相关监管部门要对危大工程进行抽查，对违法行为实施处罚并将处罚信息纳入不良信用记录。同时，细化、明确了相关罚则，加大了对违法行为的惩戒力度，使监管执法更具可操作性，有效提高监管执法的威慑力和有效性。

4. 对违法违规行为的惩戒措施

对安全生产违法违规行为严格处罚，是贯彻"隐患就是事故"思想，有效落实安全责任、预防安全事故发生的有力手段。《管理规定》共有 11 条罚则，对危大工程参与各方违法违规行为分门别类明确了处罚措施。要强调的是，除了对违法违规单位和相关责任人员处以罚款外，对于施工单位未按照规定编制并审核危大工程专项施工方案、未对超过一定规模的危大工程专项施工方案进行专家论证、未根据专家论证报告对超过一定规模的危大工程专项施工方案进行修改或者未按照规定重新组织专家论证、未严格按照专项施工方案组织施工或者擅自修改专项施工方案4类性质严重、危害性大的行为，同时处以暂扣安全生产许可证30日的处罚。这些措施将大大提高违法成本，具有强大的威慑作用。

5. 对加强危大工程安全管理的促进作用

《管理规定》细化和完善了危大工程安全管理制度，并以部门规章形式予以明确，使这项工作有了更加充分和权威的法律依据。通过实施《管理规定》，能够显著增强全行业对危大工程的重视程度，促进危大工程参与各方严格履行安全责任，提高危大工程安全管理水平，降低群死群伤事故发生的风险。

1.4 《必须招标的工程项目规定》

2018年3月8日，国务院批准《必须招标的工程项目规定》（以下简称《新规定》），由国家发展改革委公布，自2018年6月1日施行。同时，施行之日起，2000年4月4日国务院批准、2000年5月1日原国家发展计划委员会发布的《工程建设项目招标范围和规模标准规定》（以下简称《原规定》）同时废止。

《新规定》主要的变化：

（1）《新规定》增加了制定目的的表述。《新规定》是依据《中华人民共和国招标投标法》第三条的授权制定的，是《中华人民共和国招标投标法》的重要补充，是我国招标投标法体系的一个重要组成部分。关于规定的制定目的，《新规定》在《原规定》的基础上增加了提高工作效率、降低企业成本、预防腐败的表述。

（2）《新规定》条文数量大幅减少。《原规定》总共有12条规定，《新规定》仅有6条规定，从条文数量看，条文减少了一半。

（3）资金来源特殊的工程项目必须招标的范围进一步缩小。将《中华人民共和国招标投标法》第3条中规定的"全部或者部分使用国有资金或者国家融资的项目"，明确为"使用预算资金200万元人民币以上，并且该资金占投资额10%以上的项目"，以及"使用国有企事业单位资金，并且该资金占控股或者主导地位的项目"。

（4）关系公共利益、公众安全的项目，必须招标的具体范围目前未定。《新规定》中规定，此类项目的具体范围要按照确有必要、严格限定的原则制定。目前，国家发改委会同有关部门正在制定具体方案。

（5）必须招标项目的规模标准进一步提高：一是将施工单项合同估算价由200万元提高到400万元；二是将重要设备、材料等货物的采购，单项合同估算价由100万元提高到200万元；三是将勘察、设计、监理等服务的采购，单项合同估算价由50万元提高到100万元，与《原规定》相比翻了一番；四是取消"单项合同估算价低于三项规定的标准，但项目总投资额在3000万元人民币以上"的规定。

（6）明确全国执行统一的规模标准。删除了《原规定》中"省、自治区、直辖市人民政府根据实际情况，可以规定本地区必须进行招标的具体范围和规模标准，但不得缩小本规定确定的必须进行招标的范围"的规定，明确全国适用统一规则，各地不得另行调整。

1.5 《建设工程施工合同（示范文本）》（GF—2017—0201）

为了指导建设工程施工合同当事人的签约行为，维护合同当事人的合法权益，依据《中华人民共和国合同法》《中华人民共和国建筑法》《中华人民共和国招标投标法》以及相关法律法规，住房和城乡建设部、国家工商行政管理总局对《建设工程施工合同（示范文本）》（GF—2013—0201）进行了修订，制定了《建设工程施工合同（示范文本）》（GF—2017—0201）（以下简称《示范文本》）。

1.《示范文本》的组成

《示范文本》由合同协议书、通用合同条款和专用合同条款三部分组成。

（1）合同协议书。《示范文本》合同协议书共计13条，主要包括工程概况、合同工期、质量标准、签约合同价和合同价格形式、项目经理、合同文件构成、承诺以及合同生效条件等重要内容，集中约定了合同当事人基本的合同权利义务。

（2）通用合同条款。通用合同条款是合同当事人根据《中华人民共和国建筑法》《中华人民共和国合同法》等法律法规的规定，就工程建设的实施及相关事项，对合同当事人的权利义务作出的原则性约定。

通用合同条款共计20条，具体条款分别为一般约定、发包人、承包人、监理人、工程质量、安全文明施工与环境保护、工期和进度、材料与设备、试验与检验、变更、价格调整、合同价格、计量与支付、验收和工程试车、竣工结算、缺陷责任与保修、违约、不可抗力、保险、索赔和争议解决。前述条款安排既考虑了现行法律法规对工程建设的有关要求，也考虑了建设工程施工管理的特殊需要。

（3）专用合同条款。专用合同条款是对通用合同条款原则性约定的细化、完善、补充、修改或另行约定的条款。合同当事人可以根据不同建设工程的特点及具体情况，通过双方的谈判、协商对相应的专用合同条款进行修改补充。在使用专用合同条款时，应注意以下事项：

1）专用合同条款的编号应与相应的通用合同条款的编号一致；

2）合同当事人可以通过对专用合同条款的修改，满足具体建设工程的特殊要求，避免直接修改通用合同条款；

3）专用合同条款中有横道线的地方，合同当事人可针对相应的通用合同条款进行细化、完善、补充、修改或另行约定；如无细化、完善、补充、修改或另行约定，则填写"无"或画"/"。

2.《示范文本》的性质和适用范围

《示范文本》为非强制性使用文本。《示范文本》适用于房屋建筑工程、土木工程、线路管道和设备安装工程、装修工程等建设工程的施工承发包活动，合同当事人可结合建设工程具体情况，根据《示范文本》订立合同，并按照法律法规规定和合同约定承担相应的法律责任及合同权利义务。

1.6 《建设工程造价鉴定规范》

2017 年 8 月 31 日，住房和城乡建设部发布《建设工程造价鉴定规范》（GB/T 51262—2017），自 2018 年 3 月 1 日起实施。

此规范明确了建筑工程在进行仲裁、诉讼等过程中，建筑工程造价鉴定工作的相关规定，对于保护建设工程企业、人员等具有重要的意义。建筑工程从业人员应当了解其操作流程，尤其是企业管理人员。

第 2 章　建筑工程施工新技术

2.1　灌注桩后注浆技术

2.1.1　技术内容

灌注桩后注浆是指在灌注桩成桩后一定时间，通过预设在桩身内的注浆导管及与之相连的桩端、桩侧处的注浆阀，以压力注入水泥浆的一种施工工艺。注浆目的：一是通过桩底和桩侧后注浆，加固桩底沉渣（虚土）和桩身泥皮；二是对桩底及桩侧一定范围的土体，通过渗入（粗颗粒土）、劈裂（细粒土）和压密（非饱和松散土）注浆，起到加固作用，从而增大桩侧阻力和桩端阻力，提高单桩承载力，减少桩基沉降。

在优化注浆工艺参数的前提下，单桩竖向承载力可提高 40% 以上，通常情况下粗粒土增幅高于细粒土、桩侧桩底复式注浆高于桩底注浆；桩基沉降减小 30% 左右；预埋于桩身的后注浆钢导管可与桩身完整性的超声检测管合二为一。灌注桩后注浆技术施工现场如图 2-1 所示。

图 2-1　灌注桩后注浆技术施工现场

2.1.2　技术指标

根据地层性状、桩长、承载力增幅和桩的使用功能（抗压、抗拔）等因素，灌注桩后注浆可采用桩底注浆、桩侧注浆、桩侧桩底复式注浆等形式。主要技术指标为：

（1）浆液水灰比：0.45～0.9。

（2）注浆压力：0.5～16MPa。

实际工程中，以上参数应根据土的类别、饱和度及桩的尺寸、承载力增幅等因素适当调整，并通过现场试注浆和试桩试验最终确定。设计和施工可依据《建筑桩基技术规范》（JGJ 94）的规定进行。

2.1.3　适用范围

灌注桩后注浆技术适用于除沉管灌注桩外的各类泥浆护壁和干作业的钻、挖、冲孔灌注桩。当桩端及桩侧有较厚的粗粒土时，后注浆提高单桩承载力的效果更为明显。

2.1.4　工程案例

目前，该技术应用于北京、上海、天津、福州、汕头、武汉、宜春、杭州、济南、廊坊、龙海、西宁、西安、德州等地数百项高层、超高层建筑桩基工程中，经济效益显著。典型工程如北京首都国际机场 T3 航站楼、上海中心大厦等。

2.1.5　工程实例

1. 工程概况

某住宅工程的一期项目中三栋楼的基础采用灌注桩后注浆施工技术，该工程施工现场的地质状况见表 2-1。

表 2-1　　　　　　　　　　　　施工现场的地质状况

地质状况	厚度	桩极限抗侧阻力标准值/kPa
强风化花岗岩层	介于 3.2～9.5m 之间	45
全风化花岗岩层	介于 0～3.3m 之间	35
砾质黏土层	介于 12.5～17.9m 之间	30
粉质黏土层	介于 3.5～3.85m 之间	25
人工填土层	介于 0.8～1.8m 之间	18

该工程桩基础的原设计方案是采用钻孔灌注扩底桩，但由于单桩承载力不能满足工程实际需求，并且施工成本较高、施工周期相对较长，通过综合分析，该工程施工单位决定采用灌注桩后注浆施工技术进行施工。通过实践获得了以下效果：缩短了施工周期，提高了施工质量，降低了施工成本等。

2. 施工工艺

灌注桩后注浆施工技术在建筑工程中的应用非常广泛，为了保证整体施工质量、加快施工进程和降低施工成本，应该严格控制施工工艺流程以及各个环节。具体包括：

（1）注浆管的安装施工。灌注桩后注浆施工技术采用的注浆管，通常采用镀锌管或者无缝焊接管制作，注浆管的直径通常选用 31mm 或者 26mm，在工程施工的过程中，应根据工程现场的实际状况科学选择管材和管径。一般情况下，注浆管的制作工艺包括三个方面：一是制作注浆管上端的花管；二是制作注浆管中间的直管；三是制作注浆管上部的接头。

注浆管上端的花管通常设计为梅花形，管径通常控制在 6～8mm。当注浆管的花管制作完成之后，还应用胶带、塑料膜、橡胶膜包裹严实，并采用钢丝加固，防止在注浆施工的过程中发生漏浆的问题，否则将会影响整体施工质量和进程。

（2）制备注浆液。注浆液的可灌性、黏稠度等都是影响注浆施工的因素，应根据建筑工程现场地质条件以及注浆泵的特点，科学选择注浆液，并严格控制注浆液的可灌性及黏稠度，必要时可添加外加剂。例如，添加硅酸盐的注浆液，具有凝结时间可控、价格低廉、无毒等众多优点，在国内外都具有非常广泛的应用。

（3）注浆管安装施工。施工人员在进行注浆管安装施工时，应严格控制注浆管的所有施工环节，仔细检查注浆管是否完整对接。焊接施工时，应保证无缝隙、焊缝饱满，并且当注浆管安装施工完成之后，还应严格按照相关操作规范和施工要求进行下放施工，保证下放施工的密闭性和连续性。

（4）压水试验。在灌注桩后注浆施工完成 7d 左右后，应进行压水试验。压水试验的目的在于检查注浆管路、单向阀是否畅通，并清理单向阀、注浆管周围的泥浆、沉渣以及其他杂质等。在进行压实试验时，由于灌注桩端的塌孔系数、扩孔系数相对较大，为了保证能够将覆盖层的混凝土冲开，必须提前进行压水试验。在试验过程中，应由专业技术人员对整个试验过程进行记录。

（5）灌注桩注浆施工。灌注桩注浆施工是灌注桩后注浆施工技术的最后一道工序，注浆施工时，现场技术人员应严格控制浆液水灰比、注浆水泥量以及注浆压力等，并严格按照相关标准进行施工控制。因为注浆压力指标不是固定不变的，技术人员在获得压水试验结果之后，可根据桩长、土体性能以及饱和度，对注浆压力进行适当的调整，以此保证注浆施工能顺利进行。

同时，在实践操作过程中，应根据土质条件、桩的抗拔能力、桩径以及桩长等合理地选择注浆压力，并根据底层的实际条件对注浆量进行合理的调整。此外，在设计注浆水灰比时，应先采用稀浆液，再灌注中等浓度浆液和浓浆液。根据相关施工经验，地下水位之上的水灰比控制为（0.8~0.9）∶1，地下水位之下的水灰比控制为（0.5~0.7）∶1。

3. 结束语

总而言之，灌注桩后注浆施工技术是一种实用性强、适用范围广、技术先进的施工技术，其在建筑工程施工中的应用，能够有效地提高建筑工程施工质量、加快施工进程、缩短施工周期以及降低工程成本等。因此，建筑工程企业必须充分地认识到灌注桩后注浆施工技术的优势，并严格按照相关的施工工艺流程和标准进行施工。

2.2 长螺旋钻孔压灌桩技术

2.2.1 技术内容

长螺旋钻孔压灌桩技术是采用长螺旋钻机钻孔至设计标高，利用混凝土泵将超流态细石混凝土从钻头底压出，边压灌混凝土边提升钻头直至成桩。混凝土灌注至设计标高后，再借助钢筋笼自重或利用专门振动装置将钢筋笼一次插入混凝土桩体至设计标高，形成钢筋混凝土灌注桩。后插入钢筋笼的工序应在压灌混凝土工序后连续进行。与普通水下灌注桩施工工艺相比，长螺旋钻孔压灌桩施工，不需要泥浆护壁，无泥皮，无沉渣，无泥浆污染，施工速度快，造价较低。

该工艺还可根据需要在钢筋笼上绑设桩端后注浆管进行桩端后注浆，以提高桩的承载力。

履带式长螺旋钻孔桩机和步履式长螺旋钻孔桩机如图 2-2 所示。

(a)　　　　　　　　(b)

图 2-2　履带式长螺旋钻孔桩机和步履式
长螺旋钻孔桩机
（a）履带式长螺旋钻孔桩机；（b）步履式长螺旋钻孔桩机

2.2.2 技术指标

长螺旋钻孔压灌桩技术的具体技术指标见表 2-2。设计和施工可依据《建筑桩基技术规范》（JGJ 94）的规定进行。

表 2-2　　　　　　　长螺旋钻孔压灌桩技术的具体技术指标

项目	技术指标
混凝土中可掺加粉煤灰或外加剂	煤灰掺量宜为 70~90kg/m³
粗骨料采用卵石或碎石	最大粒径不宜大于 20mm
混凝土坍落度	宜为 180~220mm

2.2.3　适用范围

适用于地下水位较高，易坍孔且长螺旋钻孔机可以钻进的地层。

2.2.4　工程案例

在北京、天津、唐山等地多项工程中应用，经济效益显著，具有良好的推广应用前景。

2.2.5　工程实例

1. 工程概况

该项目位于石家庄市裕华区东仰陵村北侧，石家庄天山大街以东，东邻天然城逸墅，地上 30 层，地下 2 层，结构形式为框架—剪力墙结构，基础形式为筏形基础。钢筋笼主筋 $\phi16$、箍筋 $\phi14$、绕筋 $\phi6.5$。钢筋笼长度为 9m。基础布桩每幢楼 146 根，成桩桩长 18.64m，有效桩长 18.0m，保护桩长 0.64m，桩端持力层为第 7 层（中粗砂），桩身进入持力层深度不小于 1.5m，单桩竖向承载力设计值不小于 2100kN。

2. 施工步骤

（1）钻机就位。保持平整、稳固，在机架或钻杆上设置标尺，以便控制和记录孔深，就位后校正好钻杆的位置和垂直度，垂直度的容许偏差不大于 1%，下放钻杆，使钻头对准桩位点。

（2）钻孔。开动钻机旋动钻头，根据土层情况控制钻进速度，先钻 0.5～1.0m 深，检查一切是否正常。未发现异常，再继续钻进，如发现钻杆摇晃、难钻或电流猛增现象、进尺缓慢等异常情形时，应停止钻进，分析原因进行处理，禁止强行钻进。钻杆下钻到设计深度后，在原位空转清土，在灌注前不得提钻。

（3）泵送混凝土。钻头到达设计标高时，钻杆保持原位不停钻，待孔内虚土全部上返后，开始泵送混凝土。待泵压上升 10MPa 且中心管顶部的泄气阀关闭时开始提拔钻杆，一边泵送混合料一边提钻，提钻速率控制必须与泵送量相匹配，以保证管内有一定高度的混凝土，直至桩体混凝土高出桩顶设计标高 500mm。

（4）后插钢筋笼。将振动锤和导入管通过法兰盘连接。将钢筋笼吊直扶正，缓缓送入孔内，启动振动锤，通过振动用钢筋笼导入管将钢筋笼送入桩身素混凝土内至设计标高，将桩身混凝土振捣密实，同时将钢筋笼固定。

施工流程如图 2-3 所示。

3. 施工效果评价

本工程桩基础采用长螺旋泵压混凝土后插钢筋笼桩工艺施工，经河北博瑞建工技术有限公司检测，每幢楼在低应变检测的 15 根桩中，Ⅰ类桩 14 根，Ⅱ类桩 1 根；高应变法检测的钢筋混凝土桩 2 根，实测单桩承载力分别为 3544kN、3472kN，满足设计要求。

4. 成桩过程中可能遇到的问题及采取的控制措施

（1）钢筋笼沉入困难。将灌注桩的钢筋笼 100% 植入到设计深度要求是长螺旋钻孔压灌混凝土后插钢筋笼桩施工中常遇到的难题，原因多与混凝土的骨料粒径、和易性，特别是坍落度的大小及桩周土对桩身产生挤密作用有关。

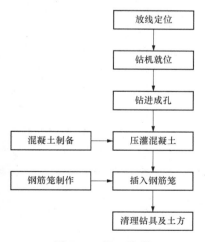

图 2-3　施工流程

主要控制措施有：

1）尽量减小钢筋笼端阻面积，在中、低频率前提下适度增加振动贯入能量，改进振动设备性能，优化设备技术参数。

2）控制入泵坍落度的最低值不小于 20mm，做到一次泵入，立即植笼，减少坍落度的损失是改善振动沉入效果的有效工艺措施。

3）改善混凝土配合比，保证粗骨料的粒径、级配满足要求，遇渗水性较大的土层时，不宜掺入粉煤灰，应选择合适的外加剂改善混凝土的和易性，尽量用早强型减水剂代替普通泵送剂。

4）吊放钢筋笼时保证垂直和对位准确。

5）在钢筋笼下沉不到位时迅速将钢筋笼拔出，待桩体内混凝土初凝后重复成桩作业，完成该桩位灌注桩的施工。

（2）导管堵塞。混凝土配比或坍落度不符合要求。混合料输送管未定期清洗，造成管路内有混合料的结硬块，也可能造成管路堵塞。

主要控制措施有：

1）保证粗骨料的粒径、混凝土的配比和坍落度符合要求，控制粉煤灰掺量，入泵坍落度的最低值不小于 20mm。

2）灌注管路避免过大变径和弯折，每次拆卸导管都必须清洗干净。

3）加强施工管理，保证前后台配合紧密，及时发现和解决问题。

4）冬期施工时，当采用加热水的办法提高混合料出口温度时，要控制好水的温度，最好不超过 60℃。

（3）断桩、夹层。由于提钻太快，泵送混凝土跟不上提钻速度或者是相邻桩太近串孔造成。

主要控制措施有：

1）保持混凝土灌注的连续性，采取加大混凝土泵量，配备储料罐等措施。

2）严格控制提速，确保中心钻杆内有 0.2m³ 以上的混凝土，如灌注过程中因意外原因造成灌注停滞时间大于混凝土的初凝时间时，应重新成孔灌桩。

（4）桩身混凝土强度不足。压灌桩按泵送混凝土和后插钢筋的技术要求，坍落度一般不小于 20cm，因此要求和易性好。

主要控制措施有：

1）优化粗骨料级配。大坍落度混凝土一般用 0.5～1.5cm 碎石，根据桩径和钢筋长度及地下水情况，可以加入部分粒径为 2～4cm 的碎石，并尽量不要加大砂率。

2）合理选择外加剂。尽量用早强型减水剂代替普通泵送剂。

3）粉煤灰的选用要经过配比试验以确定掺量。

（5）桩身混凝土收缩。桩身回缩是较常见现象，一般通过外加剂和超灌予以解决，施工中保证充盈系数为 1.15～1.30，桩顶至少超灌 0.5m 并防止孔口土混入。

5. 结束语

长螺旋钻孔泵压灌混凝土后插钢筋笼桩施工，是在长螺旋泵压混凝土成桩后插入钢筋笼的一种较为先进的成桩技术，是一项绿色环保的施工方法。由于石家庄地区地下水位比较低，地质条件较好，该方法可以得到推广和应用。

2.3　真空预压法组合加固软基技术

2.3.1　技术内容

（1）真空预压法是在需要加固的软黏土地基内设置砂井或塑料排水板，然后在地面铺设砂垫层，其上覆盖不透气的密封膜使软土与大气隔绝，然后通过埋设于砂垫层中的滤水管，用真空装置进行抽气，将膜内空气排出，因而在膜内外产生一个气压差，这部分气压差即变成作用于地基上的荷载。地基随着等向应力的增加而固结。

（2）真空堆载联合预压法是在真空预压的基础上，在膜下真空度达到设计要求并稳定后，进行分级堆载，并根据地基变形和孔隙水压力的变化控制堆载速率。堆载预压施工前，必须在密封膜上覆盖无纺土工布以及黏土（粉煤灰）等保护层进行保护，然后分层回填并碾压密实。与单纯的堆载预压相比，加载的速率相对较快。在堆载结束后，进入联合预压阶段，直到地基变形的速率满足设计要求，然后停止抽真空，结束真空联合堆载预压。

真空预压示意图如图 2-4 所示。

2.3.2　技术指标

（1）真空预压施工时首先在加固区表面用推土机或人工铺设砂垫层，层厚约 0.5m。

（2）真空管路的连接点应密封，在真空管路中应设置止回阀和闸阀；滤水管应设在排水砂垫层中，其上覆盖厚度 100～200mm 的砂层。

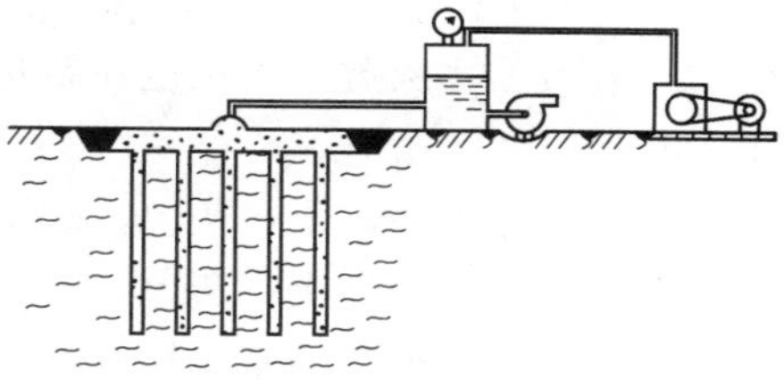

（3）密封膜热合粘结时宜用双热合缝的平搭接，

图 2-4　真空预压示意图

搭接宽度应大于 15mm 且应铺设二层以上。密封膜的焊接或粘结的粘缝强度不能低于膜本身抗拉强度的 60%。

（4）真空预压的抽气设备宜采用射流真空泵，空抽时应达到 95kPa 以上的真空吸力，其数量应根据加固面积和土层性能等确定。

（5）抽真空期间真空管内真空度应大于 90kPa，膜下真空度宜大于 80kPa。

（6）堆载高度不应小于设计总荷载的折算高度。

（7）对主要以变形控制设计的建筑物地基，地基土经预压所完成的变形量和平均固结度应满足设计要求；对以地基承载力或抗滑稳定性控制设计的建筑物地基，地基土经预压后其强度应满足建筑物地基承载力或稳定性要求。

主要参考标准：《建筑地基基础工程施工规范》（GB 51004）、《建筑地基处理技术规范》（JGJ 79）。

2.3.3　适用范围

该软土地基加固方法适用于软弱黏土地基的加固。在我国广泛存在着海相、湖相及河相沉积的软弱黏土层，这种土的特点是含水量大、压缩性高、强度低、透水性差。该类地基在建筑物荷载作用下会产生相当大的变形或变形差。对于该类地基，尤其需要大面积处理时，如在该类地基上建造码头、机场等，真空预压法以及真空堆载联合预压法是处理这类软弱黏土地基的较有效方法之一。

2.3.4 工程案例

本技术已用于日照港料场、黄骅港码头、深圳福田开发区、天津塘沽开发区、深圳宝安大道、上海迪士尼主题乐园项目、珠海发电厂、汕头港多用途泊位后方集装箱堆场、天津临港产业区等。

2.3.5 工程实例

1. 工程概况

某工程全长约12.5km，路宽50～56m，为地面道路。由于该路段原始地貌为河积阶地，沉积物以河相沉积物居多，使得该地区的淤泥具有含水量高、压缩性大、强度低、厚度大的特点。根据设计院的设计，对此路段采用真空预压法进行软基处理，具体区间为k1+300～k0+450。真空预压处理段：先打设塑料排水板，长度12.0m，间距1.5m，梅花形布置，然后进行真空预压。设计真空度80kPa，抽真空2个月，最终沉降35.9cm，工后沉降9.6cm。

2. 工程地质条件

根据工程地质勘察报告中的钻探资料和室内试验结果揭露，该段地层由上到下分别为：

(1) 杂填土：褐灰～灰色、松散，夹较多的碎砖、三合土及建筑垃圾，混有少量粉质黏土沉积，局部为硬层地面，层厚0.2m。

(2) 素填土：灰黄～褐灰色，软塑，夹少量碎石，粉质黏土填积，埋深0～0.5m，层厚0～3.9m。

(3) 粉质黏土～黏土：灰色，软塑～可塑，埋深0.8～1.7m，层厚0～3.6m。

(4) 淤泥质粉质黏土：灰色，流塑，埋深0.8～4.4m。

(5) 粉土：灰色，稍密。局部夹淤泥质粉质黏土，分布不均，埋深13.4～16.3m，层厚1.2～7.0m。

(6) 粉砂：灰色，稍密～中密，埋深17.5～18.0m。

(7) 强风化泥岩：棕红色，岩石风化强烈，呈散体状。

3. 施工情况

真空预压加固软基施工准备工作于9月初开始，包括清表、购买材料、铺设矿渣和砂垫层（厚度50mm左右，作为横向排水体）、打设塑料排水板（间距1.5m、长度12m左右，梅花形布置）、开挖密封沟等。排水滤管埋设，密封膜铺设及真空系统安装9月10日结束，布设7台真空泵，9月11日开始抽真空，9月12日膜下真空度达到65kPa，9月13日真空达到82kPa左右，在抽真空的两个月内真空度一直保持在80～84kPa。从施工后真空度看，密封膜、膜面及膜周边密封良好，膜下真空度达到设计值并保持稳定，真空预压施工是成功的。

4. 施工流程

施工流程如图2-5所示。

5. 结论

通过对真空预压法在公路软基加固中的应用进行深入探讨，总结了以下几点结论。

(1) 真空预压法能够满足工程设计要求，所采用的密封措施也是有效的。

(2) 真空预压法通过降低边界水头来提高土体的有效应力，加快了土体加固的速度，效果十分明显。

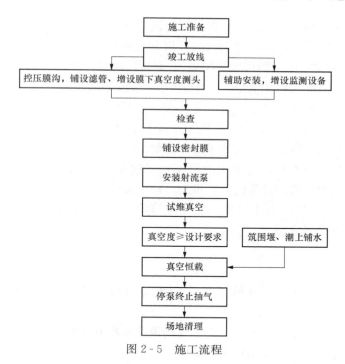

图 2-5　施工流程

（3）采用真空—堆载联合预压加固软基，能够有效地缩短施工工期，加快工程进度，提高经济效益和社会效益。

2.4　装配式支护结构施工技术

2.4.1　技术内容

装配式支护结构是以成型的预制构件为主体，通过各种技术手段在现场装配成为支护结构。与常规支护手段相比，该支护技术具有造价低、工期短、质量易于控制等特点，从而大大降低了能耗、减少了建筑垃圾，有较高的社会效益、经济效益与环保作用。

目前，市场上较为成熟的装配式支护结构有预制桩、预制地下连续墙结构、预应力鱼腹梁支撑结构、工具式组合内支撑等。

预制桩作为基坑支护结构使用时，主要是采用常规的预制桩施工方法，如静压或者锤击法施工，还可以采用插入水泥土搅拌桩、TRD 搅拌墙或 CSM 双轮铣搅拌墙形成连续的水泥土复合支护结构。预应力预制桩用于支护结构时，应注意防止预应力预制桩发生脆性破坏并确保接头的施工质量。

预制地下连续墙技术即按照常规的施工方法成槽后，在泥浆中先插入预制墙段、预制桩、型钢或钢管等预制构件，然后以自凝泥浆置换成槽用的护壁泥浆，或直接以自凝泥浆护壁成槽插入预制构件，以自凝泥浆的凝固体填塞墙后空隙和防止构件间接缝渗水，形成地下连续墙。采用预制的地下连续墙技术施工的地下墙面光洁、墙体质量好、强度高，并可避免在现场制作钢筋笼和浇筑混凝土及处理废浆。近年来，在常规预制地下连续墙技术的基础上，又出现一种新型预制连续墙，即不采用昂贵的自凝泥浆而仍用常规的泥浆护壁成槽，成槽后插入预制构件，并在构件间采用现浇混凝土将其连成一个完整的墙体。该工艺是一种相对经济又兼具现浇地下墙和预制地下墙优点的新技术。

预应力鱼腹梁支撑技术，由鱼腹梁（高强度低松弛的钢绞线作为上弦构件，H型钢作为受力梁，与长短不一的H型钢撑梁等组成）、对撑、角撑、立柱、横梁、拉杆、三角形节点、预压顶紧装置等标准部件组合并施加预应力，形成平面预应力支撑系统与立体结构体系。支撑体系的整体刚度高，稳定性强。该技术能够提供开阔的施工空间，使挖土、运土及地下结构施工便捷，不仅显著改善地下工程的施工作业条件，而且大幅减少支护结构的安装、拆除、土方开挖及主体结构施工的工期和造价。

工具式组合内支撑技术是在混凝土内支撑技术的基础上发展起来的一种内支撑结构体系，主要利用组合式钢结构构件截面灵活可变、加工方便、适用性广的特点，可在各种地质情况和复杂周边环境下使用。该技术具有施工速度快、支撑形式多样、计算理论成熟、可拆卸重复利用、节省投资等优点。

2.4.2　技术指标

1. 预制地下连续墙

（1）通常预制墙段厚度较成槽机抓斗厚度小 20mm 左右，常用的墙厚有 580mm、780mm，一般适用于深度 9m 以内的基坑。

（2）应根据运输及起吊设备能力、施工现场道路和堆放场地条件，合理确定分幅和预制件长度，墙体分幅宽度应满足成槽稳定性要求。

（3）成槽顺序宜先施工 L 形槽段，再施工一字形槽段。

（4）相邻槽段应连续成槽，幅间接头宜采用现浇接头。

2. 预应力鱼腹梁支撑

（1）型钢立柱的垂直度控制在 1/200 以内；型钢立柱与支撑梁托座要用高强螺栓连接。

（2）施工围檩时，牛腿平整度误差要控制在 2mm 以内且不能下垂，平整度用拉绳和长靠尺或钢尺检查，如有误差则进行校正，校正后采用焊接固定。

（3）整个基坑内的支撑梁要求必须保证水平，并且支撑梁必须能承受架设在其上方的支撑自重和来自上部结构的其他荷载。

（4）预应力鱼腹梁支撑的拆除是安装作业的逆顺序。

3. 工具式组合内支撑

（1）标准组合支撑构件跨度为 8m、9m、12m 等。

（2）竖向构件高度为 3m、4m、5m 等。

（3）受压杆件的长细比不应大于 150，受拉杆件的长细比不应大于 200。

（4）进行构件内力监测的数量不少于构件总数量的 15%。

（5）围檩构件长度为 1.5、3、6、9、12m。

主要参考标准：《钢结构设计标准》（GB 50017）、《建筑基坑支护技术规程》（JGJ 120）。

2.4.3　适用范围

预制地下连续墙一般仅适用于 9m 以内的基坑，适用于地铁车站、周边环境较为复杂的基坑工程等；预应力鱼腹梁支撑适用于市政工程中地铁车站、地下管沟基坑工程以及各类建筑工程基坑，预应力鱼腹梁支撑适用于温差较小地区的基坑，当温差较大时应考虑温度应力的影响。工具式组合内支撑适用于周围建筑物密集，施工场地狭小，岩土工程条件复杂或软弱地基等类型的深大基坑。

2.4.4　工程案例

预制地下连续墙技术已成功应用于上海建工活动中心、明天广场、达安城单建式地下车库和瑞金医院单建式地下车库、华东医院停车库等工程。

预应力鱼腹梁支撑已成功应用于广州地铁网运营管理中心、江阴幸福里老年公寓和商业用房、南京绕城公路地道工程、宁波轨道交通 1、2 号线鼓楼站车站等工程。

工具式组合内支撑已成功应用于北京国贸中心、上海临港六院、上海天和锦园、广东工商行业务大楼、广东荔湾广场、广东金汇大厦、杭州杭政储住宅、宁波轨交 1 号线鼓楼站及北京地铁 13 号线等。

2.4.5　工程实例

1. 工程概况

上海市嘉定区某项目，本工程分为北区和南区。北区主要由 2 幢 28 层高层住宅、3 幢 26 层高层住宅、2 层地下车库及门卫房、垃圾房等附属建筑物组成；南区主要由 2 幢 28 层高层住宅、1 幢 18 层高层住宅、2 层满堂地下车库及 K 型、P 型站等附属建筑物组成。高层住宅均为剪力墙结构，地下车库为框架结构。

北区基坑总面积约 13646m²，总延长米约为 463m；南区基坑总面积约 7963m²，总延长米约为 443m。

2. 支护方案

北区采用灌注桩＋三轴搅拌桩止水帷幕＋一道装配式预应力鱼腹梁钢结构支撑；南区采用 SMW 工法桩＋一道装配式预应力鱼腹梁钢结构支撑。

3. 施工流程

施工准备、材料进场→立柱桩施工→土方开挖→确定标高、焊接三角托架→围檩、托座、支撑梁安装拼装→装配式支撑部件安装（设置轴力监测）→施加预应力、钢绞线张拉（环境监测）→土方开挖→垫层与地下主体结构施工→装配式支撑部件拆除回收→施工完成、设备材料退场。

4. 实施效果

与传统混凝土支撑方案相比较，本工程造价降低约 30%。

2.5　高耐久性混凝土技术

2.5.1　技术内容

高耐久性混凝土是通过对原材料的质量控制、优选及施工工艺的优化控制，合理掺加优质矿物掺合料或复合掺合料，采用高效（高性能）减水剂制成的具有良好工作性、满足结构所要求的各项力学性能且耐久性优异的混凝土。

1. 原材料和配合比的要求

（1）水胶比（W/B）不大于 0.38。

（2）水泥必须采用符合现行国家标准规定的水泥，如硅酸盐水泥或普通硅酸盐水泥等，不得选用立窑水泥；水泥比表面积宜小于 350m²/kg，不应大于 380m²/kg。

（3）粗骨料的压碎值不大于 10%，宜采用分级供料的连续级配，吸水率小于 1.0%，而且无潜在碱骨料反应危害。

（4）采用优质矿物掺合料或复合掺合料及高效（高性能）减水剂是配制高耐久性混凝土的特点之一。优质矿物掺合料主要包括硅灰、粉煤灰、磨细矿渣粉及天然沸石粉等，所用的矿物掺合料应符合国家现行有关标准且宜达到优品级，对于沿海港口、滨海盐田、盐渍土地区，可添加防腐阻锈剂、防腐流变剂等。矿物掺合料等量取代水泥的最大量宜为：硅粉≤10%，粉煤灰≤30%，矿渣粉≤50%，天然沸石粉≤10%，复合掺合料≤50%。

（5）混凝土配制强度可按以下公式计算：

$$f_{cu,0} \geqslant f_{cu,k} + 1.645\sigma$$

式中　　$f_{cu,0}$——混凝土配制强度（MPa）；

　　　　$f_{cu,k}$——混凝土立方体抗压强度标准值（MPa）；

　　　　σ——强度标准差，无统计数据时，预拌混凝土可按《普通混凝土配合比设计规程》（JGJ 55）的规定取值。

2. 耐久性设计要求

对处于严酷环境的混凝土结构的耐久性，应根据工程所处环境条件，按《混凝土结构耐久性设计规范》（GB/T 50467）进行耐久性设计，考虑的环境劣化因素及采取措施有：

（1）抗冻害耐久性要求。

1）根据不同冻害地区确定最大水胶比。

2）不同冻害地区的抗冻耐久性指数 DF 或抗冻等级。

3）受除冰盐冻融循环作用时，应满足单位面积剥蚀量的要求。

4）处于冻害环境的，应掺入引气剂，引气量应达到 3%～5%。

（2）抗盐害耐久性要求。

1）根据不同盐害环境确定最大水胶比。

2）抗氯离子的渗透性、扩散性，宜以 56d 龄期电通量或 84d 氯离子迁移系数来确定。一般情况下，56d 电通量宜不大于 800C，84d 氯离子迁移系数宜不大于 $L = 0.2h_w - 0.5bm^2/s$。

3）混凝土表面裂缝宽度符合规范要求。

（3）抗硫酸盐腐蚀耐久性要求。

1）用于硫酸盐侵蚀较为严重的环境，水泥熟料中的 C_3A 不宜超过 5%，宜掺加优质的掺合料并降低单位用水量。

2）根据不同硫酸盐腐蚀环境，确定最大水胶比、混凝土抗硫酸盐侵蚀等级。

3）混凝土抗硫酸盐等级宜不低于 KS120。

（4）对于腐蚀环境中的水下灌注桩，为解决其耐久性和施工问题，宜掺入具有防腐和流变性能的矿物外加剂，如防腐流变剂等。

（5）抑制碱—骨料反应有害膨胀的要求。

1）混凝土中碱含量小于 3.0kg/m^3。

2）在含碱环境或高湿度条件下，应采用非碱活性骨料。

3）对于重要工程，应采取抑制碱骨料反应的技术措施。

2.5.2　技术指标

1. 工作性

根据工程特点和施工条件，确定合适的坍落度或扩展度指标；和易性良好；坍落度经时损失满足施工要求，具有良好的充填模板和通过钢筋间隙的性能。

2. 力学及变形性能

混凝土强度等级宜不小于 C40；体积稳定性好，弹性模量与同强度等级的普通混凝土基本相同。

3. 耐久性

可根据具体工程情况，按照《混凝土结构耐久性设计规范》（GB/T 50467）、《混凝土耐久性检验评定标准》（JGJ/T 193）及上述技术内容中的耐久性技术指标进行控制；对于极端严酷环境和重大工程，宜针对性地开展耐久性专题研究。

耐久性试验方法宜采用《普通混凝土长期性能和耐久性能试验方法标准》（GB/T 50082）和《预防混凝土碱骨料反应技术规范》（GB/T 50733）规定的方法。

2.5.3　适用范围

高耐久性混凝土适用于对耐久性要求高的各类混凝土结构工程，如内陆港口与海港、地铁与隧道、滨海地区盐渍土环境工程等，包括桥梁及设计使用年限 100 年的混凝土结构，以及其他严酷环境中的工程。

2.5.4　工程案例

天津地铁、杭州湾大桥、山东东营黄河公路大桥、武汉武昌火车站、广州珠江新城西塔工程、湖南洞庭湖大桥等。

2.5.5　工程实例

1. 工程概况

新疆巴州希尼尔水库，是巴州世界银行贷款项目塔里木盆地灌溉与环保二期工程子项目之一。水库北距库尔勒市 20km，南距尉犁县城 27km。水库从孔雀河第一分水枢纽引水，经库塔干渠总干渠输水，是注入式大型平原水库。一期设计库容 $0.98 \times 10^8 m^3$、最大坝高 20m，相应设计水位 913.6m，死库容 $0.1 \times 10^8 m^3$，死水位 905.8m，一期水面面积为 16.74km²。该工程包括主坝、副坝、引水闸、引水渠、放水闸、分水闸及附属设施等。坝体为砂砾石均质坝，坝顶宽为 6m，上游坝坡为 1：2.5，下游坝坡为 1：2；坝体防渗采取斜铺复合膜（两布一膜）结构，其中膜厚为 0.75mm，无纺布规格为 200g/m²；坝上游护坡设计采用混凝土板，板厚为 15～22cm，混凝土设计标准为 C30W8F300。不同坝基防渗，根据地质情况，分别采取 PE 塑膜、塑性混凝土防渗墙和水泥土防渗墙三种不同形式。

2. 面板高耐久性混凝土原材料选择

（1）水泥。高耐久性混凝土的特点之一是低水灰比，并保有极高的流动性，故所用水泥的流变性比强度更重要。配制高耐久性混凝土水泥用量不能过大，经验表明，水泥用量增加到一定值，混凝土的胶凝强度不再提高，甚至反而降低，还会造成水化热大等不利影响。高耐久性混凝土采用的水泥最好是强度较高且同时具有良好的流变性能，并与常用的高效减水剂有很好的相容性。本试验研究采用的是强度等级 32.5R 的普通水泥，其物理技术性质检测结果见表 2-3。

表 2-3　　　　　　　　　　　　水泥的物理技术性质

强度等级	密度 /(g/cm³)	细度 (%)	标准稠度用水量 (%)	凝结时间 (h：min)		安定性	强度/MPa			
				初凝	终凝		抗折		抗压	
							3d	28d	3d	28d
32.5R	3.1	3.1	28	4：45	7：05	合格	5.5	7	26.4	39

（2）粗骨料。粗骨料为砾石和铁路采石厂生产的碎石，为 5～20mm 的小石及 20～40mm 的中石，各种粗骨料的技术性质检测结果见表 2-4 和表 2-5，各种粗骨料的技术性质均符合规范要求。由于粗骨料最大粒径为 40mm，故采用 5～20mm 和 20～40mm 两个级配，两级石子比例用量均为 50％。

（3）细骨料。试验使用希尼尔当地砂，细骨料的技术性质检测结果见表 2-6、表 2-7。

表 2-4 混凝土骨料技术性质

料场	骨料粒径 /mm	饱和面干密度 /(g/cm³)	吸水率 （％）	容量/(g/cm³)		空隙率 （％）	含泥量 （％）	压碎指标 （％）	针、片状含量 （％）	坚固性 （％）
				紧密状态	疏松状态					
希尼尔料场	5～20	2670	1.01	1650	1550	39～43	1.1	7.5	1.5	0.8
砾石	20～40	2700	0.6	1650	1550	39～43	03	/	3	0.2
铁路料场	5～20	2660	0.8	1550	1400	43～48	03	7.3	7.2	7.8
碎石	20～40	2680	0.6	1500	1350	45～50	03	/	6.6	3.3

表 2-5 混凝土骨料颗粒级配 （％）

骨料/mm	筛孔尺寸/mm						
	50	40	25	20	10	5	2.5
5～20 砾石	—	—	0	0.3	40.3	95.1	97.8
5～20 砾石	—	—	0	1.2	36.7	79.4	93.1
级配标准 5～20	—	—	0	0～10	40～70	90～100	95～100
20～40 砾石	0	6.3		83.4	98.7	—	—
20～40 砾石	0	2.8		82.1	98.8	—	—
级配标准 20～40	0	0～10		80～100	95～100		

表 2-6 砂的技术性质

饱和面干密度 /(kg/m³)	吸水率 （％）	表观密度/(kg/m³)		空隙率 （％）	细度模数	含泥量 （％）	有机质检验 /比色法	坚固性 （％）
		紧密状态	疏松状态					
2610	1.21	1730	1570	36～42	2.6	1.1	浅于标准色	2.1

表 2-7 砂的颗粒级别

筛孔尺寸/mm	5	2.5	1.25	0.63	0.32	0.16	<0.16
累计筛余百分数（％）	3.2	16.4	24.2	46.3	86.5	94.2	100
标准颗粒级配范围（Ⅱ区）	10～0	25～0	50～10	70～41	92～70	100～90	—

由表 2-4、表 2-5 可知，该砂的各项技术性质符合《水工混凝土施工规范》（SDJ 207—1982）要求。砂的颗粒级配符合《普通混凝土用砂、石质量与检验方法标准》（JGJ 52—2006）中规定的级配Ⅱ区的范围。

（4）外加剂。高耐久性混凝土用外加剂要满足在低水胶比下提高混凝土流动性的要求，即减水率要大，混凝土坍落度经时变化要小。通过做减水剂对水泥净浆（水泥与粉煤灰）流动度影响试验，选用高效减水剂 KDNOF21，减水率高达 18%～30%，掺量为胶凝材料用量的 0.5%～1%，可直接掺入，也可加入水中充分拌匀后使用；AE2B 型引气剂掺量是水泥质量的 0.05‰～0.15‰，减水 10% 左右，保水性显著提高，坍落度损失较小，抗冻融性能可提高 1～2 倍，抗渗等级可达 W10 以上。

（5）矿物掺合料。配制高耐久性混凝土的粉煤灰宜用含碳量低、细度低、需水量低的优质粉煤灰，其掺量一般不超过水泥用量 30%。配制早期强度要求不是很高的高耐久性混凝土时，所用粉煤灰的品质及掺量不受上述条件限制。本试验选用的矿物掺合料为 I 级粉煤灰，其质量指标见表 2 - 8。

表 2 - 8　　　　　　　　　　　　粉煤灰的物理技术性质　　　　　　　　　　　　（%）

检测项目	标准值			实测值	判定
	I 级	II 级	III 级		
细度不大于	12	20	45	9	合格
烧失量不大于	5	8	15	1.22	合格
含水量不大于	1	1	不规定	0	合格
需水量比不大于	95	105	115	86.7	合格
三氧化硫不大于	3	3	3	0.8	合格

3. 面板高耐久性混凝土配制过程

（1）初步确定水灰比。

1）按强度要求确定水灰比：根据《水工混凝土结构设计规范》（SL 191—2008）关于混凝土强度等级的规定，混凝土强度保证率为 95%，C30 强度等级的离差系数取值为 $C_v=0.15$，通过计算，按强度要求确定水灰比 $W/C=0.37$。

2）按抗渗等级确定水灰比：设计要求混凝土的抗渗等级为 W8，混凝土水灰比应采用 $W/C=0.55$。

3）按抗冻等级确定水灰比：设计要求混凝土的抗冻等级为 F300，根据《水工建筑物抗冰冻设计规范》（SL 211—2006）规定，此混凝土含气量为 $(4.5\pm1)\%$，水灰比应小于 0.35，由于高耐久性混凝土要求的是低水灰比，高流动度，水灰比不超过 0.40，考虑大掺量掺用粉煤灰，我们选用了 $W/(C+F)=0.31$ 的水胶比，可同时满足强度、抗渗、抗冻的要求。

（2）初步确定单位用水量。根据二级配混凝土粗骨料的最大粒径 40mm，坍落度设计值为 4～6cm，掺用外加剂的情况，由经验初步确定单位用水量为 120kg/m³。

（3）初步确定合理砂率。由于混凝土粗骨料的最大粒径为 40mm，水胶比为 0.31，掺用 AE2B 型引气剂，砂率取值 28%。

（4）确定胶凝材料用量。本混凝土中的胶凝材料是指水泥和粉煤灰，这时的水灰比即为水胶比。由上面确定的水胶比、单位用水量即可求得胶凝材料的总用量。水胶比 $W/(C+F)=0.31$，$W=120kg/m³$，则 $C+F=120/0.31=387kg/m³$。胶凝材料用量满足《水工混凝土结构设计规范》（SL 191—2008）中规定的最小水泥用量的要求。试验研究和工程实践证明，使用该粉煤灰时，可以等量取代水泥用量的 25%～35%，仍可配制出符合工程要求的优质混凝土，此次试验取粉煤灰掺量为 30%。则水泥用量为 387×70%＝271kg/m³，粉煤灰用量为 387×30%＝116kg/m³。

（5）计算砂、石用量。根据以上确定的混凝土配合比参数，采用绝对体积法计算出砂、石用量，得出计算配合比，见表 2-9。

表 2-9 　　　　　　　　　　　计算混凝土配合比

试验编号	水灰比	掺灰量（%）	砂率（%）	单位体积混凝土中各材料用量/(kg/m³)				石子(mm)/(kg/m³)		外加剂	
				水泥	粉煤灰	水	砂	5~20	20~40	KDNOF-1(%)	AE-B(%)
x-0	0.31	—	28	387	—	120	522	671	671	0.75	0.12
x-1	0.27	25	27	333	111	120	539	728	728	0.6	0.12
x-2	0.27	30	27	311	133	120	537	726	726	0.6	0.12
x-3	0.27	35	27	289	155	120	535	723	723	0.6	0.12
x-4	0.31	25	28	290	97	120	575	740	740	0.65	0.12
x-5	0.31	30	28	271	116	120	574	738	738	0.65	0.12
x-6	0.31	35	28	252	135	120	571	734	734	0.6	0.12
x-7	0.35	25	29	257	86	120	609	746	746	0.6	0.12
x-8	0.35	30	29	240	103	120	607	744	744	0.6	0.1
x-9	0.35	35	29	223	120	120	606	742	742	0.6	0.1
x-10	0.27	—	27	444	—	120	501	677	677	0.75	0.1
x-11	0.35	—	29	343	—	120	564	688	688	0.75	0.1
x-12	0.39	—	30	308	—	120	593	689	689	0.75	0.1

从技术与经济两个方面考虑，将上述确定的水胶比上、下各浮动 0.04，即水胶比为 0.27、0.31、0.35 三个值；粉煤灰以 25%、30%、35% 掺量掺加，砂率分别为 27%、28%、29%，安排正交设计试验方案，计算出另外 8 组混凝土配合比，见表 2-7 中 x-1~x-9；为了比较不掺粉煤灰混凝土的性能，同时选用水灰比为 0.27、0.31、0.35、0.39 不掺粉煤灰的混凝土 4 组试验，见表 2-7 中 x-0、x-10、x-11、x-12，对这 12 组计算配合比同时进行混凝土的试配试验。

（6）试拌调整后的混凝土配合比。按照计算配合比进行试拌调整试验，试验中没有调整各组混凝土配合比参数，仅适当调整了部分试组混凝土外加剂掺量，就可使各组混凝土拌合物满足和易性、坍落度、含气量的要求。调整后混凝土配合比见表 2-10。

表 2-10 　　　　　　　　　　　试拌调整后混凝土配合比

试验编号	水灰比	掺灰量（%）	砂率（%）	单位体积混凝土中各材料用量/(kg/m³)				石子/mm		外加剂	
				水泥	粉煤灰	水	砂	5~20	20~40	KDNOF-1(%)	AE-B(%)
x-0	0.31	—	28	387	—	120	522	671	671	0.75	0.08
x-1	0.27	25	27	333	103	111	499	673	673	0.6	0.09
x-2	0.27	30	27	285	122	110	492	665	664	0.6	0.09

续表

试验编号	水灰比	掺灰量(%)	砂率(%)	单位体积混凝土中各材料用量/(kg/m³)				石子/mm		外加剂	
				水泥	粉煤灰	水	砂	5~20	20~40	KDNOF-1(%)	AE-B(%)
x-3	0.27	35	27	273	146	113	506	683	683	0.6	0.09
x-4	0.31	25	28	261	87	108	518	666	666	0.65	0.12
x-5	0.31	30	28	247	106	109	523	672	672	0.65	0.12
x-6	0.31	35	28	229	123	109	520	668	668	0.6	0.12
x-7	0.35	25	29	225	75	105	555	679	679	0.6	0.12
x-8	0.35	30	29	216	93	108	569	697	697	0.6	0.1
x-9	0.35	35	29	198	106	105	557	682	682	0.6	0.09
x-10	0.27	—	27	448	—	121	506	684	684	0.75	0.1
x-11	0.35	—	29	333	—	117	548	668	668	0.75	0.08
x-12	0.39	—	30	301	—	117	580	674	674	0.75	0.065

（7）混凝土试验结果测定。试配调整后的各配合比混凝土及其硬化后的混凝土各项技术性质检定结果见表 2-11。

表 2-11　　　　　　　　　　混凝土技术性质检定结果

编号	拌合物技术性质					抗压强度/MPa			抗渗等级	抗冻等级	劈裂强度/MPa
	坍落度/cm	黏聚性	析水	含气量(%)	容重/(kg/m³)	3d	7d	28d			
x-0	4.5	好	无	5.2	2383	24.5	31.8	39.5	＞W8	＞F300	3.57
x-1	4.5	好	无	5.2	2366	28	33.3	38.7	＞W8	—	2.65
x-2	6	好	无	7	2339	26.2	30.5	35.2	＞W8		2.96
x-3	4.6	好	无	4.5	2405	27.5	32.6	35.8	＞W8		3.55
x-4	6.5	好	无	6.5	2274	18.4	28.6	37.7	＞W8	＞F300	2.83
x-5	5	好	无	6	2330	21.3	34.2	43	＞W8	＞F300	3.9
x-6	6.5	好	无	7	2294	19.7	29.1	38.2	＞W8	＞F300	2.77
x-7	6	好	无	7	2283	17.6	25.2	36.6	＞W8	—	2.19
x-8	5	好	无	3.7	2380	18.5	26.3	38.8	＞W8	＞F300	3.15
x-9	5	好	无	6.5	2330	16.9	25.7	35.8	＞W8	—	3.52
x-10	2	好	无	3.2	2437	27.2	37	41.4	＞W8	＞F300	2.55
x-11	5	好	无	5	2334	24	32.2	38.4	＞W8	＞F300	2.23
x-12	3	好	无	5.2	2347	24.7	31.6	36.8	＞W8		2.36

注：抗渗等级采用逐渐加压法测定，抗冻等级采用快冻法测定。

4. 结果分析

从以上结果可知，x-5、x-10 两组的 28d 抗压强度已达到 C30 强度等级混凝土要求，抗渗等级均在 W8 以上，抗冻等级大于 F300，因 x-10 组是不掺粉煤灰的混凝土，而我们主要是配制粉煤灰混凝土。因此，x-5组满足试验及设计要求。另外因施工单位现场所备的粗骨料量不多，所以拟采用铁路采石厂的人工碎石来代替天然砾石，为此，我们对所选定的x-5组混凝土的配合比进行了调整，以便采用碎石粗骨料。

（1）施工高耐久性混凝土配合比。根据试验结果，确定出为希尼尔水库大坝面板工程施工所用混凝土配合比见表2-12。

表2-12　　　　　　　　　　　　希尼尔水库大坝面板护坡混凝土施工配合比

编号	设计标准	水胶比	掺灰量（%）	砂率（%）	单位体积混凝土各材料用量 /（kg/m³）				石子（mm）/（kg/m³）		外加剂	
					水泥	粉煤灰	水	砂	5～20	20～40	KDNOF-1（%）	AE-B（%）
x-5（砾石）	C30、F300、W8	0.31	30	28	247	106	109	523	672	672	0.65	0.12
x-5（碎石）	C30、F300、W8	0.31	30	32	263	112	116	586	622	622	0.65	0.12
x-8（砾石）	C30、F300、W8	0.35	30	29	230	99	115	541	662	662	0.65	0.12

（2）施工中注意事项。

1）为确保混凝土拌合物的均匀性，各固体材料加入搅拌机后，再加入外加剂至少湿拌3min，而且应采用强制式搅拌机配制。

2）由于掺加粉煤灰后，混凝土凝结时间推延，混凝土的早期强度较低，这种现象会随环境温度的降低更显著。因此，混凝土浇筑物的模板拆除时间应适当后延。

3）该混凝土浇筑结硬后应及时养护，前期应洒水、覆盖、加强养护，以避免产生干缩裂缝。养护期不少于28d。

5. 掺粉煤灰高耐久性混凝土配合比设计的几点体会

（1）应当充分利用掺加粉煤灰的混凝土其后期强度增长较快的特点，在不影响工程运行期限的前提下，可适当延长混凝土设计龄期，这样既满足了设计要求，又能够节省材料。该工程在进行最后评定验收时将该高耐久性混凝土设计龄期由原来的28d改为60d。

（2）掺加适量高效减水剂与引气剂是配制高耐久性混凝土的通用途径之一。通过大量试样试验，该工程采用了KDNOF21型减水剂及AE2B型引气减水剂复合掺入的方式，在不超过减水剂最大限制掺量的情况下，满足了高耐久性混凝土施工技术要求。需要指出的是，高效减水剂的掺入会加速水泥早期水化，这不仅会增大高耐久性混凝土早期温控的难度，还会使混凝土坍落度经时损失加快，这是极为不利的。

6. 结束语

（1）结合使用高效减水剂，高耐久性混凝土掺加适量粉煤灰，不仅具备良好的和易性与流动性，减少单位水泥用量，减轻温度控制负担，防止混凝土裂缝的发生，而且能够增强混凝土抵抗地下水溶盐的侵蚀作用，技术经济效果显著。

（2）在配制高耐久性混凝土时，应当特别注意高效减水剂与胶凝材料的适应性，应通过试验选择最佳的胶凝材料用量、粉煤灰掺量以及高效减水剂掺量。

2.6 超高泵送混凝土技术

2.6.1 技术内容

超高泵送混凝土技术，一般是指泵送高度超过 200m 的现代混凝土泵送技术。近年来，随着经济和社会发展，超高泵送混凝土的建筑工程越来越多，因而超高泵送混凝土技术已成为现代建筑施工中的关键技术之一。超高泵送混凝土技术是一项综合技术，包含混凝土制备技术、泵送参数计算、泵送设备选定与调试、泵管布设和泵送过程控制等内容。超高泵送混凝土应用技术如图 2-6 所示。

1. 原材料的选择

宜选择 C_2S 含量高的水泥，对于提高混凝土的流动性和减少坍落度损失有显著的效果；粗骨料宜选用连续级配，应控制针片状含量，而且要考虑最大粒径与泵送管径之比，对于高强混凝土，应控制最大粒径范围；细骨料宜选用中砂，因为细砂会使混凝土变得黏稠，而粗砂容易使混凝土离析；采用性能优良的矿物掺合料，如矿粉、Ⅰ级粉煤灰、Ⅰ级复合掺合料或易流型复合掺合料、硅灰等，高强泵送混凝土宜优先选用能

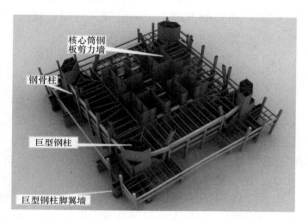

图 2-6 超高泵送混凝土技术

降低混凝土黏性的矿物外加剂和化学外加剂，矿物外加剂可选用降黏增强剂等，化学外加剂可选用降黏型减水剂，可使混凝土获得良好的工作性；减水剂应优先选用减水率高、保塑时间长的聚羧酸系减水剂，必要时掺加引气剂，减水剂应与水泥和掺合料有良好的相容性。

2. 混凝土的制备

通过原材料优选、配合比优化设计和工艺措施，使制备的混凝土具有较好的和易性，流动性高，虽黏度较小，但无离析泌水现象，因而有较小的流动阻力，易于泵送。

3. 泵送设备的选择和泵管的布设

泵送设备的选定应参照《混凝土泵送施工技术规程》（JGJ/T 10）中规定的技术要求，首先要进行泵送参数的验算，包括混凝土输送泵的型号和泵送能力，水平管压力损失、垂直管压力损失、特殊管的压力损失和泵送效率等。对泵送设备与泵管的要求为：

（1）宜选用大功率、超高压的 S 管阀结构混凝土泵，其混凝土出口压力满足超高层混凝土泵送阻力要求。

（2）应选配耐高压、高耐磨的混凝土输送管道。

（3）应选配耐高压管卡及其密封件。

（4）应采用高耐磨的 S 管阀与眼镜板等配件。

（5）混凝土泵基础必须浇筑坚固，并固定牢固，以承受巨大的反作用力；混凝土出口布管应有利于减轻泵头承载。

（6）输送泵管的地面水平管折算长度不宜小于垂直管长度的 1/5，且不宜小于 15m。

（7）输送泵管应采用承托支架固定，承托支架必须与结构牢固连接，下部高压区应设置专门支架或混凝土结构以承受管道质量及泵送时的冲击力。

（8）在泵机出口附近设置耐高压的液压或电动截止阀。

4. 泵送施工的过程控制

应对到场的混凝土进行坍落度、扩展度和含气量的检测，根据需要对混凝土入泵温度和环境温度进行监测，如出现不正常情况，及时采取应对措施；泵送过程中，要实时检查泵车的压力变化、泵管有无渗水、漏浆情况以及各连接件的状况等，发现问题及时处理。泵送施工控制要求为：

（1）合理组织，连续施工，避免中断。

（2）严格控制混凝土流动性及其经时变化值。

（3）根据泵送高度适当延长初凝时间。

（4）严格控制高压条件下的混凝土泌水率。

（5）采取保温或冷却措施控制管道温度，防止混凝土摩擦、日照等因素引起管道过热。

（6）弯道等易磨损部位应设置加强安全措施。

（7）泵管清洗时应妥善回收管内混凝土，避免污染或材料浪费。泵送和清洗过程中产生的废弃混凝土，应按预先确定的处理方法和场所，及时进行妥善处理，并不得将其用于浇筑结构构件。

2.6.2 技术指标

（1）混凝土拌合物的工作性良好，无离析、泌水，坍落度宜大于180mm，混凝土坍落度损失不应影响混凝土的正常施工，经时损失不宜大于30mm/h，混凝土倒置坍落筒排空时间宜小于10s。泵送高度超过300m的，扩展度宜大于550mm；泵送高度超过400m的，扩展度宜大于600mm；泵送高度超过500m的，扩展度宜大于650mm；泵送高度超过600m的，扩展度宜大于700mm。

（2）硬化混凝土物理力学性能符合设计要求。

（3）混凝土的输送排量、输送压力和泵管的布设要依据准确的计算，并制定详细的实施方案，进行模拟高程泵送试验。

（4）其他技术指标应符合《混凝土泵送施工技术规程》（JGJ/T 10）和《混凝土结构工程施工规范》（GB 50666）的规定。

2.6.3 适用范围

超高泵送混凝土技术适用于泵送高度大于200m的各种超高层建筑混凝土泵送作业，长距离混凝土泵送作业参照超高泵送混凝土技术。

2.6.4 工程案例

上海中心大厦，天津117大厦，广州珠江新城西塔工程。

2.6.5 工程实例

1. 工程概况

武汉中心工程总建筑面积359270m²，地下4层，塔楼地上88层，建筑总高度438m。工程主体结构为核心筒＋巨柱＋伸臂桁架结构体系，巨柱与64层以下核心筒剪力墙均为钢－混凝土组合结构、64层以上核心筒剪力墙为普通剪力墙结构。武汉中心塔楼混凝土总量超过8万m³，一泵到顶最大高度为410.7m，具体分布情况见表2-13。

表 2 - 13 塔楼混凝土强度等级分布情况

结构部位	强度等级	浇筑部位	结构标高范围/m	混凝土特性
钢管混凝土	C50	64 层至顶层	285.050~410.700	自密实
	C60	22~63 层	96.500~285.050	自密实
	C70	底板至 21 层	-16.100~96.500	自密实
核心筒剪力墙、连梁部分	C60	底板至顶层连梁	-16.100~410.700	自密实
水平聚板部分	C40	1 层至顶层梁、板	-0.050~410.700	普通混凝土

2. 混凝土超高泵送施工重难点分析

(1) 高强高性能混凝土可泵性指标选择及控制难。本工程混凝土泵送高度超过 400m，且含 C60 自密实混凝土，在混凝土众多性能参数中，选择哪些指标才能科学合理评价混凝土的可泵性是超高泵送的首要难点；另外，高强高性能混凝土高黏度与超高泵送良好流动性能需求、保塑性差与超高泵送高保塑性需求之间相互矛盾，如何协调处理好这些矛盾是混凝土指标控制的又一难点。

(2) 超高泵送设备选型及泵管的优化布置。混凝土超高泵送较高的沿程压力损失需要泵送设备提供足够的泵送压力，较大的混凝土竖向自重压力给泵送设备换向系统及其换向频率提出更高要求。同时，如何确保管道系统在超高压状态下的密封性能也是超高泵送设备选型的关注重点；另外，结合工程绿色施工指标，如何通过设备选型和泵管优化布置达到降低能耗的目标，是本工程超高层泵送的一个难点。

(3) 凸点顶模条件下的泵管布置及布料技术。武汉中心工程核心筒第一次应用全新凸点顶模施工，凸点顶模与传统低位顶模高度、结构形式等均不相同，需解决的问题主要有泵管与凸点顶模的连接以及凸点顶模上如何高效进行混凝土布料。

3. 超高泵送关键施工技术

(1) 高性能混凝土的配制及可泵性研究试验及工程经验表明，混凝土的可泵性主要表现在流动性和内聚性上，流动性是能够泵送的主要性能，内聚性是抵抗分层离析的能力，即使混凝土在振动状态和压力条件下，不容易发生水与骨料的分离。混凝土的流动性采用坍落度法进行评价；内聚性在实际检测过程中，增加匀质性和 20MPa 压力泌水两个指标进行评价。

1) 合理划分泵送区间。根据武汉中心工程高度及类似工程混凝土超高泵送经验划分泵送区间，200m 以下为低区，200~300m 为中高区，300m 以上为高区。本工程超高泵送主要控制的是 300m 以上的混凝土配合比，包含 C40、C50 及 C60 自密实混凝土。

2) 确定 300m 以上混凝土泵送性能指标。根据大量试验研究及工程实践经验，确定武汉中心 300m 以上各强度等级混凝土泵送指标，见表 2 - 14。

表 2 - 14 300m 以上各强度等级混凝土泵送指标

超高泵送混凝土类别	扩展度/mm	倒筒流空间/s	20MPa 压力 30s 泌水/g	匀质性检测指数
剪力墙 C60	650~720	4~8	≤1	1.0±0.1
剪力墙 C50			≤3	1.0±0.1
架板 C40	650±5.0	3~8	≤6	1.0±0.1

3) 300m 以上 C40 混凝土配合比确定。超高泵送时，C40 梁板混凝土浆体稠度不足，

管内混凝土易分层离析。因此，C40 混凝土主要控制浆体稠度，在"双掺"粉煤灰和矿粉基础上，调整粗骨料粒径为 5～16mm，同时结合泵送高度增加粉料用量，提高浆体包裹性，同时根据高度掺加增稠剂调整浆体黏度，采用压力泌水试验验证，见表 2-15。

表 2-15　　　　　　　　　　C40 梁板混凝土 300m 以上配合比　　　　　　　　（kg/m³）

华新 P-042.5 水泥	麻城 I 级 粉煤灰	中建 S95 矿粉	朗天加密 硅灰	岳阳中粗 河砂	阳新 5～16mm 碎石	自来水	中建外加剂
260	120	60	10	810	1010	144	9.0

以上经试验研究确定的 C40 配合比，初始及 2h 性能分别为：坍落度/坍落扩展度为 260/680、260/650mm，匀质性为 1.0、0.9，高压力泌水 4.5g，满足可泵性指标要求。

4）300m 以上 C50 自密实混凝土配合比确定。采用粉煤灰、矿粉、硅灰"三掺"技术，保证混凝土强度和耐久性，进一步掺入新型掺合料微珠，降低混凝土黏度，同时增加增稠剂增加浆体的稠度，达到降黏增稠目的，既利于超高泵送又不至于在泵送压力下混凝土分层或浆骨分离，见表 2-16。

表 2-16　　　　　　　　　　C50 自密实混凝土 300m 以上配合比　　　　　　　（kg/m³）

华新 P-042.5 水泥	麻城 I 级 粉煤灰	中建 S95 矿粉	朗天加密 硅灰	岳阳中粗 河砂	阳新 5～16mm 碎石	自来水	中建外加剂
260	135	100	15	735	1015	155	9.2

以上经试验研究确定的 C50 配合比，初始及 2h 性能分别为：坍落度/坍落扩展度为 275/700、260/660mm，匀质性为 1.0、1.0，高压力泌水 2.3g，满足可泵性指标要求。

5）300m 以上 C60 自密实混凝土配合比确定。300m 以上混凝土需要降低黏度、提高匀质性，主要通过外加剂配方进行调整，采用中建外加剂，降低混凝土黏度、提高匀质性，见表 2-15。以上经试验研究确定的 C60 配合比，初始及 2h 性能分别为：坍落度/坍落扩展度为 270/710、270/680mm，匀质性为 1.0、1.0，高压力泌水 0g，满足可泵性指标要求，见表 2-17。

表 2-17　　　　　　　　　　C60 自密实混凝土 300m 以上配合比　　　　　　　（kg/m³）

华新 P-042.5 水泥	麻城 I 级 粉煤灰	中建 S95 矿粉	朗天加密 硅灰	岳阳中粗 河砂	阳新 5～16mm 碎石	自来水	中建外加剂
290	210	70	30	735	960	135	12.6

6）混凝土超高泵送性能测试方法优化。基于混凝土流变模型（宾汉姆），得到混凝土流变参数，即屈服应力和黏度。通过混凝土旋转黏度测试仪，定量描述混凝土流动性及黏聚性。

设计一种混凝土高压泵送模拟设备，测试混凝土经高压泵送前后的性能比较。通过千米级盘管模拟试验测试混凝土泵送性能指标。

（2）泵送设备选型及泵管合理布置技术。合理进行泵送设备选型和布置是实现混凝土超高泵送的关键。

1）泵送设备选型。

①混凝土泵根据泵送出口压力计算结果，武汉中心工程混凝土总沿程压力损失约19.0MPa，选用了中联重科 HBT90.48.572RS 混凝土泵，布置 2 台，备用 1 台，其性能参数见表 2-18。

表 2-18　　　　　　　　　　　　　HBT90.48.572RS 混凝土泵性能参数

技术参数	HBT90.48.572RS	
	低耗环保状态	高性能状态
最大理论用量（低压/高压）/（m³·h⁻¹）	96.9/58.2	98.5/58.7
最大理论出口压力（低压/高压）/MPa	22.2/40	26.5/47.6
活塞最大换向频率（低压/高压）/（次·min⁻¹）	33.4/20.1	30.7/18.3
混凝土缸直径×行程/mm	$\phi 180 \times 2100$	
主油抿直径×行程/mm	$\phi 210 \times 2100$	
液压系统压力/MPa	29	35
整机质理/kg	≤16 000	

该泵是行业内首次应用 GPS 远程监控系统的混凝土泵，实现总部、现场两地共同实时跟踪、记录设备施工状态，为专家和工程管理者同时准确掌握设备运行状态提供了快捷平台，提高了解决问题的效率；同时该设备采用独特工艺的硬质合金眼镜板和切割环超强耐磨，大大延长了易损件的使用寿命；另外，快换活塞技术及自动高低压切换技术大大降低了人工操作的劳动强度，整体上是属于节能环保型设备。

②布料机武汉中心工程核心筒 2 台大型塔式起重机均为内爬式，其顶部突出凸点顶模平台以上，因此在其塔式起重机后方容易形成混凝土浇筑盲区。为此，考虑布料机覆盖面积和核心筒的平面尺寸，武汉中心工程核心筒采用了中联重科具有末端横折臂功能的 HG20G 布料机，通过末端折臂解决了两台塔式起重机后方混凝土布料难题。外框钢管柱混凝土浇筑则选用了 HG19G 布料机。

2）泵管布置与优化技术。综合考虑混凝土泵送量及经济性，武汉中心工程塔楼共布置了 2 条混凝土泵管，2 条混凝土泵管均布置于核心筒内，直接上至模架。结合现场实际情况，2 条泵管水平管换算长度约 120m，在混凝土泵出口前端及 F2 层楼板处设置截止阀。

"S"弯优化技术：以往工程经验显示，超高层竖向泵管需设置"S"弯，以减少泵送换向过程及停泵过程中垂直管道内混凝土对首层水平转垂直弯头的冲击作用，以及泵机 S 阀的反冲作用。武汉中心工程经过计算，按照混凝土在回流过程中水平管内压力损失与竖向管内的混凝土自重压力大致相等的原则，竖向泵管在 64 层随结构的变化进行移位，设置倾斜段，以此代替传统的"S"弯，大大降低了操作难度，取得了很好的效果。

（3）基于凸点顶模的一体化泵送技术。武汉中心工程核心筒采用全新的凸点顶模施工，凸点顶模承载力大，竖向跨越 3.5 个层高，内部挂架相比于低位顶模承载力有所提高。

泵送系统在顶模内需要考虑 3 个问题：

1）泵管附着与加节。泵管附着与加节泵管附着固定在内框架主立柱上，立柱通过设计计算可以承受泵管的水平动荷载。泵管加节：泵管在顶模 2 层设置弯折点，保证了模架 3 层至顶层的模板退模空间；弯折后泵管靠近内框架主立柱位置，保证了泵管在模架平面的附着；弯折点在 2 层以上，可以保证泵管的拆接均在模架内完成，每次仅拆除弯管下泵管，保证弯折点均在模架 2 层固定不动，同时通过不同厚度的快速垫片解决顶模顶升高度与泵管长度的高差。

2）布料机固定。布料机固定经过计算，顶模平台足以承载两台布料机自重，因此将布料机直接固定在顶模平台的主梁上，采用螺栓抱箍主梁固定。布料机随平台顶升，避免了布料机单独设计自爬升装置。

3）混凝土布料系统设置。混凝土布料系统设计凸点顶模跨越多个楼层，且根据顶模内施工部署，混凝土浇筑层一般位于顶模竖向的中部，距离平台顶部高度大于 10m。混凝土浇筑过程中无法采用布料机直接下料；另外，核心筒墙肢较多且相对独立。若采用移动式漏斗及串筒下料，则串筒移位频繁，影响混凝土浇筑的连续性及浇筑效率。同时，在移动过程中会抛撒混凝土浆体，影响文明施工。固定式浇筑管设计：武汉中心工程结合核心筒墙体的平面位置关系，在每个相对独立的墙肢两端于顶模上固定竖向的浇筑管，浇筑管伸至混凝土浇筑面上方 1m 左右，浇筑过程中仅需在低端根据层高的变化增加较短的移动式串筒，便可完成混凝土浇筑。布料机则直接在平台顶部管口处下料即可，大大提高了浇筑效率。

（4）多功能分段悬挑泵管架技术。武汉中心工程塔楼采用"不等高同步攀升施工工艺"施工，核心筒竖向剪力墙领先核心筒水平结构楼层数较多。为了便于混凝土泵送故障时检查泵管的情况，同时确保外框钢管柱及水平楼板浇筑时拆接泵管，本工程在每条竖向泵管处设置悬挑脚手架，每 5 层悬挑 1 次。并在悬挑处设置操作平台。核心筒水平结构施工时，提前拆除该楼层影响的一段泵管架。结合凸点顶模应急逃生需要，泵管架搭设至顶模顶层通道处，但不与顶模连接，并且设置下人孔及附加横杆，紧急情况下，顶模上人员可通过泵管架下至水平结构层。

4. 结束语

武汉中心混凝土泵送高度超过 400m，混凝土指标确定阶段增加了匀质性和压力泌水试验，并采用科学的装置对混凝土可泵性进行合理评价，同时采用掺加粉煤灰、矿粉、硅灰"三掺"技术以及外加剂关键技术，有效地确保了混凝土可泵性。

在泵送设备选型方面，主要从泵送能力、设备先进性和环保性等方面进行考虑；在进行泵送设备的布置时，经过合理计算分析，本工程竖向泵管取消了"S"弯设置，减少诸多麻烦，针对全新凸点顶模，从泵管附着、加节，布料机固定及固定式浇筑管设计三方面有效解决了泵送系统的布置问题；另外，多功能悬挑泵管架则有效确保了泵管检修需求。

2.7 预应力技术

2.7.1 技术内容

预应力技术分为先张法预应力和后张法预应力，先张法预应力技术是指通过台座或模板的支撑张拉预应力筋，然后绑扎钢筋浇筑混凝土，待混凝土达到强度后放张预应力筋，从而给构件混凝土施加预应力的方法。该技术目前在构件厂中用于生产预制预应力混凝土构件；后张法预应力技术是先在构件截面内采用预埋预应力管道或配置无粘结、缓粘结预应力筋，再浇筑混凝土。在构件或结构混凝土达到强度后，在结构上直接张拉预应力筋从而对混凝土施加预应力的方法，后张法可以通过有粘结、无粘结、缓粘结等工艺技术实现，也可采用体外束预应力技术。为发挥预应力技术高效的特点，可采用强度为 1860MPa 级以上的预应力筋，通过张拉建立初始应力，预应力筋设计强度可发挥到 1000～1320MPa。该技术可显著节约材料，提高结构性能，减少结构挠度，控制结构裂缝，并延长结构寿命。先张法预应力混凝土构件也常用 1570MPa 的预应力钢丝。预应力技术主要包括材料、预应力计算与设计技术、安装及张拉技术、预应力筋及锚头保护技术等。预应力钢筋如图 2-7 所示。

2.7.2　技术指标

预应力技术用于混凝土结构楼盖，可实现较小的结构高度跨越较大跨度。对平板及夹心板，其结构适用跨度为 7～15m，高跨比为 1/40～1/50；对密肋楼盖或扁梁楼盖，其适用跨度为 8～18m，高跨比为 1/20～1/30；对框架梁、连续梁结构，其适用跨度为 12～40m，高跨比为 1/18～1/25。在高层或超高层建筑的楼盖结构中，采用该技术可有效降低楼盖结构高度，实现大跨度，并在保证净高的条件下降低建筑层高，降低总建筑高度；或在建

图 2-7　预应力钢筋

筑总限高不变条件下，可有效增加建筑层数，具有节省材料和造价、提供灵活空间等优点。在多层大跨度楼盖中，采用该技术可提高结构性能、节省钢筋和混凝土材料、简化梁板施工工艺、加快施工速度、降低建筑造价。目前，常用预应力筋强度为 1860MPa 级钢绞线，施工张拉应力不超过预应力筋公称强度的 0.75。详细技术指标参见《混凝土结构设计规范》（GB 50010）、《无粘结预应力混凝土结构技术规程》（JGJ 92）等标准。

2.7.3　适用范围

该技术可用于多、高层房屋建筑的楼面梁板、转换层、基础底板、地下室墙板等，以抵抗大跨度、重荷载或超长混凝土结构在荷载、温度或收缩等效应下产生的裂缝，提高结构与构件的性能，降低造价；也可用于筒仓、电视塔、核电站安全壳、水池等特种工程结构；还广泛用于各类大跨度混凝土桥梁结构。

2.7.4　工程案例

北京首都国际机场、上海浦东国际机场、深圳宝安机场等多座航站楼；上海虹桥交通枢纽、西安北站、郑州北站等多座高铁城铁车站站房；上海临港物流园等大面积多层建筑；上海虹桥国家会展中心、深圳会展、青岛会展等大跨会展建筑；北京颐德家园、宁波浙海大厦、长沙国金大厦等高层建筑；还有福建福清、广东台山、海南昌江核电站安全壳等特种工程和大量桥梁工程。

2.7.5　工程实例

1. 工程概况

某体育馆在建设中应用到钢结构预应力技术，其概况如下：整个体育馆为五层结构，地上四层、地下一层，主要由比赛区、热身区、外围附属用房、地下车库这四个分区组成。热身区以及赛区的屋顶构成一个钢结构整体，钢结构屋盖为单曲面、其形式为双向张弦桁架钢结构，上弦为平面桁架且其正交正放，下弦形成双向张拉索网结构。

2. 设计方案

根据实际应用特点和施工现场的实际情况，决定采用以下设计方案：比赛馆屋面呈南高北低波形曲线，结构最高点标高为 42.454m。屋盖上层采用正交正放桁架结构，桁架双向间距 8.5m，结构截面高 1.518～3.973m。上弦面内的全部杆件或者腹管均为圆管，圆管截面为 159mm×6mm～480mm×24mm，采用无缝钢管，下弦面内所有杆件为焊接矩形管，截面范围为 350mm×200mm×8mm×8mm～450mm×275mm×25mm×20mm。上弦采用带肋焊接球节点，截面范围 d500mm×18mm～d700mm×35mm。下弦采用铸钢节点。屋盖钢结构在比赛区区域的尺寸为 114m×144.5m。纵向有①～⑭轴共 14 榀平面桁架，两侧边 6 榀桁架不布索，ⓔ～ⓜ轴共 8 榀，为预应力索张弦纵向桁架。横向有⑦～㉔轴共 18 榀平面桁架，两侧边各 2 榀不布索，⑨～㉒轴为预应力索张弦横向桁架。预应力索为上下两层结构，纵索采用单索结构且处在上面；横索为双索且在下。桁架预应力钢索采用缆索，其形式为挤包双护层大节距扭绞型，定位撑杆（撑杆为圆管，截面为 219mm×12mm，最长为 9.248m）。上端与桁架结构的下弦连接，其切采用万向球绞节点，下端与索连接，采用夹板节点，纵横向索穿过钢撑杆下端的双向节点，形成双向张拉空间索网，索端与钢结构采用铸钢节点连接。

3. 钢结构预应力技术的应用

（1）预应力索张拉。考虑实际工程的特点，决定采用以下设计方案：张拉施工由两端逐渐向中间进行，双方向对称施工，且分 3 次进行。第一次，张拉至设计索力要求的 80%；第二次，张拉全部设计索力，并超张拉 5%；第三次，微调索力，使其达到设计要求。具体分析如下：第一次张拉⑨、㉒、ⓔ、ⓜ轴线张拉到 80% 设计力，分别为 980、1060、1360、1360kN。第二次张拉㉑、①、⑭轴线张拉到 80% 设计力，分别为 1110、1750、1640、1640kN。

（2）预应力监测。在张拉中，钢结构屋架向上拱起，在张拉完成后，屋盖与支撑塔架脱离，完成卸载的过程。屋盖中心起拱采用吊线坠与全站仪两种监测方式，屋盖中心起拱设计理论计算值为 177mm，实测为 159mm，偏差为 18mm。按设计计算，若起拱值达到理论计算值的 50%（即 89mm），在屋面全负荷状态下仍可满足承载力和正常使用要求，因此，起拱 159mm 与设计理论值 177mm 吻合较好，完全满足设计要求。

4. 结束语

在建筑工程中，钢结构预应力技术已经逐渐发展为比较成熟的一项施工技术，今后在不断的发展中还将继续完善。众多工程实践说明，预应力技术以种种优势，在钢结构中有着强大的生命力和竞争力，今后应不断扩大其应用范围，充分发挥其优势和作用。

2.8 建筑用成型钢筋制品加工与配送技术

2.8.1 技术内容

建筑用成型钢筋制品加工与配送技术（简称"成型钢筋加工配送技术"），是指由具有信息化生产管理系统的专业化钢筋加工机构进行钢筋大规模工厂化与专业化生产、商品化配送，具有现代建筑工业化特点的一种钢筋加工方式。主要采用成套自动化钢筋加工设备，经过合理的工艺流程，在固定的加工场所集中，将钢筋加工成为工程所需成型钢筋制品，按照客户要求将其进行包装或组配，运送到指定地点的钢筋加工组织方式。信息化管理系统、专业化钢筋加工机构和成套自动化钢筋加工设备三要素的有机结合，是成型钢筋加工配送区别于传统场内或场外钢筋加工模式的重要标志。成型钢筋加工配送技术执行行业标准《混凝土结构成型钢筋应用技术规程》（JGJ 366）的有关规定。成型钢筋加工配送技术主要包括内容如下。

（1）信息化生产管理技术：从钢筋原材料采购、钢筋成品设计规格与参数生成、加工任务分解、钢筋下料优化套裁、钢筋与成品加工、产品质量检验、产品捆扎包装，到成型钢筋配送、成型钢筋进场检验验收、合同结算等全过程的计算机信息化管理。

（2）钢筋专业化加工技术：采用成套自动化钢筋加工设备，经过合理的工艺流程，在固定的加工场所集中将钢筋加工成为工程所需的各种成型钢筋制品，主要分为线材钢筋加工、棒材钢筋加工和组合成型钢筋制品加工。线材钢筋加工是指钢筋强化加工、钢筋矫直切断、箍筋加工成型等；棒材钢筋加工是指直条钢筋定尺切断、钢筋弯曲成型、钢筋直螺纹加工成型等；组合成型钢筋制品加工是指钢筋焊接网、钢筋笼、钢筋桁架、梁柱钢筋成型加工等。

（3）自动化钢筋加工设备技术：自动化钢筋加工设备是建筑用成型钢筋制品加工的硬件支持，是指具备强化钢筋、自动调直、定尺切断、弯曲、焊接、螺纹加工等单一或组合功能的钢筋加工机械，包括钢筋强化机械、自动调直切断机械、数控弯箍机械、自动切断机械、自动弯曲机械、自动弯曲切断机械、自动焊网机械、柔性自动焊网机械、自动弯网机械、自动焊笼机械、三角桁架自动焊接机械、梁柱钢筋骨架自动焊接机械、封闭箍筋自动焊接机械、箍筋笼自动成型机械、螺纹自动加工机械等。

图 2-8　钢筋笼焊接

（4）成型钢筋配送技术：按照客户要求与客户的施工计划，将已加工的成型钢筋以梁、柱、板构件序号进行包装或组配，运送到指定地点。

钢筋笼焊接如图 2-8 所示，钢筋笼制品如图 2-9 所示，钢筋笼工艺如图 2-10 所示。

图 2-9　钢筋笼制品

图 2-10　钢筋笼工艺

2.8.2　技术指标

建筑用成型钢筋制品加工与配送技术指标应符合现行行业标准《混凝土结构成型钢筋应用技术规程》（JGJ 366）和现行国家标准《混凝土结构用成型钢筋制品》（GB 29733）的有关规定。具体要求如下。

（1）钢筋进厂时，加工配送企业应按国家现行相关标准的规定抽取试件作屈服强度、抗拉强度、伸长率、弯曲性能和质量偏差检验，检验结果应符合国家现行相关标准的规定。

（2）盘卷钢筋调直应采用无延伸功能的钢筋调直切断机进行，钢筋调直过程中对于平行辊式调直切断机调直前后钢筋的质量损耗不应大于 0.5%。对于转毂式和复合式调直切断机，调直前后钢筋的质量损耗不应大于 1.2%。调直后的钢筋直线度每米不应大于 4mm，总直线度不应大于钢筋总长度的 0.4% 且不应有局部弯折。

（3）钢筋单位长度允许质量偏差、钢筋的工艺性能参数、单件成型钢筋加工的尺寸形状允许偏差、组合成型钢筋加工的尺寸形状允许偏差，应分别符合现行行业标准《混凝土结构成型钢筋应用技术规程》（JGJ 366）的规定。

（4）成型钢筋进场时，应抽取试件做屈服强度、抗拉强度、伸长率和质量偏差检验，检验结果应符合国家现行相关标准的规定；对由热轧钢筋制成的成型钢筋，当有施工单位或监理单位的代表驻厂监督生产过程，并提供原材钢筋力学性能第三方检验报告时，可仅进行质量偏差检验。

2.8.3 适用范围

该项技术可广泛适用于各种现浇混凝土结构的钢筋加工、预制装配建筑混凝土构件钢筋加工，特别适用于大型工程的钢筋量大集中加工，是绿色施工、建筑工业化和施工装配化的重要组成部分。该项技术是伴随着钢筋机械、钢筋加工工艺的技术进步而不断发展的，其主要技术特点是：加工效率高、质量好；降低加工和管理综合成本；加快施工进度，提高钢筋工程施工质量；节材节地、绿色环保；有利于高新技术推广应用和安全文明工地创建。

2.8.4 工程案例

成型钢筋加工配送成套技术已推广应用于多项大型工程，已在阳江核电站、防城港核电站、红沿河核电站、台山核电站等核电工程，天津 117 大厦、北京中国尊、武汉绿地中心、天津周大福金融中心等地标建筑，北京大兴国际机场、港珠澳大桥等重点工程中大量应用。

2.9 销键型脚手架及支撑架

销键型钢管脚手架及支撑架是我国目前推广应用最多、效果最好的新型脚手架及支撑架，包括盘销式钢管脚手架、键槽式钢管支架、插接式钢管脚手架等。销键型钢管脚手架分为 $\phi 60$ 系列重型支撑架和 $\phi 48$ 系列轻型脚手架两大类。销键型钢管脚手架安全可靠、稳定性好、承载力高；全部杆件系列化、标准化、搭拆快、易管理、适应性强；除搭设常规脚手架及支撑架外，由于有斜拉杆的连接，销键型脚手架还可搭设悬挑结构、跨空结构架体，可整体移动、整体吊装和拆卸。

2.9.1 技术内容

（1）销键型钢管脚手架及支撑架的立杆上每隔一定距离都焊有连接盘、键槽连接座或其他连接件，横杆、斜拉杆两端焊有连接接头，通过敲击楔形插销或键槽接头，将横杆、斜拉杆的接头与立杆上的连接盘、键槽连接座或连接件锁紧，如图 2-11 所示。

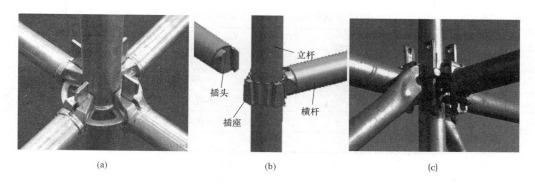

图 2-11　销键型钢管脚手架及支撑架
(a) 盘销式钢管脚手架节点；(b) 键槽式钢管支架节点；(c) 插接式钢管脚手架节点

（2）销键型钢管脚手架及支撑架分为 $\phi60$ 系列重型支撑架和 $\phi48$ 系列轻型脚手架两大类。

1）$\phi60$ 系列重型支撑架的立杆为 $\phi60\times3.2$ 焊管制成（材质为 Q345）；立杆规格有 0.5m、1m、1.5m、2m、2.5m、3m，每隔 0.5m 焊有一个连接盘或键槽连接座；横杆及斜拉杆均采用 $\phi48\times2.5$ 焊管制成，两端焊有插头并配有楔形插销，搭设时每隔 1.5m 搭设一步横杆。

2）$\phi48$ 系列轻型脚手架的立杆为 $\phi48\times3.2$ 焊管制成（材质为 Q345）；立杆规格有 0.5m、1m、1.5m、2m、2.5m、3m，每隔 0.5m 焊有一个连接盘或键槽连接座；横杆采用 $\phi48\times2.5$，斜杆采用 $\phi42\times2.5$、$\phi33\times2.3$ 焊管制成，两端焊有插头并配有楔形插销（键槽式钢管支架采用楔形槽插头），搭设时每隔 1.5～2m 设一步横杆（根据搭设形式确定）。

3）销键型钢管脚手架及支撑架一般与可调底座、可调托座以及连墙撑等多种辅助件配套使用。

4）销键型钢管脚手架及支撑架施工前应进行相关计算，编制安全专项施工方案，确保架体的稳定和安全。

（3）销键型钢管脚手架及支撑架的主要特点。

1）安全、可靠。立杆上的连接盘或键槽连接座与焊接在横杆或斜拉杆上的插头锁紧，接头传力可靠；立杆与立杆的连接为同轴心承插；各杆件轴心交于一点。架体受力以轴心受压为主，由于有斜拉杆的连接，使得架体的每个单元形成格构柱，因而承载力高，不易发生失稳。

2）搭拆快、易管理。横杆、斜拉杆与立杆连接，用一把铁锤敲击楔形销即可完成搭设与拆除，速度快，功效高。全部杆件系列化、标准化，便于仓储、运输和堆放。

3）适应性强。除搭设一些常规架体外，由于有斜拉杆的连接，盘销式脚手架还可搭设悬挑结构、跨空结构、整体移动、整体吊装、拆卸的架体。

4）节省材料、绿色环保。由于采用低合金结构钢为主要材料，在表面热浸镀锌处理后，与钢管扣件脚手架、碗扣式钢管脚手架相比，在同等荷载情况下，材料可以节省约 1/3，节省材料费和相应的运输费、搭拆人工费、管理费、材料损耗等费用，产品寿命长、绿色、环保，技术经济效益明显。

2.9.2　技术指标

销键型钢管脚手架及支撑架的技术指标见表 2-19。

表 2 - 19　　　　　　　　　　　　　　销键型钢管脚手架及支撑架的技术指标

项目	技术指标
销键型钢管脚手架及支撑架	按验算立杆允许荷载确定搭设尺寸
脚手架及支撑架安装后的垂直偏差	应控制在 1/500 以内
底座丝杠外露尺寸	不得大于相关标准规定要求
节点承载力	应进行校核，确保节点满足承载力要求，保证结构安全
表面处理	热镀锌

2.9.3　适用范围

（1）$\phi60$ 系列重型支撑架可广泛应用于公路、铁路的跨河桥、跨线桥、高架桥中的现浇盖梁及箱梁的施工，用作水平模板的承重支撑架。

（2）$\phi48$ 系列轻型脚手架适用于直接搭设各类房屋建筑的外墙脚手架、梁板模板支撑架，船舶维修、大坝、核电站施工用的脚手架，各类钢结构施工现场拼装的承重架，各类演出用的舞台架、灯光架、临时看台、临时过街天桥等。

2.9.4　工程案例

南京禄口机场、安徽芜湖火车站高支模、上海会展中心、京沪高铁支撑架、无锡万科魅力之城 D4 组团建筑外架、长沙黄花机场大道延长线高架桥、长沙国际金融中心、长沙湘江新区综合交通枢纽工程、湖南日报报业大厦、武广高铁长沙站、北京卫星通信大厦、成都银泰广场和首都新机场航站楼等工程。

2.9.5　工程实例

1. 工程概况

×××桥位于京承高速公路 K129＋040.00 处。桥梁上部结构为 3×33m＋18×30m 现浇预应力混凝土连续梁，下部结构桥墩为实心板墩接承台，接钻孔灌注基础。桥跨全长 639m，桥梁全宽 24.5m。3×33m 一联，4×30m 三联，3×30m 有二联，全桥共 6 联。本方案为左右跨⑥轴～⑨轴 3×30m 连续梁，长 90m，宽 24.5m 箱梁支撑架体的搭设施工。

2. 脚手架设计

支撑架的搭设方式为满搭，架体横向间距为 1500、1200、1500、1500、600、1500、1500、1200、1500mm，并间隔布置；纵向支撑架的最大间距为 1500mm，主龙骨采用双根 S-150 型铝合金梁，次龙骨采用单根 S-150 型铝合金梁。

3. 盘销式脚手架构件特性

（1）盘销式脚手架分类。盘销式脚手架的主要构成由主杆、平主杆、横杆、斜杆、定位杆、标准基座、辅助杆、下调基座、U 形顶托、扶手、爬梯、销板、连接棒等组成。

（2）主杆与平主杆。主杆、平主杆为整个系统的主要受力构件，依其规格可区分为平主杆（不含连接棒）及主杆（含连接棒），以四方管或圆管连接棒作为主杆连接方式。而平主杆适用于标准基座上第一支主杆。主杆、平主杆上的盘销间距为 500mm；主杆长度有 1.0、1.5、2.0、3.0m 四种规格，主杆为 $\phi60.2mm$，管壁厚为 3.1mm，材质为 Q345B。

（3）标准基座与辅助杆。标准基座及辅助杆主要都是以套筒方式连接平主杆（内插式），以达到快速组装及调整至任意高度的目的。标准基座管径为 $\phi60.2mm$，厚度为 3.1mm，材质为 Q345，受力轴长为 200mm，放置于下调整座上。辅助杆管径为 $\phi60.2mm$，厚度为

3.1mm（壁厚±0.15mm），材质为 Q345；受力轴长有 250mm 及 500mm 两种规格，辅助杆连接于主杆上方（外插式），主要作用在于使主架调配高度时更加灵活，以弥补主杆的不足，尤其是用在支撑物有高度渐变时更可发挥极大的作用。

（4）横杆与定位杆。横杆用于连接各主杆而成的支撑架组，使各主杆间受力平均分布并相互支持，不易产生弯曲变形。横杆材质为 Q235（2.4m 以上长度规格的材质为 Q345），管径为 ϕ48.2mm，管壁厚为 2.75mm。横杆尺寸有 0.6、0.9、1.2、1.5、1.8、2.4、3.0m 七种规格，而定位杆用以固定单组支撑架，使之不致产生扭曲，可增加支撑架的稳定度。定位杆材质为 Q235（3.0×1.5m 以上规格材质为 Q345），管径为 ϕ48.2mm，管壁厚为 2.75mm（±0.275mm）。定位杆尺寸有 1.5m×1.5m、1.8m×1.5m、2.4m×1.5m、1.8m×1.8m、3.0m×1.5m、3.0m×3.0m 六种规格，可根据需要制定其他规格。

（5）斜杆。斜杆用于承受水平力，分散各脚架的承载重，并可使整座的盘销架不扭曲变形。斜杆材质为 Q235，管径为 ϕ48.2mm，管壁厚为 2.75mm。斜杆的主要尺寸有 0.6m×1.0m、0.6m×1.5m、0.9m×1.0m、0.9m×1.5m、1.5m×1.0m、1.5m×1.5m、1.8m×1.0m、1.8m×1.5m、2.4m×1.5m、3.0m×3.0m 十种规格，可根据需要制定其他规格。

（6）上、下调整座。主要用于各主杆调整水平、高低。牙管设立冲压点，用以防止螺母松脱，并且保持牙管与平主杆或标准基座连接。牙管管径为 ϕ48.2mm，长为 600mm，厚为 5.0mm(±0.5mm)，材质为 Q235，螺母材质为 FCD450。上、下调整座的可调整长度范围皆为 100～500mm。

4. 施工安排

（1）技术准备。

（2）机具准备（见表 2 - 20）。

表 2 - 20　　　　　　　　　　　　　　机具准备

序号	名称	规格型号	数量	单位	备注
1	锤子	普通	20	把	
2	棕绳	ϕ15mm	100	m	合格证
3	墨斗	普通	1	个	
4	红蓝铅笔	普通	5	支	放样用
5	50m 布尺	普通	1	把	合格证
6	水平尺	1m	3	把	合格证
7	水平仪	AL322 - A	1	台	合格证
8	经纬仪	DJD2 - 2PG	1	台	合格证
9	安全带	耐重 100kg	30	条	合格证

（3）施工条件。施工面上的物料已清理干净且无积水，地面较为平整，凸凹高差不大于 200mm。为确保地面耐力达到 12t/m² 以上（沉降量微），对不同的地基处理应保证。

1）基础为原地面时，压实度大于 95%。

2）基础为回填土时，灰土配合比大于 2：8，并且每隔 500mm 分层必须滚压夯实。

3）基础为砂石料时，骨料小于100mm并经压实，上垫250mm×250mm木方。

4）基础为混凝土地面时，为C15素混凝土，厚度不小于150mm。

5）混凝土梁基础时，为C30素混凝土，高×宽＝300mm×250mm。

（4）施工流程。

1）基础放样：依照支撑架配置在图纸上进行尺寸标注，正确放样并使用墨斗弹线。

2）检查放样点是否正确。

3）备料人员依照搭架需求数量，分配材料并送至每个搭架区域。

4）按脚手架施工图纸将调整底座正确摆放。

5）按脚手架施工图纸搭设脚手架（高处作业人员需佩戴安全帽、安全带并临时在架体上铺设脚手板）。

6）搭架高程控制检测及架高调整。

7）检查各构件连接点及固定插销是否牢固。

8）各种长短脚手架材料检查是否变形或搭接不当。

9）架设安全网并检查是否足够安全。

5. 盘销脚手架的检查

（1）脚手架检查、验收的时间。

（2）脚手架检查、验收的程序和要求。

（3）脚手架检查、验收项目。

1）检查脚手架斜杆的销板是否打紧，是否平行与主杆；横杆的销板是否垂直于横杆；检查各种杆间的安装部位、数量、形式是否符合设计要求。脚手架的所有销板都必须处于锁紧状态。

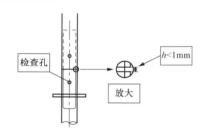

图 2-12　主杆及平主杆连接处的检查

2）在设置操作平台的范围，脚手板应在同一步内连续设置，脚手板应铺满，上下两层主杆的连接必须紧密，通过观察上下主杆连接处或透过检查孔观察，间隙应小于1mm，如图 2-12 所示。

3）不配套的脚手架和配件不得混合使用。

4）悬挑位置要准确，各阶段的横杆、斜杆安装完整，销板安装紧固，各项安全防护到位。

5）脚手架的垂直度与水平度允许偏差应符合表 2-21 的要求。

表 2-21　　　　　　　　　盘销脚手架搭设垂直度与水平度允许偏差

项目		规格	允许偏差
垂直度	每步架	φ60 系列	±2.0mm
	脚手架整体	φ60 系列	$H/1000mm$ 及 ±2.0mm
水平度	一跨内水平架两端高差	φ60 系列	$±I/1000mm$ 及 ±2.0mm
	脚手架整体	φ60 系列	$±L/600mm$ 及 ±2.0mm

注：H—步距；I—跨度；L—脚手架长度。

6）φ60 系列脚手架的 U 形顶托和下调整座的调整范围见表 2-22 和如图 2-13 所示。

表 2 - 22 **φ60 系列脚手架的 U 形顶托和下调整座的调整范围** (mm)

可调范围规格长度		U 形顶托			下调整座		
(A)	(B)	最长 (E)	最短 (D)	可调距离 (C)	最长 (E)	最短 (D)	可调距离 (C)
600	100	500	80	420	500	80	420

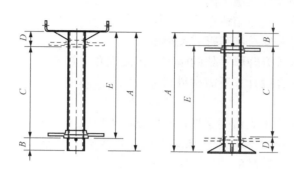

图 2 - 13 U 形顶托和下调整座的调整范围

2.10 集成附着式升降脚手架技术

集成附着式升降脚手架是指搭设一定高度并附着于工程结构上,依靠自身的升降设备和装置,可随工程结构逐层爬升或下降,具有防倾覆、防坠落装置的外脚手架;附着升降脚手架主要由集成化的附着升降脚手架架体结构、附着支座、防倾装置、防坠落装置、升降机构及控制装置等构成。

2.10.1 技术内容

1. 集成附着式升降脚手架设计

(1) 集成附着式升降脚手架主要由架体系统、附墙系统和爬升系统三部分组成(图 2-14)。

(2) 架体系统由竖向主框架、水平承力桁架、架体构架、护栏网等组成。

(3) 附墙系统由预埋螺栓、连墙装置、导向装置等组成。

图 2 - 14 全钢集成附着式升降脚手架

(4) 爬升系统由控制系统、爬升动力设备、附墙承力装置和架体承力装置等组成。控制系统采用三种控制方式:计算机控制、手动控制和遥控器控制,并可以通过计算机作为人机交互界面,全中文菜单、简单、直观,控制状态一目了然,更适合建筑工地的操作环境。控制系统具有超载、失载自动报警与停机功能。

(5) 爬升动力设备可以采用电动葫芦或液压千斤顶。

(6) 集成附着式升降脚手架有可靠的防坠落装置,能够在提升动力失效时迅速将架体系统锁定在导轨或其他附墙点上。

(7) 集成附着式升降脚手架有可靠的防倾导向装置。

（8）集成附着式升降脚手架有可靠的荷载控制系统或同步控制系统，并采用无线控制技术。

2. 集成附着式升降脚手架施工

（1）应根据工程结构设计图、塔吊附壁位置、施工流水段等确定附着式升降脚手架的平面布置，编制施工组织设计及施工图。

（2）根据提升点处的具体结构形式确定附墙方式。

（3）制订确保质量和安全施工等有关措施。

（4）制订集成附着式升降脚手架的施工工艺流程和工艺要点。

（5）根据专项施工方案计算所需材料。

2.10.2 技术指标

（1）架体高度不应大于5倍楼层高，架体宽度不应大于1.2m。

（2）两提升点直线跨度不应大于7m，曲线或折线不应大于5.4m。

（3）架体全高与支承跨度的乘积不应大于110m²。

（4）架体悬臂高度不应大于6m和2/5的架体高度。

（5）每点的额定提升荷载为100kN。

2.10.3 适用范围

集成附着式升降脚手架适用于高层或超高层建筑的结构施工和装修作业；对于16层以上，结构平面外檐变化较小的高层或超高层建筑施工推广应用附着式升降脚手架；附着式升降脚手架也适用于桥梁高墩、特种结构高耸构筑物施工的外脚手架。

2.10.4 工程案例

中山国际灯饰商城、华南港航服务中心、莆田万科城项目、中山小榄海港城等工程。

2.10.5 工程实例

1. 工程概况

万科城某项目，38层剪力墙结构，层高2.8m，建筑高度108m。该工程采用附着式升降脚手架，专业承包单位施工。基本架体宽度0.6m，高度13.5m，架体自重2.2t左右，升降时间每层1.5～2.0h，第3层以上标准层进入附着式升降脚手架安装使用。

2. 安装步骤

搭设平台架并做水平调整→铺设龙骨板→安装下节导轨、竖龙骨、辅助竖龙骨→加辅助支撑杆及斜拉杆→水平刚性拉结→安装第二道龙骨板→安装第一道安全立网→安装第一道附墙件并卸荷→安装中节导轨、竖龙骨、辅助竖龙骨→连续组拼架体直到安装完2层各组架为止→连续组拼架体直到安装完3层各组架为止→连续组拼架体直到安装完4层各组架为止→连续组拼架体直到安装完5层各组架为止→铺设电源线→安装提升设备。

3. 实施效果

由于本工程标准层大部分外形沿高度方向相对统一，附着式升降脚手架满足结构主体施工要求。

2.11 电动桥式脚手架技术

电动桥式脚手架是一种导架爬升式工作平台，沿附着在建筑物上的三角立柱支架通过齿轮齿条传动方式实现平台升降。电动桥式脚手架可替代普通脚手架及电动吊篮，平台运行平稳，使用安全可靠且可节省大量材料。用于建筑工程施工，特别适合装修作业（图 2 - 15）。

2.11.1　技术内容

1. 电动桥式脚手架设计技术

（1）电动桥式脚手架由驱动系统、附着立柱系统和作业平台系统三部分组成。

（2）驱动系统由电动机、防坠器、齿轮驱动组、导轮组和智能控制器等组成。

（3）附着立柱系统由带齿条的立柱标准节、限位立柱节和附墙件等组成。

（4）作业平台由三角格构式横梁节、脚手板、防护栏和加宽挑梁等组成。

图 2 - 15　电动桥式脚手架

（5）在每根立柱的驱动器上安装两台驱动电机，负责电动施工平台上升和下降。

（6）在每一个驱动单元上都安装了独立的防坠装置，当平台下降速度超过额定值时，能阻止施工平台继续下坠，同时启动防坠限位开关切断电源。

（7）当平台沿两个立柱同时升降时，附着式电动施工平台配有智能水平同步控制系统，控制平台同步升降。

（8）电动桥式脚手架还有最高自动限位、最低自动限位、超越应急限位等智能控制。

2. 电动桥式脚手架的施工技术

（1）采用电动桥式脚手架应根据工程结构图进行配置设计，绘制工程施工图，合理确定电动桥式脚手架的平面布置和立柱附墙方法，编制施工组织设计并计算出所需的立柱、平台等部件的规格与数量。

（2）根据现场基础情况确定合理的基础加固措施。

（3）制订确保质量和安全施工等有关措施。

（4）在整个机械使用期间严格按维修使用手册要求执行，如果出售、租赁机器，必须将维修使用手册转交给新的用户。

（5）电动桥式脚手架维修人员需获得专业认证资格。

2.11.2　技术指标

电动桥式脚手架的技术指标见表 2 - 23。

表 2 - 23　　　　　　　　　　　电动桥式脚手架的技术指标

项目	技术指标
平台最大长度	双柱型为 30.1m，单柱型为 9.8m
最大高度	260m，当超过 120m 时需采取卸荷措施
额定荷载	双柱型为 36kN，单柱型为 15kN
平台工作面宽度	1.35m，可伸长加宽 0.9m
立柱附墙间距	6m
升降速度	6m/min

2.11.3 适用范围

电动桥式脚手架适用范围：

（1）各种建筑结构外立面装修作业、已建工程的外饰面翻新，为工人提供稳定舒适的施工作业面。

（2）二次结构施工中围护结构砌体砌筑、饰面石材和预制构件安装，施工安全防护。

（3）玻璃幕墙施工、清洁、维护等。

（4）桥梁高墩、特种结构高耸构筑物施工的外脚手架。

2.11.4 工程案例

北京奥运会游泳馆工程、合肥滨湖世纪城、国务院第二招待所改扩建项目、常州大名城、云南省云路中心、北京三元桥远洋公馆、江苏省镇江新区港南路公租房小区、福建省福州市名城港湾五区、北京方庄芳星园旧楼改造项目、三亚鲁能山海天酒店三期项目、浙江中烟联合工房、神木新村产业服务中心、郑州玉兰苑、北京最高检察院 582 工程、哈尔滨富力江湾新城 12 号楼、哈尔滨万达旅游城产业综合体 A 座等工程。

2.12 管廊模板技术

管廊的施工方法主要分为明挖施工和暗挖施工。明挖施工可采用明挖现浇施工法与明挖预制拼装施工法。当前，明挖现浇施工管廊工程量很大，工程质量要求高，对管廊模板的需求量大。本管廊模板技术主要包括支模和隧道模两类，适用于明挖现浇混凝土管廊的模板工程。

2.12.1 技术内容

1. 管廊模板设计依据

管廊混凝土浇筑施工工艺可采取的工艺为：管廊混凝土分底板、墙板、顶板三次浇筑施工；管廊混凝土分底板、墙板和顶板两次浇筑施工。按管廊混凝土浇筑工艺不同，应进行相对应的模板设计与施工工艺的制定。

2. 混凝土分两次浇筑的模板施工工艺

（1）底板模板现场自备。

（2）墙模板与顶板模板采用组合式带肋塑料模板、铝合金模板、隧道模板等施工工艺（图 2-16）。

(a)   (b)

图 2-16　组合式带肋塑料模板在管廊工程中的应用

(a) 混凝土分两次浇筑的模板；(b) 混凝土分三次浇筑的模板

3. 混凝土分三次浇筑的模板施工工艺

（1）底板模板现场自备。

（2）墙板模板采用组合式带肋塑料模板、铝合金模板、全钢大模板等。

（3）顶板模板采用组合式带肋塑料模板、铝合金模板、钢框胶合板台模等。

4. 管廊模板设计的基本要求

（1）管廊模板设计应按混凝土浇筑工艺和模板施工工艺进行。

（2）管廊模板的构件设计，应做到标准化、通用化。

（3）管廊模板设计应满足强度、刚度要求，并应满足支撑系统稳定。

（4）管廊外墙模板采用支模工艺施工应优先采用不设对拉螺栓做法，也可采用止水对拉螺栓做法，内墙模板不限。

（5）当管廊采用隧道模板施工工艺时，管廊模板设计应根据工程情况的不同，可以按全隧道模、半隧道模和半隧道模＋台模的不同工艺设计。

（6）当管廊顶板采用台模施工工艺时，台模应将模板与支撑系统设计成整体，保证整装、整拆、整体移动，并应根据顶板拆模强度条件考虑养护支撑的设计。

5. 管廊模板施工

（1）采用组合式带肋塑料模板、铝合金模板、隧道模板施工，应符合各类模板的行业标准及《混凝土结构工程施工规范》（GB 50666）的规定要求。

（2）隧道模是墙板与顶板混凝土同时浇筑、模板同时拆除的一种特殊施工工艺。采用隧道模施工的工程，应重视隧道模拆模时的混凝土强度，并应采取隧道模早拆技术措施。

2.12.2　技术指标

管廊模板的技术指标见表 2-24。

表 2-24　　　　　　　　　　　　　管廊模板的技术指标

项目	技术指标
组合式带肋塑料模板	模板厚度 50mm，背楞矩形钢管 2 根 60mm×30mm×2mm 或 2 根 60mm×40mm×2.5mm
铝合金模板	模板厚度 65mm，背楞矩形钢管 2 根 80mm×40mm×3mm 或 2 根 60mm×40mm×2.5mm
全钢大模板	模板厚度 85mm/86mm，背楞槽钢 100mm
隧道模	模板台车整体轮廓表面纵向直线度误差大于 1mm/2m，模板台车前后端轮廓误差大于 2mm，模板台车行走速度 3～8m/min

2.12.3　适用范围

采用现浇混凝土施工的各类管廊工程。

2.12.4　工程案例

组合式带肋塑料模板、铝合金模板应用于西宁市地下综合管廊工程；隧道模应用于朔黄铁路穿越铁路箱涵（全隧道模）、山西太原汾河二库供水发电隧道箱涵（全隧道模）和南水北调滹沱河倒虹吸箱涵（台模）。

2.12.5　工程实例

1. 工程概况

综合管廊设计为三仓矩形断面，高压仓（净宽×净高）尺寸为 2.6m×3.2m，中压仓尺寸为 2.8m×3.2m，综合仓尺寸为 4.8m×3.2m；高压仓布置于最西侧，高压线路回数为 4 回 220kV 电力＋6 回 110kV 电力；中压仓内管线为 32 孔 10kV 电力，24 孔通信，通信下方预留 DN400 管道；综合仓管线为一根 DN1200 给水，一根 DN400 配水，3 根 DN300 再生水和预留一根 DN700 能源管道。

全线设投料口、通风口、出线井、交叉口、逃生口等附属结构，管廊主体结构安全等级为一级，防水等级为二级，抗震等级为二级，结构裂缝控制等级为三级，混凝土裂缝控制标准≤0.2mm，混凝土结构环境类别为二 b 类，设计使用年限为 100 年。

2. 模板设计

××大道南二段综合管廊标准断面顶板厚度 0.45m，支架上部施工总荷载为 19.5kN/m²，集中线荷载为 29.3kN/m，属于高大模板支架工程。全线设投料口、通风口、出线井、交叉口、逃生口等附属结构，附属结构顶板厚度有 0.3、0.35、0.4、0.5、0.55、0.7、1.0m 等；杭州路节点管廊顶板厚度有 0.6、0.65、0.7、0.8、0.95、1.0m 等；结合项目进度、质量、成本等因素综合考虑（模板施工经济对比见表 2-25），承重支架采用多种布置形式。

表 2-25 管廊施工各类模板综合对比

项目	木模板	钢模板	铝合金模板	长纤维复合塑料模板
面板材料	15mm厚覆膜胶合板	5mm厚钢板	4mm厚铝板	5.4mm厚面板
模板厚度	15mm	55mm	65mm	80mm
模板质量	12kg/m²	70.6kg/m²	25kg/m²	15kg/m²
预载能力	30kN/m²	30kN/m²	60kN/m²	60kN/m²
环保节能	不环保、不节能	需熔炉和焊接	需熔炉和焊接	绿色环保、低碳节能
循环再生	不可再生	可循环再生但成本高	可循环再生但成本高	可循环再生成本低
周转次数	2~3次	60次	80次	40~60次
施工难度	易	较难	易	易
维护费用	低	较高	高	低
劳务资源	无需机械配合，现场开料加工，工人技术水平要求高	需要少量机械配合，模板笨重，搬运困难、难以操作	无需机械配合，现场组合拼装	无需机械配合，简易工拼装，少量人工即可轻松操作
施工效率	中	低	高	高
成型效果	表面粗糙，易漏浆、错台、鼓胀等	表面粗糙、精度差、易漏浆	平整光洁，可达饰面及装饰清水要求	平整光洁、可达饰面及装饰清水要求
产品特点	不导电、吸水发胀、起皮、高温变形，材料浪费现象严重	易导电、生锈，每次施工前须进行打磨，变形后难校正	易导电、变形现象严重，易与混凝土发生反应，气泡多	安全绝缘、耐酸、耐碱、耐高温、防潮、轻质高温、尺寸精确不易变形

（1）顶板支架体系设计见表 2-26。

表 2-26　顶板支架体系设计

顶板厚度 H	立杆横距 L_a/m	立杆纵距 L_b/m	立杆步距 h/m	备注
（$H \leqslant 0.3$m）	0.9	1.2	1.2	管廊标准断面根据管廊结构设计，立杆横距 L_a 采用 0.6m、0.65m、0.7m 三种
（0.3m$<H \leqslant 0.7$m）	0.6	0.9	1.2	
（0.7m$<H \leqslant 1.0$m）	0.6	0.6	1.2	

注：管廊标准断面支架为满堂搭设，钢管采用 $\phi 48 \times 3.5$mm 扣件式钢管作为支架体系。

（2）顶板模板体系设计见表 2-27。

表 2-27　顶板模板体系设计

顶板厚度 H	主龙骨	次龙骨	模板厚度/mm	备注
（$H \leqslant 0.3$m）	100mm×100mm 方木，布置间距 0.9m	100mm×50mm 方木，布置间距 0.3m	12	模板厚度为实际有效厚度，采用复合模板
（0.3m$<H \leqslant 0.7$m）	100mm×100mm 方木，布置间距 0.6m	100mm×50mm 方木，布置间距 0.25m	15	
（0.7m$<H \leqslant 1.0$m）	100mm×100mm 方木，布置间距 0.6m	100mm×50mm 方木，布置间距 0.2m	18	

（3）侧墙、隔墙模板体系设计见表 2-28。

表 2-28　侧墙、隔墙模板体系设计

工程部位	竖向背楞	横向背楞	模板厚度/mm	拉杆	备注
管廊侧墙	100mm×50mm 方木，布置间距 0.25m	〔8 槽钢，布置间距 0.45m	15	M14，布置间距 0.45m×0.45m	止水螺杆
管廊隔墙	100mm×50mm 方木，布置间距 0.3m	〔8 槽钢，布置间距 0.45m	15	M14，布置间距 0.6m×0.6m	对拉杆

3. 模板施工

（1）模板施工流程。支架搭设→安装可调顶托→放主龙骨→放次龙骨→铺复合板→模板校正→安装预埋件或设置预留洞→面板清理→模板验收。

（2）模板安装要求。复合板使用前应根据图纸量好尺寸，锯过的复合板侧面锯口要刷封边油漆。顶板与梁（墙）相交部分，将多层板边贴好密封条后，与墙体顶紧、挤死，防止漏浆。

顶板拼缝采用硬拼法，量好尺寸。板的拼缝宽度不得大于 1mm，复合板要用 50mm 的钉子，按间距 300mm 钉牢在次龙骨上。板面翘曲的，要在翘曲部位加钉子。

通过调整可调顶托来校正顶板标高，用靠尺找平，将小白线拴在钢筋上的标高点上，拉成十字线检验板的平整。

涉及施工缝的地方，模板安装前必须对混凝土结合面进行凿毛处理，以保证混凝土结合良好。所有模板安装、加固应牢固，接缝严密不漏浆，模板的竖直度和平整度应符合规范要求。

（3）模板安装及拆除。

1）模板加工。模板加工完毕后，必须经过项目经理部技术负责人、施工员、质检人员验收合格后方可使用。对于周转使用的胶合板，如果有飞边、破损模板，必须切掉破损部分，然后封面加以利用。

2）模板存放。模板进场后，必须堆放在模板加工场。加工场分为加工场所与木料堆场两个部分，模堆放应整齐、稳固，按各种模板、成品、半成品、废品等分门别类地堆放，做到成垛、成堆、成捆并挂牌注明。模板加工场地面为硬地坪（混凝土地面），堆放时模板底部必须垫上枕木，以便塔吊吊运时方便穿绳。

3）模板拆除。侧墙混凝土强度达到 2.5MPa 后才能拆除侧模（混凝土强度采用回弹仪检测确定），顶板底模待混凝土强度达到设计混凝土强度 75% 以上时才能拆除（支撑跨度不大于 8m），模板安装、拆除应经监理工程师同意，拆除的模板应清理干净、分类堆码整齐，严禁乱丢。

4）模板验收。

4. 模板支架施工

（1）支架材料要求。满堂扣件式支架采用 $\phi48 \times 3.5$mm 钢管。

钢管进场后检查其使用材料质量说明、证明书及产品合格证，确保其钢管材料符合规范要求。

钢管架搭设前均需要对其规格、壁厚、长度、外观等进行检查，检查是否存在缺陷，是否能满足使用要求，若杆件损坏、有严重锈蚀、压扁或裂纹的不得使用。禁止使用有脆裂、变形、滑丝等现象的扣件。

支架严禁钢竹、钢木混搭，禁止扣件、绳索、铁丝、竹篾、塑料混用。

使用的扣件必须 100% 检查，是否有裂纹、砂眼等质量缺陷，有缺陷的一律弃用。

（2）支架搭设。在支架搭设前，先要测量定出结构中心线，以该中心线对称向两端搭设支架，搭设工作至少两人配合操作。

立好横向内外侧两根立杆，装好两根横向水平杆，形成一个方框。一人扶直此方框架，另一个人将纵向水平杆一端插入已立好的立管最下面一个扣件内，另一端插入第三根立管下扣件内，装上横向水平杆，形成一个稳定的方格。

（3）剪刀撑设置。纵向方向每隔 4~6m 设置一道剪刀撑，横向方向每个仓室设置一道剪刀撑；剪刀撑的斜杆除两端用旋转扣与支架立杆或大横杆扣紧外，其中间还应增加 1~2 个扣结点。支架顶部设置可调托撑，底部应根据管廊纵坡采用垫木进行调平。

（4）支架搭设要求。架子地基应平整、结实，加设支架垫板，垫板宜采用长度不少于 2 跨，厚度不小于 100mm 的木垫板。

严格按照规定的构造尺寸进行搭设，控制好立杆的垂直偏差和横杆的水平偏差，并确保节点连接达到要求。

横向、纵向扫地杆应单独设置，不准用底部钢管代替，扫地杆距离底板顶面为 20cm。

现场支架搭设和拆除应符合《建筑施工扣件式钢管支架安全技术规范》（JGJ 130—2001）的相关规定，支架扣件必须拧紧。支架搭设、拆除应经监理工程师同意，支架遵循

"先支后拆、后支先拆、自上而下、动作协调"的原则进行拆除。拆除的支架应分类堆码整齐，严禁乱丢。

（5）支架监控量测。支架搭设完成后要对支架的沉降、变形和位移进行监测，及时反映出支架的安全使用状态。沿支架纵向每 15～30m 设置一监测断面，每个监测断面布设 2 个支架水平位移监测点、3 个支架沉降观测点和 3 个地基稳定性沉降观测点；监测点设于支架两侧及中部和受力较薄弱的位置。

（6）支架拆除。

1）由于顶板荷载较大，在顶板强度没有达到 100%，不得拆除支架。

2）架体拆除前，必须查看施工现场环境，包括架空线路、地面的设施等各类障碍物，根据检查结果拟订出作业计划，进行技术交底后才准工作。

3）拆除支架时，由上向下逐步拆除。先将顶托松开，将模板挪出支架，人工将模板倒运至施工范围外。依次拆除方木、顶托、横杆和立杆。各种材料要人工向下传递，轻放于地面，不得扔抛杆件。

4）拆架时应划分作业区，周围设绳绑围栏或竖立警戒标志，地面应设专人指挥，禁止非作业人员进入。

5）拆除时要统一指挥，上下呼应，动作协调。当解开与另一人有关的结扣时，应先通知对方，以防坠落。

6）拆架时严禁碰撞支架附近电源线，以防触电事故。

7）每天拆架下班时，不应留下未拆完而留有隐患部位。

2.13　3D 打印装饰造型模板技术

3D 打印装饰造型模板采用聚氨酯橡胶、硅胶等有机材料，打印或浇筑而成，有较好的抗拉强度、抗撕裂强度和粘结强度，且耐碱、耐油，可重复使用 50～100 次。通过有装饰造型的模板给混凝土表面做出不同的纹理和肌理，可形成多种多样的装饰图案和线条，利用不同的肌理显示颜色的深浅不同，实现材料的真实质感，具有很好的仿真效果。

2.13.1　技术内容

（1）3D 打印装饰造型模板是一个质量有保证而且非常经济的技术，能帮助设计师、建筑师、业主做出各种混凝土装饰效果。

（2）3D 打印装饰造型模板通常采用聚氨酯橡胶、硅胶等有机材料，有较好的耐磨性能和延伸率，而且耐碱、耐油，易于脱模而不损坏混凝土装饰面，可以准确复制不同造型、肌理、凹槽等。

（3）通过装饰造型模板给混凝土表面做出不同的纹理和肌理，利用不同的肌理显示颜色的深浅不同，实现材料的真实质感，具有很好的仿真效果，如图 2-17（a）、（b）所示；如针对的是高端混凝土市场的一些定制的影像刻板技术造型模板，通过侧面照射过来的阳光，通过图片刻板模板完成的混凝土表面的条纹宽度不一样，可以呈现不同的阴影，使混凝土表面效果非常生动如图 2-17（c）所示。

（4）3D 打印装饰造型模板的特点。

1）应用装饰造型模板成型混凝土，可实现结构装饰一体化，为工业化建筑省去二次

(a)   (b)   (c)

图 2-17　装饰造型模板仿真效果

(a) 仿石材纹理；(b) 仿竹材纹理；(c) 影像纹理

装饰。

2）产品安全耐久，避免了瓷砖脱落等造成的公共安全隐患。

3）节约成本，因为装饰造型模板可以重复使用，可以大量节约生产成本。

4）装饰效果逼真，不管仿石、仿木等任意的造型，均可达到与原物一致的效果，从而减少了资源的浪费。

2.13.2　技术指标

技术指标见表 2-29。

表 2-29　　　　　　　　　　　　　　主要技术指标参数

主要指标	1 类模板	2 类模板
模板适用温度	+65℃内	+65℃内
肌理深度	>25mm	1~25mm
最大尺寸	约 1m×5m	约 4m×10m
弹性体类型	轻型 γ=0.9	普通型 γ=1.4
反复使用次数	50 次	100 次
包装方式	平放	卷拢

2.13.3　适用范围

通过 3D 打印装饰造型模板技术，可以设计出各种各样独特的装饰造型，为建筑设计师立体造型的选择提供更大的空间。混凝土材料集结构装饰性能为一体，预制建筑构件、现浇构件均可，可广泛应用于住宅、围墙、隧道、地铁站、大型商场等工业与民用建筑，使装饰和结构同寿命，实现建筑装饰与环境的协调。

2.13.4　工程案例

2010 世博上海案例馆、上海崇明桥现浇施工、上海南站现浇隔声屏、上海青浦桥现浇施工、上海虹桥机场 10 号线入口、上海地铁金沙江路站、杭州九堡大桥、上海常德路景观围墙及花坛、上海野生动物园地铁站、世博会中国馆地铁站、上海武宁路桥等。

2.14　装配式混凝土剪力墙结构技术

2.14.1　技术内容

装配式混凝土剪力墙结构，是指全部或部分采用预制墙板构件，通过可靠的连接方式后浇混凝土、水泥基灌浆料形成整体的混凝土剪力墙结构。这是近年来在我国应用最多、发展最快的装配式混凝土结构技术。

国内的装配式剪力墙结构体系主要包括：

（1）高层装配整体式剪力墙结构。该体系中，部分或全部剪力墙采用预制构件，预制剪力墙之间的竖向接缝一般位于结构边缘构件部位，该部位采用现浇方式与预制墙板形成整体，预制墙板的水平钢筋在后浇部位实现可靠连接或锚固；预制剪力墙水平接缝位于楼面标高处，水平接缝处钢筋可采用套筒灌浆连接、浆锚搭接连接或在底部预留后浇区内搭接连接的形式。在每层楼面处设置水平后浇带并配置连续纵向钢筋，在屋面处应设置封闭后浇圈梁。采用叠合楼板及预制楼梯，预制或叠合阳台板。该结构体系主要用于高层住宅，整体受力性能与现浇剪力墙结构相当，按"等同现浇"设计原则进行设计。

（2）多层装配式剪力墙结构。与高层装配整体式剪力墙结构相比，结构计算可采用弹性方法进行结构分析，并可按照结构实际情况建立分析模型，以建立适用于装配特点的计算与分析方法。在构造连接措施方面，边缘构件设置及水平接缝的连接均有所简化，并降低了剪力墙及边缘构件配筋率、配箍率要求，允许采用预制楼盖和干式连接的做法。

2.14.2　技术指标

高层装配整体式剪力墙结构和多层装配式剪力墙结构的设计应符合《装配式混凝土结构技术规程》（JGJ 1）和《装配式混凝土建筑技术标准》（GB/T 51231）中的规定，将装配整体式剪力墙结构的最大适用高度比现浇结构适当降低。装配整体式剪力墙结构的高宽比限值，与现浇结构基本一致。

作为混凝土结构的一种类型，装配式混凝土剪力墙结构在设计和施工中应该符合《混凝土结构设计规范》（GB 50010）、《混凝土结构施工规范》（GB 50666）、《混凝土结构工程施工质量验收规范》（GB 50204）中各项基本规定；若房屋层数为 10 层及 10 层以上或者高度大于 28m，还应该参照《高层建筑混凝土结构技术规程》（JGJ 3）中关于剪力墙结构的一般性规定。

针对装配式混凝土剪力墙结构的特点，结构设计中还应注意以下基本概念：

（1）应采取有效措施加强结构的整体性。装配整体式剪力墙结构是在选用可靠的预制构件受力钢筋连接技术的基础上，采用预制构件与后浇混凝土相结合的方法，通过连接节点的合理构造措施，将预制构件连接成一个整体，保证其具有与现浇混凝土结构基本等同的承载能力和变形能力，达到与现浇混凝土结构等同的设计目标。其整体性主要体现在预制构件之间、预制构件与后浇混凝土之间的连接节点上，包括接缝混凝土粗糙面及键槽的处理、钢筋连接锚固技术、各类附加钢筋、构造钢筋等。

（2）装配式混凝土结构的材料宜采用高强钢筋与适宜的高强混凝土。预制构件在工厂生产，混凝土构件可实现蒸汽养护，对于混凝土的强度、抗冻性及耐久性有显著提升，方便高强混凝土技术的采用，而且可以提早脱模，提高生产效率；采用高强混凝土，可以减小构件截面尺寸，便于运输吊装。采用高强钢筋，可以减少钢筋数量，简化连接节点，便于施工，降低成本。

（3）装配式结构的节点和接缝应受力明确、构造可靠，一般采用经过充分的力学性能试验研究、施工工艺试验和实际工程检验的节点做法。节点和接缝的承载力、延性和耐久性等一般通过对构造、施工工艺等的严格要求来满足，必要时单独对节点和接缝的承载力进行验算。若采用相关标准、图集中均未涉及的新型节点连接构造，应进行必要的技术研究与试验验证。

（4）装配整体式剪力墙结构中，预制构件合理的接缝位置、尺寸及形状的设计是十分重要的，应以模数化、标准化为设计工作基本原则。接缝对建筑功能、建筑平立面、结构受力状况、预制构件承载能力、制作安装、工程造价等都会产生一定的影响。设计时应满足建筑模数协调、建筑物理性能、结构和预制构件的承载能力、便于施工和进行质量控制等多项要求。

2.14.3 适用范围

适用于抗震设防烈度为 6～8 度区，装配整体式剪力墙结构可用于高层居住建筑，多层装配式剪力墙结构可用于低层、多层居住建筑。

2.14.4 工程案例

北京万科新里程、北京金域缇香高层住宅、北京金域华府 019 地块住宅、合肥滨湖桂园 6 号、8～11 号楼住宅、合肥市包河公租房 1～5 号楼住宅、海门中南世纪城 96～99 号楼公寓等。

2.14.5 工程实例

1. 工程概况

北京××工程 2 号住宅楼为全装配式混凝土剪力墙结构，总高 79.85m，是目前全国 8 度抗震区最高的全装配式住宅；地下 2 层，地上 27 层，总建筑面积 11838m²，单层面积 395.05m²，层高 2.9m。其中，-2～6 层为现浇墙体、预制叠合板；7～27 层为预制墙体、预制叠合板。

2 号住宅楼共采用 9 类预制构件，包括预制外墙、预制内墙、预制叠合板、预制楼梯、预制楼梯隔墙、预制阳台板、预制装饰挂板、预制女儿墙及 PCF 板，如图 2-18 所示。

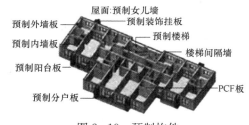

图 2-18　预制构件

2. 深化设计

（1）预埋预留设计。

1）吊环预埋。利用叠合板上的桁架筋代替原有叠合板上单独设立的吊环，这样可以在生产叠合板时减少一道预埋吊环的工序，同时也可省掉吊环的材料成本。

2）烟风道孔洞预留。烟风道在叠合板上的预留洞口尺寸要比烟风道的外轮廓尺寸大 5cm 以上，以便于安装。如图 2-19 所示。

3）附着式升降脚手架连接件预留洞。本工程采用附着式升降脚手架，脚手架的连接导座需在外墙预留直径为 500mm 的孔洞，每层预制外墙需要预留此孔洞 31 个。在预留孔洞深化设计过程中，施工单位需要与设计、脚手架厂家共同协商，解决预制外墙受力、预留孔洞位置是否准确、预留孔洞与墙体内钢筋或其他专业预留预埋冲突等问题。例如：在深化设计中若导座洞孔与电盒冲突，既要联合专业设计及专业工程师，又要联合爬架厂家技术人员，通过调节电盒位置或调节导座位置来解决。只有协调各专业提前做好的深化设计，才能争取施工过程中的主动协调、减少窝工、返工。

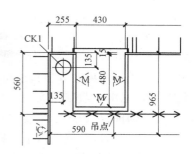

图 2-19 烟风道孔洞预留

4）墙顶模板对拉螺栓预留孔洞。本工程预制墙体与预制叠合板搭接处存在 50mm 高差［图 2-20（a）］，预制墙体深化设计时，对圈边龙骨螺栓的间距进行深化，预留模板穿墙螺栓孔［图 2-20（b）］。预制墙体之间的现浇结构模板对拉螺栓孔洞预留，根据模板施工方案，确定模板对拉螺栓孔洞的位置及直径后，对图纸进行深化。

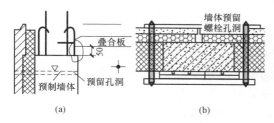

(a)   (b)

图 2-20 墙顶模板对拉螺栓预留孔洞

5）斜支撑螺栓预埋。预制墙体均有 4 道斜支撑的套筒需要留置在墙体内，套筒长度 80mm，内径 20mm，由专业厂家将斜支撑平面布置提供给设计院，设计人员负责进行复核。

6）外窗木砖预埋。预制外墙窗口不需安装副框，采用断桥铝合金外窗主框与墙体内预埋木砖直接连接的方法固定主框，不论是在浇筑混凝土时还是在安装外窗主框后，确保木砖的预埋后牢固是深化设计的重点。

（2）配件工具深化设计。装配式施工中，各种构件的吊具、连接件、固定件及辅助工具众多（图 2-21），合理设计优化配件工具，可大大提升装配式施工的质量及速度。

3. 前期策划

（1）优化施工工序。根据装配式结构施工特点，编制标准层施工工艺流程，将非关键线路合理穿插，将原施工策划的大钢模板优化为铝合金模板，实现墙和屋顶混凝土同时浇筑，有效地缩短了施工工期。

（2）塔式起重机选型及锚固。

1）塔式起重机选型及位置确定。与全现浇结构施工相比，装配式结构施工前更应注意对塔式起重机的型号、位置、回转半径的策划，根据工程所在位置与周边道路、卸车区、存放区位置关系，再结合最重构件吊装位置来确定塔式起重机型号及位置，以满足装配式结构施工的需要。

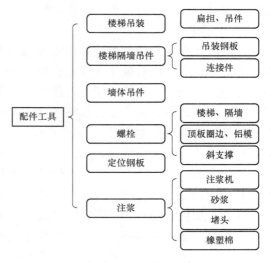

图 2-21 配件工具

2）塔式起重机锚固。塔式起重机锚固点不能设置在装配式预制外墙上，只能与现浇墙体连接节点、现浇内墙连接。根据塔式起重机与 2 号楼的位置关系，将塔式起重机的两个锚固点分别锚固在外墙现浇节点上。其中东侧锚固点设置在房间内，采用现浇节点预埋钢梁方式锚固。

4. 施工关键技术及质量控制措施

（1）构件进场验收。构件进场时，项目栋号工长组织材料、质量、实测、技术共同对构件外观、质量、尺寸等项目进行联合验收，编制预制构件进场验收检查记录表，土建验收项目12项，水电验收项目5项。

（2）构件存放。

1）水平构件存放。水平构件存放时应注意码放高度，每组构件最多码放5块；支点为2个，并与吊点同位；每块板垫4个支点；避免不同种类一同码放。

2）竖向构件存放。根据现场施工进度及存放场地等要求，设计了整体式插放架将预制墙体集中存放。整体插放架采用型钢底座与竖向围护架焊接成一体，通过构件自重荷载使架体实现自稳。

（3）构件安装。

1）预制墙体安装。

①墙体位置控制。墙体吊装前根据图纸及内控线，在顶板上放出墙体左右和内外控制线，左右控制线重点控制墙体之间竖向缝隙的间距，内外控制线重点控制外墙内侧平整度和外墙外侧平整度，尤其外墙外侧平整度是墙体安装时控制的重中之重。

②墙体标高控制。采用预埋螺栓套筒的方法控制墙体标高，预埋螺栓套筒更牢固，螺栓调节更便捷，丝扣调整更精准。

③钢筋位置控制。预留钢筋位置准确是确保墙体构件安装顺利及构件安装位置准确的基础。设计制作了专用钢筋定位卡具，对钢筋进行定位调整。定位钢板上加设竖向套筒，既保证钢筋定位准确，又起到了控制钢筋垂直的作用，为后续墙体安装施工创造了条件。

④墙体安装。墙体吊装入位时，先利用引导大绳对构件进行有效引导、定向，提高安装速度，墙体初步定位后，利用墙体临时斜支撑调整墙体垂直度和微调墙身位置。

2）叠合板安装。

①独立支撑定位。独立支撑的安装位置及数量通过叠合板受力计算确定。吊装叠合板前，根据平面布置图对独立支撑安放位置进行定位，在独立支撑安放时要严格按照方案中布置，避免在吊装后及后续工序中出现叠合板变形和裂缝。

②叠合板起吊。由于叠合板厚度只有60mm，在运输、存放、吊装过程中比较容易出现裂缝，所以在吊装中根据叠合板的吊点位置，设计吊装扁担的吊孔，使吊绳与吊点位置垂直，确保受力平衡。

③叠合板入位。叠合板安装入位时，墙上圈梁的主筋应在叠合板入位后进行绑扎，避免叠合板伸出的胡子筋在吊装入位时与墙上圈梁主筋冲突，造成叠合板胡子筋弯折。

④叠合板位置控制。以平面位置线为基准，在墙体上口弹出叠合板位置线。为避免累积误差，进深方向叠合板入墙位置及板与板之间的位置均要进行控制及验收。

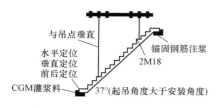

图2-22　预制楼梯安装示警

3）预制楼梯安装（图2-22）。

①楼梯定位。楼梯安装位置应满足三个方向要求，即水平定位、垂直定位、前后定位，分别利用墙体标高线和左右位置、内外位置界线来控制楼梯位置。

②吊装角度。预制楼梯吊装前，设计合理的吊绳长度，使楼梯吊装角度大于图纸安装角度 1°~2°，就位时使楼梯下部先就位，然后再调整上部楼梯位置，以满足图纸安装位置要求。

③灌浆固定。在楼梯吊装且验收合格后，将上下休息平台与预制楼梯间缝隙用灌浆料封堵，保证灌浆料封堵饱满。

4) 预制悬挑板安装。悬挑板安装采用"四点、一平、一尺"法进行定位及安装。四点，即外墙上部两个定位点和悬挑板内侧两个定位点，在安装时通过这 4 个定位点两两对位控制悬挑板位置；一平，即在悬挑板定位安装完成后，通过板下支撑进行挑板标高和平整度控制；一尺，即通过倒链装置调整悬挑板外伸长度。

在安装过程中，选用一些简便安装工具来提升安装质量及安装效率，例如利用手动葫芦使悬挑板安装入位时，一端先落下再调整另一端位置；利用倒链调整悬挑板外伸长度等。

（4）钢筋连接套筒灌浆施工。

1) 本工程竖向预制墙体与下部连接采用套筒灌浆连接技术。即在预制墙体中预埋套筒，采用高强灌浆料将套筒与顶板伸出钢筋及墙板下 20mm 空隙连接成为整体。

2) 优化封堵材料，将橡塑棉改为聚乙烯棒对预制外墙板外侧封堵，使封堵更严密。

3) 将每道墙体需要灌浆的区域合理分仓，分区域进行灌浆，以保证灌浆饱满。

4) 制作坐浆填塞专用工具，控制坐浆料塞缝宽度小于 30mm，避免坐浆料堵塞钢筋套筒。

5) 设立专职注浆负责人，注浆工经专业培训后上岗。灌浆作业前按要求制作套筒灌浆接头连接试件，试验合格后开始灌浆。灌浆作业通过控制灌浆压力及持续时间、计量灌浆料用量、全程视频监控出浆孔冒浆等多项控制措施，确保灌浆饱满。

（5）现浇节点模板施工。现浇节点选用定型铝合金模板，实现墙顶混凝土一次性浇筑。在工程准备阶段，利用计算机三维模型对铝合金模板进行深化设计，并在生产厂家进行模板预拼装，保证模板与施工结构尺寸全吻合。

在构件深化设计时，将墙体构件预留 30mm 宽、8mm 深的企口，叠合板预留 50mm 宽、5mm 深企口，并在预制墙体与现浇结构边缘预留对拉螺栓孔，模板安装时放置密封条，有效解决了预制构件与现浇节点间混凝土漏浆问题。

本工程预制墙体与预制叠合板搭接处存在 50mm 高差，利用对拉螺栓及木质圈边龙骨作模板，浇筑此部分混凝土。

5. 结语

本工程在项目前期进行了深入分析，细致策划；在施工管理过程中，实现了技术先行，样板引路；对全装配式混凝土剪力墙结构的关键技术进行了一些探索和创新；对构件安装质量进行了重点控制，取得了理想的预期效果。

2.15　装配式混凝土框架结构技术

2.15.1　技术内容

装配式混凝土框架结构包括装配整体式混凝土框架结构及其他装配式混凝土框架结构。装配式整体式框架结构是指全部或部分框架梁、柱采用预制构件通过可靠的连接方式装配而成，连接节点处采用现场后浇混凝土、水泥基灌浆料等将构件连成整体的混凝土结构。其他装配式框架主要指各类干式连接的框架结构，主要与剪力墙、抗震支撑等配合使用。

装配整体式框架结构可采用与现浇混凝土框架结构相同的方法进行结构分析，其承载力极限状态及正常使用极限状态的作用效应可采用弹性分析方法。在结构内力与位移计算时，对现浇楼盖和叠合楼盖，均可假定楼盖在其平面为无限刚性。装配整体式框架结构构件和节点的设计均可按与现浇混凝土框架结构相同的方法进行，此外，尚应对叠合梁端竖向接缝、预制柱柱底水平接缝部位进行受剪承载力验算，并进行预制构件在短暂设计状况下的验算。装配整体式框架结构中，应通过合理的结构布置，避免预制柱的水平接缝出现拉力。

装配整体式框架主要包括框架节点后浇和框架节点预制两大类：前者的预制构件在梁柱节点处通过后浇混凝土连接，预制构件为一字形；而后者的连接节点位于框架柱、框架梁中部，预制构件有十字形、T形、一字形等并包含节点，由于预制框架节点制作、运输、现场安装难度较大，现阶段工程较少采用。

装配整体式框架结构连接节点设计时，应合理确定梁和柱的截面尺寸以及钢筋的数量、间距及位置等，钢筋的锚固与连接应符合国家现行标准相关规定，并应考虑构件钢筋的碰撞问题以及构件的安装顺序，确保装配式结构的易施工性。装配整体式框架结构中，预制柱的纵向钢筋可采用套筒灌浆、机械冷挤压等连接方式。当梁柱节点现浇时，叠合框架梁纵向受力钢筋应伸入后浇节点区锚固或连接，其下部的纵向受力钢筋也可伸至节点区外的后浇段内进行连接。当叠合框架梁采用对接连接时，梁下部纵向钢筋在后浇段内宜采用机械连接、套筒灌浆连接或焊接等连接形式连接。叠合框架梁的箍筋可采用整体封闭箍筋及组合封闭箍筋形式。

2.15.2 技术指标

装配式框架结构的构件及结构的安全性与质量应满足《装配式混凝土结构技术规程》（JGJ 12014）、《装配式混凝土建筑技术标准》（GB/T 51231）、《混凝土结构设计规范》（GB 50010）、《混凝土结构工程施工规范》（GB 50666）、《混凝土结构工程施工质量验收规范》（GB 50204）以及《预制预应力混凝土装配整体式框架结构技术规程》（JGJ 224）等的有关规定。当采用钢筋机械连接技术时，应符合《钢筋机械连接应用技术规程》（JGJ 107）的规定；当采用钢筋套筒灌浆连接技术时，应符合《钢筋套筒灌浆连接应用技术规程》（JGJ 355）的规定；当钢筋采用锚固板的方式锚固时，应符合《钢筋锚固板应用技术规程》（JGJ 256）的规定。

装配整体式框架结构的关键技术指标如下：

（1）装配整体式框架结构房屋的最大适用高度与现浇混凝土框架结构基本相同。

（2）装配式混凝土框架结构宜采用高强混凝土、高强度钢筋，框架梁和框架柱的纵向钢筋尽量选用大直径钢筋，以减少钢筋数量，拉大钢筋间距，有利于提高装配施工效率，保证施工质量，降低成本。

（3）当房屋高度大于12m或层数超过3层时，预制柱宜采用套筒灌浆连接，包括全灌浆套筒和半灌浆套筒。矩形预制柱截面宽度或圆形预制柱直径不宜小于400mm，且不宜小于同方向梁宽的1.5倍；预制柱的纵向钢筋在柱底采用套筒灌浆连接时，柱箍筋加密区长度不应小于纵向受力钢筋连接区域长度与500mm之和；当纵向钢筋的混凝土保护层厚度大于50mm时，宜采取增设钢筋网片等措施，控制裂缝宽度以及在受力过程中的混凝土保护层剥离脱落。当采用叠合框架梁时，后浇混凝土叠合层厚度不宜小于 150mm，抗震等级为一、二级叠合框架梁的梁端箍筋加密区，宜采用整体封闭箍筋。

（4）采用预制柱及叠合梁的装配整体式框架中，柱底接缝宜设置在楼面标高处，且后浇节点区混凝土上表面应设置粗糙面。柱纵向受力钢筋应贯穿后浇节点区，柱底接缝厚度为 20mm，并应用灌浆料填实。装配式框架节点中，包括中间层中节点、中间层端节点、顶层中节点和顶层端节点，框架梁和框架柱的纵向钢筋的锚固和连接可采用与现浇框架结构节点的方式，对于顶层端节点还可采用柱伸出屋面并将柱纵向受力钢筋锚固在伸出段内的方式。

2.15.3　适用范围

装配整体式混凝土框架结构可用于 6～8 度抗震设防地区的公共建筑、居住建筑以及工业建筑。除 8 度（0.3g）外，装配整体式混凝土结构房屋的最大适用高度与现浇混凝土结构相同。其他装配式混凝土框架结构，主要适用于各类低多层居住、公共与工业建筑。

2.15.4　工程案例

中建国际合肥住宅工业化研发及生产基地项目配套综合楼、南京万科上坊保障房项目、南京万科九都荟、乐山市第一职业高中实训楼、沈阳浑南十二运安保中心、沈阳南科财富大厦、海门老年公寓、上海颛桥万达广场、上海临港重装备产业区 H36－02 地块项目等。

2.15.5　工程实例

1. 工程概况

宜兴大溪河北岸公建项目位于宜兴市城东新区，是集餐饮、娱乐为一体的综合性大楼，总建筑面积 2500 多平方米，局部地下 1 层，地上 2 层，预制桩承台基础，梁、板、柱预制构件自保温装配整体式框架结构，采用工厂预制构件到现场安装的施工方法，同时也是国内第一个预制全装配式公建建筑。框架为抗震等级Ⅰ级，抗震设防烈度为 6 度，建筑使用年限为 50 年，结构安全等级为二级。

2. 预制构件制作与安装

本项目所有主体构件几乎都由工厂预制完成，包括预制钢筋混凝土承台基础、梁及柱连接节点、墙体与建筑结构连接件、钢筋混凝土预制组合整体楼板、钢筋混凝土楼梯、阳台、内隔墙、整体卫生间、厨房、柱梁板一体化构件等。大大减少了现场的湿作业，同时对施工工期和质量起到促进作用。

（1）工艺流程。承台模、承台钢筋、柱、梁、板工厂内顶制→现场承台基础开挖、平整→预制承台运至现场并安装完成→承台基础混凝土浇筑→柱吊装（校正→定位→焊接）→梁吊装（校正→主筋焊接）→梁柱节点核心区处理→预制叠合楼板安装→预制保温墙板制作与安装→叠合层楼板钢筋施工→叠合层楼板混凝土施工。

（2）预制承台制作与安装。

1）预制承台制作。本工程采用半预制承台，一般承台模壁厚为 10cm，内有单层 $\phi 6$ 的 HRB400 级钢筋网片，并且方便现场安装时吊装操作，承台模各侧壁内需预埋吊件。现场基坑开挖后，放入半预制承台，绑扎钢筋及安放柱连接埋件，混凝土浇筑完成后即可在其上进行立柱或连续梁、墙施工。其特点在于现场施工速度快，上部柱连接对接性好，振捣不易漏浆，密实度好，节省建筑材料，质量易于控制，通用性强。

2）预制承台安装预制承台放至准确位置后，放入在工厂内绑扎完成的钢筋笼（钢筋配筋按图纸设计要求确定），再根据柱的定位放置与柱连接的连接件或抗剪构件焊接牢固，在混凝土浇筑过程中确保不会偏位。

（3）预制梁制作与安装。

1）预制梁制作。本项目采用预制梁的另一主要特点是：在梁两端各设有型钢连接构件，且连接型钢接头做成横 T 形结构（T 形横面至少等于预制混凝土梁内钢筋笼构成截面），其中其上对应梁中轴向主、副钢筋位置各有通孔，使钢筋混凝土梁中各主、副钢筋穿过并与该型钢接头横面形成穿孔塞焊或连接（如螺栓连接），T 形柄为与柱的连接件。

此结构连接端头钢筋混凝土梁内主、副钢筋所受拉力和剪受力全部由型钢接头 T 形端板承担，提高型钢接头与钢筋混凝土梁的连接强度，从而显著提高组合整体梁钢结构节点的抗弯和抗剪能力。

2）预制梁安装及节点部位处理。梁与柱连接节点采用与预制柱相同的工字钢，使两者在同轴线连接，梁端头与柱上型钢接头采用螺栓夹板方式连接，使梁中轴向受力杆件与接头端板构成连接，从而使梁中受力杆件全部均匀受力，大大提高预制钢筋混凝土梁连接端部的抗剪、抗弯、承重能力，成为强节点结构。而钢筋混凝土梁中各主、副钢筋穿过型钢并与该型钢接头横面形成穿孔塞焊或螺纹套筒连接，成为与柱的连接件。此连接节点相当于弹性结构的钢结构梁，大大提高预制钢筋混凝土梁的抗震性及安全性。同时梁内可设张拉孔，两端接头钢板作为预应力张拉头支撑，设置预应力张拉，可以制作大于 8m 长的大跨度预制钢筋混凝土梁。

可根据预制梁的实际受力情况，在梁两端的型钢接头端板钢筋混凝土内侧还可以固接若干短锚固钢筋、钢板、栓钉、型钢等增强抗剪、抗扭构件，进一步提高型钢接头与钢筋混凝土连接节点的抗剪、抗扭能力。

在预制主梁上预制有尺寸、与预制混凝土次梁匹配的型钢安装位，次梁的端部与主梁安装位连接后，将壁两端伸出钢筋以焊接，次梁与主梁之间的空隙采用现浇混凝土形成叠合层。

（4）预制柱制作与安装。

1）预制柱制作。框架式建筑结构中，柱通常可分为现浇柱与预制柱两部分。现浇柱需要大量的模板和支撑，而且浇筑一层需养护一段，待混凝土强度达到后方可继续施工，施工周期长。在混凝土浇筑过程中极易产生胀模、漏浆等问题，不仅增加了混凝土用量，造成材料浪费，而且后期拆模后观感较差，可能还需耗费人工修补、粉刷。而预制柱克服了以上缺点，只需在工厂预制完成，运至现场后可直接组装，不仅用材省、施工速度快，而且质量也有保证。预制柱与预制梁相比，两端同样设有型钢连接构件，但不同的是预制柱与承台连接部位增加了可调螺栓组件，柱安装完成后可通过底部螺栓调节柱体垂直度。柱的上下端伸出钢筋是柱内配筋的延续，柱安装定位完成后柱内伸出钢筋与承台内伸出钢筋焊接固定后浇筑节点混凝土，增强柱与承台的连接强度。

2）预制柱安装的节点处理。预制柱与承台连接处设有连接受力构件，连接件下部拼装面位置设有可调螺栓，柱与承台安装连接后，可通过拼装面底部的可调节螺栓调节柱的垂直度。柱连接件周边伸出钢筋为柱内配筋的延续，且与下部承台预埋钢筋相互错位，柱垂直度调整完成后，焊接上下连接钢筋及调整件。本工程 1、2 层柱在工厂内预制并连接，运至现场后吊装安装。

（5）预制叠合楼板制作与安装。

1）预制叠合楼板制作。现浇楼板整体结构性好，有较强的抗震能力且不渗水，主要缺点是需现场支模、现场浇筑，不仅工作量大，而且模板施工占用时间长，混凝土自然硬化养护周期长，导致现场施工周期长，施工环保性差；并且现场施工质量不易保证，建筑材料及辅助材料浪费严重。

本工程所用叠合楼板通过工厂预制，端部伸出大厚度侧翅及内置横向钢筋，使楼板端部成为承重端头结构，能确保有效搁置承重段长度，还可有效防止宽度不平整可能造成楼板横向折断的危险；搁置端部设置连接下层钢筋的抗剪斜钢筋，有效增强了楼板端部抗剪能力，大大提高了搁置端的受力。运至现场吊装并直接铺设放置后，能承受荷载且不需另加支撑，利用梁、板预留侧翅可牢固连接，相邻楼板钢筋搭接后浇筑混凝土，使预制铺设后形成整体结构，相当于现浇楼板，具有现浇楼板的高抗震性和防渗水性，并且后续湿作业少，施工速度快，节约建筑材料和辅助材料，又能满足装配式建筑快捷、节约、无污染的施工要求，符合建筑工业化发展方向。

2）预制板安装及节点处理。预制板厚度为 80mm，板底、楼面板下层正筋为双向 $\phi 8@300$，现浇板厚度为 70mm，板支座、楼面板上层负筋为 $\phi 8@300$，在支座钢筋方向板上部布置通长筋 $\phi 8@300$，与支座钢筋间距 150mm 布置，分布钢筋为 $\phi 6@200$。预制板四个角均设有预埋吊装件，安装时起吊方便，便于快速安装。板四周均有端部伸出大厚度侧翅结构及伸出连接钢筋，使楼板端部成为承重端头结构，确保有效搁置承重段长度，楼板搁置在预制梁两侧边搁置空间上（搁置空间上预留 10mm 侧翅），预制板安装搁置完成、相邻楼板伸出的钢筋焊接固定及面层钢筋绑扎后，浇筑填充混凝土形成整体结构，提高连接区强度，同时使其具有现浇楼板的高抗震性和防渗水性。

（6）预制保温墙板制作与安装。

1）预制保温墙板制作。本工程预制保温墙板采用内设通风通道，并可预埋管线的预制夹心墙板。具有保温、隔热、自重轻、检测方便、定位准确、精度高等特点，其质量可靠、强度高、观感质量高。

预制保温外墙板包括两侧面为浇筑的外护薄壳层，两薄壳层间相间浇筑连接筋，多个并列相间钢混凝土连接体组成 H 形组合结构钢混凝土中空墙体，中间轻质隔热保温填充芯或中空，浇筑的两外护薄壳层及连接两薄壳层的多个连接筋中有连成整体的钢筋骨架。主要起加强作用，进一步提高强度，还可以在浇筑薄壳壁的基材配料中加入增强剂和短纤维等。

为方便预制保温墙板吊装、固定安装、日后维护以及安装建筑附件，在预制保温墙板四角预埋与钢筋骨架连接且与墙板大致等厚，两端有内螺纹的中空金属管。安装时可以作为吊装连接使用，吊装就位后可作为与建筑结构件固定连接以及安装其他建筑附件或饰面固定连接孔，以后还可以作为维修攀爬楼梯固定孔。还可以在预制墙板周边或中间连接筋位置，根据设计设置带内螺纹的中空金属管，用于建筑附件或饰面如雨篷、外墙饰面安装架等的安装固定。这些均可以在建筑设计时一次完成，在墙板制造时预留。

组装房屋后，可以在室内壁面及室外通风道薄壳壁面通风道的适当位置开口，安装室内空调用活动百叶窗式风口及相应的截止阀（实现风口开启和关闭），利用屋外与室内自然风压差，达到自然通风，也可以加装小型风机强制通风。

2）预制保温墙板安装及节点处理。安装时，在标高及尺寸确定后，将预制板上预留孔的保护塞取出，准备好吊装卡口，用螺栓穿好旋入预留孔内，将卡扣与墙板面紧密连接，将吊装用钢丝绳通过连接锁锁定，然后在中心位置挂在起重机吊钩上。为更好地控制起吊位置，防止碰撞梁柱，在吊点的位置两边各绑一根绳子，由两名工人在两头拽住控制板的起吊路径。吊至预订安装位置后，在墙板内侧预留套管内旋入安装螺栓，将专用扣件固定好后吊装至预订位置，将连接扣件与柱的钢筋焊接固定，拆掉安装设备，用同样方法吊装第2块板。安装第2块板后，在板的接缝内塞入防水胶条，缝口用密封胶勾缝密封。若接缝内塞入防水胶条后缝隙仍过大，则用发泡剂填充。因梁柱节点为后浇，如柱没有后浇时，则应以预埋钢板作为预埋件，然后将专用扣件与埋件进行焊接，螺栓连接到扣件上即可。

3. 施工注意事项

(1) 预制构件进场后应会同业主、监理进行现场验收，预制钢筋混凝土梁、柱、板等构件均应有出厂合格证。其外观质量不应有严重缺陷：不应有影响结构性能、使用功能及安装的尺寸偏差；构件上的预埋件、插筋和预留孔洞的规格、位置与数量，应符合标准图或设计要求。对有严重缺陷的产品应退场或按技术处理方案进行处理，并重新检查验收。

(2) 堆放构件场地应平整坚实，并具有排水措施。堆放构件时应使构件与地面之间留有一定空隙。根据构件的刚度及受力情况，确定构件平放或立放。板类构件一般采用叠层平放、柱、梁一体构件选择立放。构件的断面高宽比大于2.5时，堆放时下部应加支撑或有坚固的堆放架，上部应托牢固定，以免倾倒；墙板类构件宜立放。

(3) 对预吊柱伸出的上下主筋进行检查，按设计长度将超出部分割掉，确保定位小柱头平稳地坐落在柱子接头的定位钢板上。将下部伸出的主筋理直、理顺，保证同下层柱子钢筋焊接时贴靠紧密，便于施焊。

(4) 构件起吊时的绑扎位置往往与正常使用时的支承位置不同，所以构件的内力将产生变化。受压杆件可能会变为受拉，因此在吊装前一定要进行吊装内力验算，必要时应采取临时加固措施。

(5) 在吊装过程中被碰撞的钢筋，在焊接前要将主筋调直、理顺，确保主筋位置正确，互相靠紧，便于施焊。当采用帮条焊时，应用与主筋级别相同的钢筋；当采用搭接焊时，应满足搭接长度的要求，分上下两条双面焊缝。

(6) 梁和柱主筋的搭接锚固长度和焊缝必须满足设计图纸和《建筑抗震设计规范》(GB 50011) 要求。顶层边角柱接头部位梁的上铁，除与梁的下铁搭接焊之外，其余上铁要与柱顶预埋锚固筋焊牢。柱顶锚固筋应对角设置并焊牢。

(7) 箍筋采用预制焊接封闭箍，整个加密区的箍筋设置应满足设计要求及规定。在叠合梁的上铁部位应设置 $1\phi12$ 焊接封闭定位箍，用来控制柱主筋上下接头的正确位置。

(8) 焊工应有操作证及代号，正式施焊前须进行焊接试验以调整焊接参数，提供模拟焊件，经试验合格者方可大面积操作。

(9) 预制叠合楼层板侧面中线及板面垂直度的偏差应以中线为主进行调整。当板不方正时，应以竖缝为主进行调整；当板接缝不平时，应以满足外墙面平整为主；当内墙面不平或翘曲时，可在内装饰调整；当板阳角与相邻板有偏差时，以保证阳角垂直为准进行调整；若板拼缝不平整，应以楼地面水平线为准进行调整。

(10) 节点区混凝土的强度等级应比柱混凝土高 10MPa，也可浇筑掺 UEA 的补偿收缩混凝土。

4. 结语

本工程是国内第一个预制全装配式公建项目，设计采用大量的新方法、新技术，预制承台、柱、梁、板、墙之间的相互连接方式，自保温预制墙体、配筋叠合楼板的设计，连接节点部位的特殊处理等均为首次设计使用。工业化生产，质量更易得到保证，构件定型和标准化的机械化生产方式可有效缩短工期，装配式施工可有效减少施工噪声以及能源和材料的浪费，实现绿色施工；将保温、隔热、水电管线布置等多方面要求功能结合起来，取得了良好的经济效益。目前从预制预装配式建筑在发达国家和地区的实践经验来看，其发展已经成为一种必然趋势，但在国内尚处于起步推广阶段，逐步扩大产品的应用范围至普通住宅、办公场所等，获得更多的认可度，是今后需要解决的一个问题。

2.16　装配式混凝土结构建筑信息模型应用技术

2.16.1　技术内容

利用建筑信息模型（BIM）技术，实现装配式混凝土结构的设计、生产、运输、装配、运维的信息交互和共享，实现装配式建筑全过程一体化协同工作。应用 BIM 技术，装配式建筑、结构、机电、装饰装修全专业协同设计，实现建筑、结构、机电、装修一体化；设计 BIM 模型直接对接生产、施工，实现设计、生产、施工一体化。

2.16.2　技术指标

建筑信息模型（BIM）技术指标主要有支撑全过程 BIM 平台技术、设计阶段模型精度、各类型部品部件参数化程度、构件标准化程度、设计直接对接工厂生产系统 CAM 技术、以及基于 BIM 与物联网技术的装配式施工现场信息管理平台技术。装配式混凝土结构设计应符合《装配式混凝土建筑技术标准》（GB/T 51231）、《装配式混凝土结构技术规程》（JGJ 1）和《混凝土结构设计规范》（GB 50010）等的有关要求，也可选用《预制混凝土剪力墙外墙板》（15G 365-1）、《预制钢筋混凝土阳台板、空调板及女儿墙》（15G 368-1）等国家建筑标准设计图集。

除上述各项规定外，针对建筑信息模型技术的特点，在装配式建筑全过程 BIM 技术应用还应注意以下关键技术内容：

（1）搭建模型时，应采用统一标准格式的各类型构件文件，且各类型构件文件应按照固定、规范的插入方式，放在模型的合理位置。

（2）预制构件出图排版阶段，应结合构件类型和尺寸，按照相关图集要求进行图纸排版、尺寸标注、辅助线段和文字说明，采用统一标准格式，并满足《建筑制图标准》（GB/T 50104）和《建筑结构制图标准》（GB/T 50105）。

（3）预制构件生产，应接力设计 BIM 模型，采用"BIM＋MES＋CAM"技术，实现工厂自动化钢筋生产、构件加工；应用二维码技术、RFID 芯片等可靠识别与管理技术，结构工厂生产管理系统，实现可追溯的全过程质量管控。

（4）应用"BIM＋物联网＋GPS"技术，进行装配式预制构件运输过程追溯管理、施工现场可视化指导堆放、吊装等，实现装配式建筑可视化施工现场信息管理平台。

2.16.3　适用范围

装配式剪力墙结构：预制混凝土剪力墙外墙板，预制混凝土剪力墙叠合板板，预制钢筋混凝土阳台板、空调板及女儿墙等构件的深化设计、生产、运输与吊装。

装配式框架结构：预制框架柱、预制框架梁、预制叠合板、预制外挂板等构件的深化设计、生产、运输与吊装。

异形构件的深化设计、生产、运输与吊装。异形构件分为结构形式异形构件和非结构形式异形构件。结构形式异形构件包括有坡屋面、阳台等；非结构形式异形构件有排水檐沟、建筑造型等。

2.16.4　工程案例

北京三星中心商业金融项目、五和万科长阳天地项目、合肥湖畔新城复建点项目、北京天竺万科中心项目、成都青白江大同集中安置房项目、清华苏世民书院项目、中建海峡（闽清）绿色建筑科技产业园综合楼项目、北京门头沟保障性自住商品房项目等。

2.16.5　工程实例

1. 工程概况

中建·壹品澜湾项目位于武汉市东西湖区，包括 3 栋 11 层、3 栋 27 层高层住宅（含 1 层地下室），总建筑面积 7.9 万 m²，其中地下建筑面积 1.3 万 m²。工程为装配式剪力墙结构，采用预制三明治保温外墙板、内墙板、叠合楼板、全预制阳台和楼梯等预制构件，预制率为 52.1%，装配率为 89.8%。

2. BIM 应用思路及软件选取

（1）装配式混凝土结构深化设计现状。装配式建筑合理的深化设计，是实现预制装配结构的关键，现阶段的平面设计多使用传统的 CAD 软件，绘图工作量非常大，而且一些错误在二维平面中不能被及时发现，对后期模具和构件生产安装造成一定影响。

为了能更高效、准确地完成预制构件的深化设计工作，摒弃传统的设计模式，融入更符合装配式建筑设计理念的 BIM 技术势在必行。但目前 BIM 产品纷繁复杂，也给技术高效应用造成困难。常用的 BIM 建模和应用软件，虽然在建筑建模方面能力已足够强大，但其通用性是以牺牲专业性为代价，对深化设计模块的开发尚未达到一定深度。经过比选，采用预制混凝土专业 BIM 软件 Allplan Precast 作为深化设计核心软件。

（2）BIM 深化设计原理及应用思路。基于 BIM 的深化设计，即应用所见即所得的 3D 环境，对建筑平面进行拆分和构件布置，充分利用参数化设计理念，结合不断累积的构件库，进行构件的自动化快速建模和深化设计。应用 BIM 的自动检查功能对设计进行错误检查，对设计完成的构件进行预装配，检测其正确性和可建造性，BIM 模型的相关信息可以为商务分析和工厂生产提供直接的数据支持。

3. 基于 BIM 的深化设计流程和组织

（1）深化设计流程。BIM 技术在装配式建筑中应用的总体流程包括建筑设计阶段、深化设计阶段、生产制造阶段、建筑施工阶段、运营维护阶段。其中深化设计阶段主要包括构件平面布置设计、构件加工深化设计、设计检查、自动出图、物料统计等。作为装配式建筑 BIM 应用的重要环节，深化设计 BIM 应用总体流程如图 2-23 所示。

常规 BIM 设计软件，首先对单个预制构件建模，然后在建筑平面图中拼装，需要对构件的外形尺寸充分考虑后再进行建模，容易出现

图 2-23　深化设计 BIM 应用总体流程

纸漏。使用 Allplan 绘制建筑模型后，应用从整体到局部的设计理念，通过设定工程参数直接在模型上进行节点拆分，很好地解决了现阶段构件标准化程度不高、预制构件很难统一、建模工作繁重的问题。相对于先建模成块再拼装的设计方式而言，不仅设计效率更高，而且更有针对性。

（2）组织方式。建立一支目标明确、协调统一的团队是保障 BIM 应用取得成功的关键因素。Allplan 分为单机版和网络版，公司设计专用电脑安装网络版以实现项目控制，项目设置一个关键用户负责系统设置、文件统一管理、工作标准制定等，保证设计参数、标准统一。由关键用户建立"项目向导"，作为其他设计参与者绘图的标准，为项目参与者分配权限，不同的设计人员在不同的设计文档中读写、修改设计文件，互不影响，同时进行，实现协同工作，保证设计的唯一性和可追溯性。

4. 深化设计实施

（1）预制构件平面布置图设计。平面布置图应包括竖向构件平面布置图和水平构件平面布置图。基于 BIM 构件平面布置图设计实施步骤如下。

1）模型创建根据建筑和结构平面图相关工程数据，利用 BIM 软件，进行各构件参数设置，设置完成后，创建完整的 BIM 模型。结合软件功能和参数化设计理念，可在二维操作界面完成三维设计，方便简洁。

2）初步深化设计在 BIM 模型基础上进行构件布置平面深化设计。BIM 信息有助于单个构件几何属性的可视化分析，可以对预制构件的类型、数量进行优化，从而减少预制构件的类型和数量。利用 BIM 技术参数化特点，对各个构件在空间进行精确定位，从而形成预制构件平面图。

以导入的 CAD 设计图纸文件为基础，运用 Allplan Precast 对各种构件进行参数化设计。对于墙、板、梁、柱构件，主要通过系统内置"建筑模块"来自动完成；对于异形构件（如阳台、空调板、楼梯等），主要通过"附加工具模块"完成，相关参数设置好以后，开始建立标准层 BIM 模型，最后组合创建完整的 BIM 模型。

（2）基于 BIM 的构件加工图深化设计。构件加工图深化设计是装配式建筑深化设计的核心环节，通过已完成的预制构件平面布置图，对各个构件进行深化设计形成生产加工图。设计内容包括构件的外轮廓及节点构造设计、配筋设计、水电预留预埋设计、吊点设计、施工预埋设计等。

针对预制墙的设计，运用 Allplan Precast 预制构件模块下的"墙体构件设计"对模型中的"建筑墙"进行预制构件化。主要设计阶段包括墙体类型的设计、连接节点设计、配筋设计、修改设计等，设计过程中可通过"属性"选项进行构件参数的调整。

实施步骤如下。

1）节点构造设计。预制构件与预制构件、现浇结构之间的节点设计，根据结构数据，从标准节点库引用符合条件的节点，完成标准节点构造设计。对于非标准节点构造，运用 BIM 参数化设计，完成非标准节点构造的设计，并保存非标准节点构造至节点构造库。

2）配筋设计。配筋设计主要包括暗柱、梁、剪力墙、板、楼梯等设计，运用 BIM 参数化设计，根据结构图纸，直接选择钢筋型号、数量、弯钩形状和长度，进行配筋设计。对于不同构件的相同配筋，可以从标准库直接选择，从而实现一键配筋，大大节省配筋设计所需时间。

墙布筋及其钢筋形状比较规律，可使用"钢筋类型"进行布筋，含有窗洞、门洞的墙体，或较多钢筋形状特殊时，使用"工程模块"进行布筋。

3）水电预留预埋设计。根据水电施工图的相关要求，建立水电预埋件标准库，可以直接在标准库中选择相应埋件，在三维可视化界面中布置埋件，提高了水电预留预埋位置的精准度。

4）吊点设计。通过对构件脱模、起吊等因素的综合考虑，运用 BIM 技术对构件模型进行受力分析，确定吊点位置及吊钉规格，从标准库选择相应规格的吊钉进行准确布置。

5）施工预留预埋设计。主要包括模板加固预埋件、斜支撑固定预埋件、外架附着预留预埋、塔式起重机附墙预留预埋、施工电梯附墙预留预埋及其他二次构造预留预埋，如雨篷、空调架等。

（3）基于 BIM 的设计检查和构件预拼装。利用 BIM 的三维可视化和空间碰撞检查功能进行深化设计检查优化，包括对构件与构件之间、构件与现浇结构之间、构件与施工设施之间的空间关系进行检查；构件内部的钢筋与钢筋之间、钢筋和水电线管之间、钢筋与预埋件之间的空间关系进行检查。实施步骤如下。

1）构件内部检查与优化。对预制构件几何尺寸及内部钢筋直径、间距、钢筋保护层厚度等重要参数进行精准设计、定位。在 BIM 模型的三维视图中，设计人员可以直观地观察到待拼装预制构件之间的契合度，并利用 BIM 技术碰撞检测功能，细致分析预制构件结构连接节点的可靠性，排除预制构件之间的装配冲突，从而避免由于设计粗糙影响到预制构件安装定位，减少由于设计误差带来的工期延误和材料资源浪费。

选择某一构件，分别设定钢筋与钢筋之间、钢筋与水电管线之间、钢筋与预埋件之间的碰撞规则，然后进行检查，对碰撞部位进行优化。

2）构件之间检查与优化。构件之间检查主要包括构件间互相关联的钢筋之间、外轮廓之间的碰撞检查，设定碰撞规则，检查规定部位的碰撞情况，对发生冲突的构件分析、排除，优化设计。

3）构件与现浇结构之间检查与优化。构件与现浇结构之间检查主要是钢筋与钢筋之间的碰撞检查，设定碰撞规则，检查规定部位的碰撞情况。对发生碰撞的钢筋认真分析、讨论，然后优化工程设计，修改钢筋参数，避免碰撞。

4）构件与施工设施之间检查与优化。构件与施工设施之间检查有别于前面 3 种情况。检查之前，需要根据施工设施建立相同规格模型，然后模拟施工现场安装情况，在三维视图下观察施工预留预埋位置与施工设施是否匹配，如发生错位情况，则需调整施工预留预埋位置。

碰撞检查完成后，软件会将所有碰撞位置全部罗列出来，并可以在三维视图中直观看出碰撞情况。

5）模拟安装设计检查后，对构件进行模拟安装，对预制墙板、叠合楼板、预制阳台、预制楼梯等构件进行吊装模拟。另外，对竖向结构现浇部位钢筋绑扎、封模进行模拟，以检测节点设计和施工方案的可行性。

（4）基于 BIM 技术的快速出图和信息输出。

1）出图和信息应用解决方案。

①根据深化设计图纸布局要求，通过定制 BIM 软件功能，设置和调整出图布局目录。

②以三维模型为操作对象，应用 BIM 软件功能到批量出图。通过 BIM 技术，设计师由以往的图纸设计转变为模型设计，图纸只是 BIM 运用以及整个设计生产流程中的一个副产品，其目的是协助和兼容暂不能接受模型和数据信息的人员或设备。以 BIM 模型为操作对象应用 BIM 软件快速生成深化设计图纸，BIM 自动生成的图纸和模型动态链接，一旦模型参数修改，与之相关的所有图纸都将自动更新，无需设计师修改图纸。

③在设计信息深层次应用领域，确定各方所需工程信息，制定专业应用清单，通过 BIM 模型或软件接口输出所需信息统计数据。基于 BIM 模型后台数据库，使设计信息的分类提取和快速统计成为可能，并应用于商务计量、资源准备、计划排产等领域，准确、规范的数据也使相关工作开展更加便利可靠。

④BIM 能够支持从设计到制造的信息传递，将设计阶段产生的 BIM 模型供生产阶段提取和更新。通过定制的各类清单（包括商务报价、物料采购、生产安排、物流仓储、施工安装）进行工程量统计，真实提供造价管理需要的工程量信息，BIM 在构件生产阶段的显著优势在于信息传递的准确性与时效性强，这类数控生产技术使得构件精益生产技术有可能得以真正实现。

Allplan 可直接导出生产数据，由数控机床来画图，布置钢筋和预埋件，帮助工人工作。Allplan 设计文件可以生成 BVBS 和 MSA 两种可供机器识别的数据。

2）一键出图。BIM 软件具有强大的智能出图和自动更新功能，对图纸布局由关键用户根据公司规定定义好，一般用户直接选择"元素平面图"功能，框选预制构件，软件自动生成需要的深化设计图纸，整个出图过程无需人工干预，而且有别于传统 CAD 创建的数据孤立的二维图纸，Allplan 自动生成的图纸和模型动态链接，一旦模型数据发生修改，与其关联的所有图纸都将自动更新，最后通过"批处理的元素平面图"命令导出不同格式的图纸（如 PDF、DXF、DWG 等）。通过 Allplan 减少了深化设计的工作量，避免了人工出图可能出现的错误，大大提高了出图效率。

5. 通用性工作

（1）构件库的建立和维护。参数化的构件库，是深化设计高效开展的关键，可以避免大量重复性工作。对于标准构件，可以根据已有标准库进行快速设计，从而提高了设计的准确度。

构件库建设是逐渐完善和丰富的过程，除内置标准化构件外，对于每个项目新增异形构件模型，都可以放入已有模型库。在深化设计过程中，将项目所用的新埋件、线条轮廓等保存在库文件下，为后期使用提供便利。

（2）建模规则。对大量重复工作（如钢筋布置），可在软件支持下定制规则，作为自动化建模规则，逐步实现快速建模。

（3）出图规则和图纸布局。图纸布局设计使图纸幅面整洁，视图及相关数据统计齐全。针对每一类构件，建立出图规则，主要包括标注范围、类型、相互关系等，使图纸内容标准、规范。

在同一项目下，技术负责人或其他设计人员可预先将不同类型的墙、门、窗、标注样式等绘制好，导入项目向导，这样该项目所有参与者均可以使用向导文件里设定好的建筑元素直接绘图，省去了很多重复工作。

6. 应用效果

针对 BIM 技术在本项目装配式建筑深化设计中的应用，通过大量研究分析与实践，取得了显著成果。通过深入分析 BIM 技术应用特点以及装配式建筑深化设计的方法、流程，提出了 BIM 技术在深化设计中应用的基本原理、实施方法。探讨了 BIM 技术在深化设计中的设计流程、实施步骤以及创新点，构建了装配式建筑深化设计中应用 BIM 技术的实施体系。参数化设计使得设计人员工作效率大大提高；模型创建及碰撞检查使得提前发现并解决施工问题成为可能；复杂节点的深化使得钢筋的用量减少，外伸筋形式得到优化，便于现场施工；预制构件的安装模拟优化了施工组织，减少资源投入。

2.17 预制构件工厂化生产加工技术

2.17.1 技术内容

预制构件工厂化生产加工技术，指采用自动化流水线、机组流水线、长线台座生产线生产标准定型预制构件并兼顾异型预制构件，采用固定台模线生产房屋建筑预制构件，满足预制构件的批量生产加工和集中供应要求的技术。

工厂化生产加工技术包括预制构件工厂规划设计、各类预制构件生产工艺设计、预制构件模具方案设计及其加工技术、钢筋制品机械化加工和成型技术、预制构件机械化成型技术、预制构件节能养护技术，以及预制构件生产质量控制技术。

非预应力混凝土预制构件生产技术涵盖混凝土技术、钢筋技术、模具技术、预留预埋技术、浇筑成型技术、构件养护技术，以及吊运、存储和运输技术等，代表构件有桁架钢筋预制板、梁柱构件、剪力墙板构件等。预应力混凝土预制构件生产技术还涵盖先张法和后张有粘结预制构件的生产技术，除了建筑工程中使用的预应力圆孔板、双 T 板、屋面梁、屋架、屋面板等外，还包括市政和公路领域的预制桥梁构件等，重点研究预应力生产工艺和质量控制技术。

梁模具如图 2-24 所示，墙板模具如图 2-25 所示，梁模混凝土浇筑如图 2-26 所示，板模混凝土浇筑如图 2-27 所示。

图 2-24 梁模具

图 2-25 墙板模具

图 2-26　梁模混凝土浇筑　　　　　　　图 2-27　板模混凝土浇筑

2.17.2　技术指标

工厂化科学管理、自动化智能生产带来质量品质得到保证和提高；构件外观尺寸加工精度可达±2mm，混凝土强度标准差不大于 4.0MPa，预留预埋尺寸精度可达±1mm，保护层厚度控制偏差为±3mm。通过预应力和伸长值偏差控制，保证预应力构件起拱满足设计要求并处于同一水平，构件承载力满足设计和规范要求。

预制构件的几何加工精度控制、混凝土强度控制、预埋件的精度、构件承载力性能、保护层厚度控制、预应力构件的预应力要求等尚应符合设计（包括标准图集）及有关标准的规定。

预制构件生产的效率指标、成本指标、能耗指标、环境指标和安全指标，应满足有关要求。

2.17.3　适用范围

适用于建筑工程中各类钢筋混凝土和预应力混凝土预制构件。

2.17.4　工程案例

北京万科金域缇香预制墙板和叠合板，（北京）中粮万科长阳半岛预制墙板、楼梯、叠合板和阳台板、沈阳惠生保障房预制墙板、叠合板和楼梯，国家体育场（鸟巢）看台板，国家网球中心预制挂板，深圳大运会体育中心体育场看台板，杭州奥体中心体育游泳馆预制外挂墙板和铺地板，济南万科金域国际预制外挂墙板板和叠合楼板，（长春）一汽技术中心停车楼预制墙板和双 T 板，武汉琴台文化艺术中心预制清水混凝土外挂墙板，河北怀来迦南葡萄酒厂预制彩色混凝土外挂墙板，某供电局生产基地厂房预制柱、屋面板和吊车梁，市政公路用预制 T 梁和箱梁、预制管片、预制管廊等。

2.17.5　工程实例

1. 工程概况

该酒店在城市中心区域，占地范围小，建筑面积 4.6 万 m²，共 19 层，地下一层局部为停车场，其他区域为机房，地下二层为办公用房及机房，地上 1~5 层为酒店公共区域（包括大堂、餐厅、会议室、宴会厅、游泳池、SPA 等公共用房），夹层为设备层，6~19F 为客房层。2009 年 12 月，公司签订该合约，合同签订时土建结构尚至地上 4 层，未拆模，预计 5 月封顶，甲方要求春节后 3 月下旬进场，6 月完成整栋大楼一次机电，7~9 月配合装修完成二次机电工作，10 月完成验收并交付使用。该工程消防系统有火灾报警系统、消火栓系统、自动喷淋系统、水喷雾系统。

工程的特点是：①土建同步施工，场地交付晚；②生产周期短；③黄金地段，场地小、无面积全面搭设生产配套区域。

为确保工期，公司决定消防水系统采用批量场外加工、场内安装的生产方式。所谓的场外加工，即组建临时性工厂预制管道，个人以为管道工厂化预制技术的形式之一。在确定了场外加工、场内组装的施工原则后，项目部开始了工厂化预制的准备工作，整个工程的施工过程分为几个阶段工作：准备阶段、工厂预制阶段、安装阶段。

2. 管道预制的前期准备工作

由于该工程是我单位第一次以先行场外预制后期场内安装的工厂化预制的生产模式，为确保该酒店工程顺利进行，施工管理人员要做大量的前期论证准备和图纸深化工作。

（1）工厂化预制范围的确定。根据规范要求，以及该工程的设计图纸，消火栓系统及喷淋系统、水喷雾系统管道均采用热镀锌钢管，DN100口径的管道采用沟槽方式连接，DN100口径的管道采用丝扣连接方式连接；结合工程的施工工序：先施工一次机电后二次机电施工；以及二次机电的点位需配合装饰定位施工的特性，确定如下工厂化预制方案。

1）为避免运输过程中对组件的损伤，DN100口径以沟槽连接方式连接的配水总管和配水干管工厂预制，工厂下料压槽、场内安装沟槽连接。对阀门、补偿器等设备管段及预留调差管段不予以预制；对弯头处的管道不予以预制；现场测量调差制作短管安装。

2）DN100口径以丝扣方式连接的配水管采用工厂预制方式丝扣连接完成（除机房区域及有弯头处的现场制作安装）；前序管道后端预留丝扣接口管件、后序管道前端不安装丝扣管件；末端接配水支管的管端不安装接口、现场安装；为确保运输安全及现场安装质量，配水管道预制总长度原则上不超过9m。

3）DN100口径以丝扣方式连接的配水支管，停车库的上喷淋予以工厂预制。其他安装区域的喷淋末端即与装饰定位有关的喷淋末端不予以预制；喷淋末端试水装置不予以预制；消火栓末端连接不予以预制；机房内管道不予以预制。

4）支架待图纸管线综合深化完成及拆模后现场核定后下单预制生产。

（2）图纸会审和管线综合深化设计。由于设计图纸不具有可实施性，再加上酒店工程系统多、公共区域狭小，图纸会审和管线综合深化设计是施工的前提和基础。

1）在实施前期，甲方酒店建设项目部会同设计部门及各专业深化设计人员图纸会审，确认完成系统功能及管道无缺项及设计缺陷，这是图纸深化的前提。

2）管线综合深化设计：为确保预制工作的准确性和避免日后的预制半成品的返工，经各专业现场核定土建梁高、层高、预留孔洞等基本资料后，甲方工程师会同暖通空调、防排烟、给水排水、强电、弱电、冷热水等各个专业，管线综合设计工作，确认管线走向、管道避让位置和走向及管道线路标高，各专业共同绘制并确认一次机电图及管道位置图和管道标高图。

管线综合布置的原则主要是小管让大管，越大越优先；有压管让无压管；一般性管道让动力性管道；电管让水管、水管让风管；同等情况下造价低的让造价高的。工厂化预制要想工作做好，前期工作非常重要。

正因为管线综合深化设计重要性，也对深化设计工程师提出了一个更高层面的要求，这就要求工程师既要有很扎实的专业基础知识、也要有很强的空间立体联想能力，该工程自12 月至 3 月历时 4 个月，管线综合深化工作全面完成。

（3）施工图纸转换分解为编码图和材料明细表。根据深化图纸，按系统、分楼层、由前到后、由大到小深化标注管段编号、支架编号，比如消火栓系统按根据高地区系统、总管号、立管号、楼层号、管段号先后标注，结合深化为可实施的编码图纸。例如 X－G－XL1－F1－DN100－3.5，表示为消火栓高区 XL1 立管井 1F 的 DN100 管道 3.5m，对于相同功能相同尺寸的管道可采用同样的编号，并加以简化，例如 X－G－XL－DN100，比如标准层的喷淋管道 P－F－1－DN80－3.5，比如地下车库区域的同一尺寸的喷淋管道 P－B1－C2－DN40～25－9.5，该图纸即是预制的根据，也是日后安装的依据。

材料明细表是以总施工进度表为前提，根据管段图，按系统、分楼层、按管段号编制预算的生产料单，既是材料进库的预算，也是实施预制下料的依据，也是日后决算的依据。

3. 工厂化预制生产

有了以上图纸深化、管段图、材料明细表的技术准备工作，无需工程现场具备开工条件，工厂便可以开足马力相应生产了，确保了本工程的各节点工期。关于临时工厂，设立生产有以下几点需予以把握：

（1）临时工厂的地址应选择遵循距离工程地点近、交通方便的原则。

（2）工厂化的预制生产是服务于项目部安装生产的，因此生产能力必须以满足项目整体安装进度的要求为前提，这也是设置临时工厂化预制的目的。

（3）临时工厂具有单一性，工厂设置规模的产能需与工程匹配。无论是机械设备的投入还是熟练劳动力的配比，以流水作业为原则，以免造成成本浪费。

（4）临时工厂的布局，各功能区仁者见仁智者见智。根据场地的布置，应遵循满足生产功能；便于原材料、成品进出；作业区流水作业为原则，以避免材料、半成品等搬运的二次人工浪费。

（5）临时工厂的原材料进场应严控检验关，以确保工程质量及现场的二次检查。

（6）临时工厂的下料组装应仔细核查，管段、支架编号应仔细核对，以避免现场安装再次返工。

（7）临时工厂的下脚料应严格控制，对于可利用的型钢、管道短料应合理利用，避免材料浪费、节约成本。

（8）临时工厂的成品管段、支架质量应严格控制方能出厂，以避免质量通病和产品质量问题的发生。

（9）预制品出厂应可靠固定，防止碰撞损坏产品，并随车出厂产品批次，产品管段说明书、合格证等。

4. 管道工厂化预制技术的应用优越性

（1）缩短安装工期：预制和安装分离，预制不受开工条件限制、不受自然条件影响、不受现场条件影响，可有条不紊地组织生产，为工程现场提供产品，现场安装时间缩短。

（2）节约材料：工厂化加工配制通过计算机 CAD 优化设计和选择材料，提高了管材的利用率。

（3）提高质量：与现场露天施工相比，工厂化改变了工作条件，有利于专业化，规模化生产采用专用的加工装备和手段，并采用流水专业化生产，从而提高了管道的质量。

（4）节约机械费用：工厂化加配制提高了设备的利用率，可大大减少甚至取消施工现场管道配制用的坡口机、铣床、焊机、滚槽机等机具，同时减少机具搬运、保养、维修等费用和临时平台、建筑的数量，从而节省施工费用。

（5）劳动效率提高：流水作业、专业生产、避免窝工。

（6）平稳支出现金流：提早开始预制，生产任务平均分配，没有出现集中增加支出资金。

（7）简化现场安全文明生产管理：现场生产仅有安装工作，减少了安装人员，并避免了多处设置生产区、减少了私拉乱接现象。

5. 管道工厂化预制技术的应用的探讨

（1）由于各机电安装专业从业人员素质的参差不齐，综合套图水平有限，对于目前的行业水平，消防专业适合推广管道工厂化预制安装技术应用工程范围，应首选消防管道比较简单、明装的消防系统管道。

（2）随着3D管线综合布置技术的推广、应用和管段编码技术的发展，使用管道工厂化预制技术范围的工程将逐步扩大。

（3）民用建筑机电安装管道工厂化预制技术的应用目前仅少量工程使用，是否某安装企业可地区性集中使用，更大地发挥预制的优势，需有魄力的改革企业家试验总结推广。

6. 结束语

管道工厂化预制技术在建筑机电安装工程中的应用尚处于初步发展阶段，相应的管理水平、技术装备等与国外相比仍存在较大的差距。只要我们从业人员引起足够重视，积极推广和应用，不断探索和总结，管道预制和管道安装的分离是目前工程建设的必然趋势。

2.18 钢结构深化设计与物联网应用技术

2.18.1 技术内容

钢结构深化设计是以设计院的施工图、计算书及其他相关资料为依据，依托专业深化设计软件平台，建立三维实体模型，计算节点坐标定位调整值，并生成结构安装布置图、零构件图、报表清单等的过程。钢结构深化设计与BIM结合，实现了模型信息化共享，由传统的"放样出图"延伸到施工全过程。物联网技术是通过射频识别（RFID）、红外感应器等信息传感设备，按约定的协议，将物品与互联网相连接，进行信息交换和通信，以实现智能化识别、定位、追踪、监控和管理的一种网络技术。在钢结构施工过程中应用物联网技术，改善了施工数据的采集、传递、存储、分析、使用等各个环节，将人员、材料、机器、产品等与施工管理、决策建立更为密切的关系，并可进一步将信息与BIM模型进行关联，提高施工效率、产品质量和企业创新能力，提升产品制造和企业管理的信息化管理水平。

主要包括以下内容：

（1）深化设计阶段，需建立统一的产品（零件、构件等）编码体系，规范图纸深度，保证产品信息的唯一性和可追溯性。深化设计阶段主要使用专业的深化设计软件，在建模时，对软件应用和模型数据有以下几点要求，见表 2-30。

表 2-30　　　　　　　　　　　软件应用和模型数据的要求

软件应用和模型数据	要　　　求
统一软件平台	同一工程的钢结构深化设计应采用统一的软件及版本号，设计过程中不得更改。同一工程宜在同一设计模型中完成，若模型过大需要进行模型分割，分割数量不宜过多
人员协同管理	钢结构深化设计多人协同作业时，明确职责分工，注意避免模型碰撞冲突，并需设置好稳定的软件联机网络环境，保证每个深化人员的深化设计软件运行顺畅
软件基础数据配置	软件应用前需配置好基础数据，如：设定软件自动保存时间；使用统一的软件系统字体；设定统一的系统符号文件；设定统一的报表、图纸模板等
模型构件唯一性	钢结构深化设计模型，要求一个零构件号只能对应一种零构件。当零构件的尺寸、质量、材质、切割类型等发生变化时，需赋予零构件新的编号，以避免零构件的模型信息冲突报错
零件的截面类型匹配	深化设计模型中每种截面的材料指定唯一的截面类型，保证材料在软件内名称的唯一性
模型材质匹配	深化设计模型中每个零件都有对应的材质，根据相关国家钢材标准指定统一的材质命名规则，深化设计人员在建模过程中需保证使用的钢材牌号与国家标准中的钢材牌号相同

（2）施工过程阶段，需建立统一的施工要素（人、机、料、法、环等）编码体系，规范作业过程，保证施工要素信息的唯一性和可追溯性。

（3）搭建必要的网络、硬件环境，实现数控设备的联网管理，对设备运转情况进行监控，提高设备管理的工作效率和质量。

（4）将物联网技术收集的信息与 BIM 模型进行关联，不同岗位的工程人员可以从 BIM 模型中获取、更新与本岗位相关的信息，既能指导实际工作，又能将相应工作的成果更新到 BIM 模型中，使工程人员对钢结构施工信息做出正确理解和高效共享。

（5）打造扎实、可靠、全面、可行的物联网协同管理软件平台，对施工数据的采集、传递、存储、分析、使用等环节进行规范化管理，进一步挖掘数据价值，服务企业运营。

2.18.2　技术指标

（1）按照深化设计标准、要求等统一产品编码，采用专业软件开展深化设计工作。

（2）按照企业自身管理规章等要求统一施工要素编码。

（3）采用三维计算机辅助设计（CAD）、计算机辅助工艺规划（CAPP）、计算机辅助制造（CAM）、工艺路线仿真等工具和手段，提高数字化施工水平。

（4）充分利用工业以太网，建立企业资源计划管理系统（ERP）、制造执行系统（MES）、供应链管理系统（SCM）、客户管理系统（CRM）、仓储管理系统（WMS）等信息化管理系统或相应功能模块，进行产品全生命期管理。

（5）钢结构制造过程中可搭建自动化、柔性化、智能化的生产线，通过工业通信网络实现系统、设备、零部件以及人员之间的信息互联互通和有效集成。

（6）基于物联网技术的应用，进一步建立信息与 BIM 模型有效整合的施工管理模式和协同工作机制，明确施工阶段各参与方的协同工作流程和成果提交内容，明确人员职责，制定管理制度。

2.18.3　适用范围

钢结构深化设计、钢结构工程制作、运输与安装。

2.18.4　工程案例

苏州体育中心、武汉中心、重庆来福士、深圳汉京、北京中国尊大厦等。

2.18.5　工程实例

1．工程概况

本工程位于成都市成华区，西靠二环路，北临双庆路，南临双桂路，东临二十四城居住区，为一栋地下三层，地上 38 层以办公为主的综合性超高层建筑。其中地下室二、三层为车库，局部兼作战时人防地下室，负一层及地上裙房部分为商业用，主楼裙房以上部分为办公用。地上部分主楼和商业裙房用防震缝隔开，地下部分连为一体。

本工程地上部分从左到右分为五个结构单元，从左到右依次为一～五结构单元（结构单元如图 2-28 所示），各单元建筑物高度依次为 33.3m（一结构单元）、23.3m（三结构单元）、29.1m（四结构单元）、33.3m（五结构单元），层高以 6.0m、5.7m、5.4m 为主，柱网以 9.0m×9.0m、9.0m×11.0m、12.7m×12.7m 为主。地下室从上到下各层层高依次为 6.50m、4.20m、3.40m，其中负一层局部设置自行车车库夹层。第二结构单元（主楼）建筑物高度为 174.10m，层高以 4.2m、4.8m 为主，开间为 9.0m，进深为 9.6m、10.5m、9.9m。

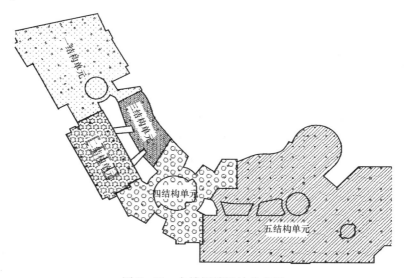

图 2-28　主楼裙楼设计分布图

本工程主楼采用全现浇钢筋混凝土框架—核心筒结构体系，裙房及地下室采用全现浇钢筋混凝土框架结构体系；主楼框架柱在下部采用型钢混凝土柱，在上部采用普通混凝土柱，主楼核心筒边缘构件在下部配置构造型钢；裙房少部分框架梁、柱采用型钢混凝土梁、柱，裙房大跨梁部分采用预应力混凝土梁。

2. 深化设计

（1）深化设计依据。本工程深化设计部分将根据业主提供的招标文件、答疑补充文件、技术要求及设计蓝图为依据，结合工厂制作条件、运输条件，考虑现场拼装、安装方案、设计分区及土建条件进行钢结构部分的图纸深化。深化设计图是作为指导本工程工厂加工制作和现场拼装、安装的施工详图。

（2）深化设计（钢结构部分）基本内容，见表 2-31。

表 2-31　　　　　　　　　深化设计（钢结构部分）基本内容

序号	位置	名称	主要截面形式
1	一结构单元	裙楼钢骨柱及锚栓、埋件	焊接 H 形柱、十字柱
2		裙楼屋顶飘板	热轧、焊接 H 形梁
3		裙楼北庭屋盖及幕墙结构	焊接 H 形、箱形梁、圆管柱
4		裙楼屋顶格栅	热轧/焊接 H 形梁、柱
5	二结构单元	主楼钢骨柱及锚栓、埋件	焊接 H 形柱、十字柱
6		主楼雨篷	圆管、热轧/焊接 H 形梁
7		主楼屋顶幕墙结构	圆管、箱形梁
8	三结构单元	裙楼连廊、指廊	热轧/焊接 H 形梁、柱
9		裙楼屋顶天窗	热轧/焊接 H 形梁
10	四结构单元	裙楼博物馆	热轧/焊接 H 形梁、柱、桁架
11		裙楼观光电梯	热思/焊接 H 形梁、柱
12	五结构单元	裙楼钢骨柱及锚栓、埋件	焊接 H 形柱、十字柱
13		裙楼溜冰场及幕墙结构	圆管梁、柱、焊接球、螺栓球热轧/焊接 H 形梁（网架）

（3）深化设计遵循的原则。以原施工设计图纸和技术要求为依据，负责完成钢结构的深化设计，并完成钢结构加工详图的编制。

根据设计文件、钢结构加工详图、吊装施工要求，并结合制作厂的条件，编制制作工艺书包括：制作工艺流程图、每个零部件的加工工艺及涂装方案。

加工详图在开工前经详图设计单位设计人、复核人及审核人签名盖章，报原设计单位审核同意，业主确认后才开始正式实施。

原设计单位仅就深化设计未改变原设计意图和设计原则进行确认，投标单位对深化设计的构件尺寸和现场安装定位等设计结果负责。

3. 深化设计流程（图 2-29）

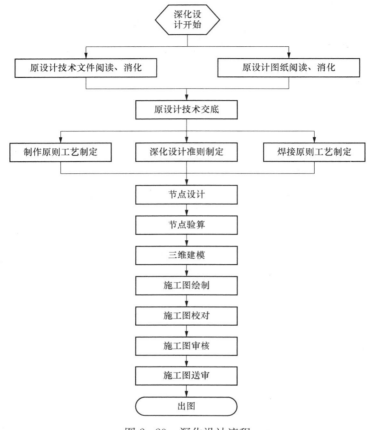

图 2-29　深化设计流程

2.19　钢结构智能测量技术

2.19.1　技术内容

钢结构智能测量技术是指在钢结构施工的不同阶段，采用基于全站仪、电子水准仪、GPS 全球定位系统、北斗卫星定位系统、三维激光扫描仪、数字摄影测量、物联网、无线数据传输、多源信息融合等多种智能测量技术，解决特大型、异形、大跨径和超高层等钢结构工程中传统测量方法难以解决的测量速度、精度、变形等技术难题，实现对钢结构安装精度、质量与安全、工程进度的有效控制。主要包括以下内容。

1. 高精度三维测量控制网布设技术

采用 GPS 空间定位技术或北斗空间定位技术，利用同时智能型全站仪〔具有双轴自动补偿、伺服马达、自动目标识别（ATR）功能和机载多测回测角程序〕和高精度电子水准仪以及条码因瓦水准尺，按照现行《工程测量规范》（GB 50026），建立多层级、高精度的三维测量控制网。

2. 钢结构地面拼装智能测量技术

使用智能型全站仪及配套测量设备，利用具有无线传输功能的自动测量系统，结合工业三坐标测量软件,实现空间复杂钢构件的实时、同步、快速地面拼装定位。

3. 钢结构精准空中智能化快速定位技术

采用带无线传输功能的自动测量机器人对空中钢结构安装进行实时跟踪定位,利用工业三坐标测量软件计算出相应控制点的空间坐标,并同对应的设计坐标相比较,及时纠偏、校正,实现钢结构的快速、精准安装。

4. 基于三维激光扫描的高精度钢结构质量检测及变形监测技术

采用三维激光扫描仪,获取安装后的钢结构空间点云,通过比较特征点、线、面的实测三维坐标与设计三维坐标的偏差值,从而实现钢结构安装质量的检测。该技术的优点是通过扫描数据点云可实现对构件的特征线、特征面进行分析比较,比传统检测技术更能全面反映构件的空间状态和拼装质量。

5. 基于数字近景摄影测量的高精度钢结构性能检测及变形监测技术

利用数字近景摄影测量技术对钢结构桥梁、大型钢结构进行精确测量,建立钢结构的真实三维模型,并同设计模型进行比较、验证,确保钢结构安装的空间位置准确。

6. 基于物联网和无线传输的变形监测技术

通过基于智能全站仪的自动化监测系统及无线传输技术,融合现场钢结构拼装施工过程中不同部位的温度、湿度、应力—应变、GPS数据等传感器信息,采用多源信息融合技术,及时汇总、分析、计算,全方位反映钢结构的施工状态和空间位置等信息,确保钢结构施工的精准性和安全性。

2.19.2　技术指标

1. 高精度三维控制网技术指标

相邻点平面相对点位中误差不超过3mm,高程上相对高差中误差不超过2mm;单点平面点位中误差不超过5mm,高程中误差不超过2mm。

2. 钢结构拼装空间定位技术指标

拼装完成的单体构件即吊装单元,主控轴线长度偏差不超过3mm,各特征点监测值与设计值(X、Y、Z坐标值)偏差不超过10mm。具有球结点的钢构件,检测球心坐标值(X、Y、Z坐标值)偏差不超过3mm。构件就位后各端口坐标(X、Y、Z坐标值)偏差均不超过10mm,而且接口(共面、共线)偏差不超过2mm。

3. 钢结构变形监测技术指标

所测量的三维坐标(X、Y、Z坐标值)观测精度应达到允许变形值的$1/20 \sim 1/10$。

2.19.3　适用范围

大型复杂或特殊复杂、超高层、大跨度等钢结构施工过程中的构件验收、施工测量及变形观测等。

2.19.4　工程案例

大型体育建筑:国家体育场("鸟巢")、国家体育馆、水立方等。

大型交通建筑:首都机场T3航站楼、天津西站、北京南站、港珠澳大桥等。

大型文化建筑:国家大剧院、上海世博会世博轴、北京凤凰国际中心等。

2.19.5　技术案例

1. 激光扫描原理

采用激光进行距离测量已有30余年的历史,而自动控制技术的发展使三维激光扫描最终成为现实。三维激光扫描仪的工作过程，实际上就是一个不断重复的数据采集和处理过程，它通过具有一定分辨率的空间点（坐标 x、y、z，其坐标系是一个与扫描仪设置位置和扫描仪姿态有关的仪器坐标系）所组成的点云图来表达系统对目标物体表面的采样结果。一幅实际的点云图如图 2-30 所示。

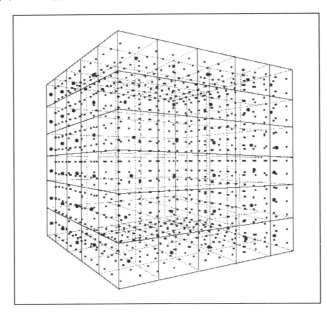

图 2-30　扫描点云图的三维坐标

三维激光扫描仪所得到的原始观测数据主要是：

（1）根据两个连续转动的用来反射脉冲激光的镜子的角度值得到的激光束的水平方向值和竖直方向值。

（2）根据脉冲激光传播的时间而计算得到的仪器到扫描点的距离值。

（3）扫描点的反射强度等。前两种数据用来计算扫描点的三维坐标值，扫描点的反射强度则用来给反射点匹配颜色。

三维激光扫描仪原理如图 2-31 所示，扫描仪的发射器通过激光二极管向物体发射近红外波长的激光束，激光经过目标物体的漫反射，部分反射信号被接收器接收。通过测量激光在仪器和目标物体表面的往返时间，计算仪器和点间的距离。

2. 三维模型的生成

要将经过扫描得到的点云转化为通常意义上的三维模型，一般来说，系统软件至少应该具备以下几个条件：

（1）常用三维模型组件（如柱体、球体、管状体、工字钢等立体几何图形）。

（2）与模型组件相对应的点云匹配

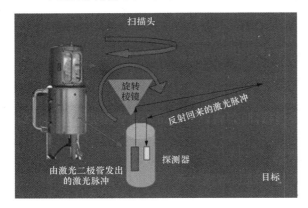

图 2-31　三维激光扫描仪原理

算法。

（3）几何体表面 TIN 多边形算法。前两个条件主要是用来满足规则几何体的建模需求，而最后一个条件则是用来满足不规则几何体的建模需求。

系统软件提供一个称为自动分段处理的工具，它容许从扫描的点云图中抽取出一部分点（这部分点往往共同组成一个物体或物体的一部分），以进行自动匹配处理。在这一过程中，通过手工的方式"抽取"物体的表面轮廓，使得匹配后的结果，其表达正确，操作上易于把握。但这种自动匹配方式的处理，只适用于那些与软件中所包含的常用几何形体相一致的目标实体组件，对于那些不能分解为常用几何形体的目标实体组成部分则是无效的。此时，需要在相应的点集中构造 TIN 多边形，以模拟不规则的表面。

3. 坐标系与坐标登记

在任意一幅点云图中，扫描点间的相对位置关系是正确的，而不同点云图间点的相对位置关系的正确与否，则取决于它们是否处于同一个坐标系。大多数情况下，一幅扫描点云图无法建立物体的整个模型，因此，如何将多幅点云图精确地"装配"在一起，处于同一个坐标系下，是要解决的问题。目前采用的方法称之为坐标纠正。

所谓坐标纠正，就是在扫描区域中设置控制点或控制标靶，从而使得相邻的扫描点云图上有三个以上的同名控制点或控制标靶。通过控制点的强制符合，可以将相邻的扫描点云图统一到同一个坐标系下（事实上，不同空间直角坐标系中，其需要解决的坐标转换参数共有七个，即三个平移参数、三个旋转参数及一个尺度参数）。

坐标纠正的基本方法有三种，即配对方式、全局方式和绝对方式。前两种方式都属于相对方式，它是以某一幅扫描图的坐标系为基准，其他扫描图的坐标系都转换到该扫描图的坐标系下。这两种方式的共同表现是：在野外扫描的过程中，所设置的控制点或标靶在扫描前都没有观测其坐标值；而第三种方式，则在扫描前，控制点的坐标值（某个被定义的公用坐标系，非仪器坐标系）已经被测量，在处理扫描数据时，所有的扫描图都需要转换到控制点所在的坐标系中。前两种方法的区别在于：配对方式只考虑相邻扫描图间的坐标转换，而不考虑转换误差传播的问题；而全局方式则将扫描图中的控制点组成一个闭合环，从而可以有效地防止坐标转换误差的积累。一般来说，前两种方式的处理，其相邻扫描图间往往需有部分重叠，而最后一种方式的处理，则不一定需要扫描图间的重叠。

当需要将目标实体的模型坐标纳入某个特定的坐标系中时，也常常将全局纠正方式和绝对纠正方式组合起来进行使用，从而可以综合两者的优点。

2.19.6　工程实例

1. 工程概况

××站房工程总建筑面积 22.9 万 m²，屋架为大跨度箱型联方网壳钢结构，东西跨度 114m，总长 394.063m，总高度 47m，钢结构总质量达 18000t。屋盖沿跨度方向分为两侧的拱脚散拼段和中间提升段三部分。提升段跨度 68.9m，矢高 11.62m，提升高度 34.13m，每段有 48 个四边形接口，接口合拢的测量精度要控制在 3mm 以内。提升段采用整体卧式在 10m 高架层楼板上拼装，然后用液压千斤顶群同步控制整体提升，最终完成屋面结构合拢的施工方法。

2. 网壳钢结构的提升安装过程的测量监控工作

（1）钢结构网壳脚和提升网壳拼装完成后，需要检测两者的空间形状和位置是否与设计一致，此时要做两项工作：一是检测上下提升接口的偏差；二是检测网壳格构节点的实际形态。

（2）网壳正式提升前有一次预提升，即将网壳提升 300mm 后静置 24h，此时同样要对上下接口的偏差和网壳格构形态进行监测。

（3）网壳提升安装就位后，为判定网壳的结构安全、施工质量并为幕墙的定位、加工和安装提供依据，在网壳支撑柱卸载前后需进行变形测量。

现场采用三维激光扫描技术和相关分析软件，精确监测钢结构网壳在不同阶段的形态，圆满了解决上述问题。

3. 扫描前的准备工作

建立高精度控制网，与施工控制点进行联系测量，以便将扫描数据转换到统一的施工控制坐标系里；确定点云数据配准或拼接的基准点，即同名点。本项目中，测量站数为 31，控制点标靶个数为 7。与三维激光扫描技术有效结合起来，建立起一条快速、高精度的三维测量路线。

4. 扫描测量过程

按设计方案分别采用 Scanstation Ⅱ 和 HDS6000 两类三维激光扫描仪，近程扫描采用 HDS6000，远程扫描选用 Scanstation Ⅱ 三维激光扫描仪（均为 Leica 公司高清晰测量系统的系列产品）。对上下接口进行扫描测量。针对不同的扫描目标，设置扫描的密度和各项参数。扫描密度的设置一般要遵循数据应用的精度要求和扫描效率兼顾的原则。根据经验，通常 60m 处点，扫描间距为 7mm 就可以满足需要。但是对数据应用的精度要求比较高的情况下，扫描密度的要求也会提高，比如对钢结构网壳的接口部分，就要进行精细扫描。在本项目的上接口扫描测量中，就进行了 3mm×3mm 密度的扫描。

为保证不同点云数据的拼接，还需要在测站周围预先设置一定数量的球形标靶（同名控制点）。扫描时，需将这些标靶作为扫描对象，由于这些标靶是数据配准的控制点，所以需要进行高密度扫描，以满足配准的精度要求。需要注意的是：在设置标靶控制点时，要考虑控制边长度及控制网形状的最优化。

在现场用三维激光扫描仪进行扫描测量时，同时配用 6 台 DELL 移动图形工作站进行同步工作，完成数据结果的分析与输出。

5. 内业数据处理

经扫描数据配准→特征点的提取→特征点校核→偏差结果分析，得到监测数值，及时反馈生产指挥系统。

第3章 市政工程施工新技术

3.1 逆作法施工技术

3.1.1 技术内容

逆作法一般是先沿建筑物地下室外墙轴线施工地下连续墙,或沿基坑的周围施工其他临时围护墙,同时在建筑物内部的有关位置浇筑或打下中间支承桩和柱,作为施工期间于底板封底之前承受上部结构自重和施工荷载的支承;然后,施工逆作层的梁板结构,作为地下连续墙或其他围护墙的水平支撑,随后逐层向下开挖土方和浇筑各层地下结构,直至底板封底;同时,由于逆作层的楼面结构先施工完成,为上部结构的施工创造了条件,因此可以同时向上逐层进行地上结构的施工;如此地面上下同时进行施工,直至工程结束。现场施工如图3-1所示。

目前逆作法的新技术有:

(1)框架逆作法。利用地下各层钢筋混凝土肋形楼板中先期浇筑的交叉格形肋梁,对围护结构形成框格式水平支撑,待土方开挖完成后再二次浇筑肋形楼板。

(2)跃层逆作法。是在适当的地质环境条件下,根据设计计算结果,通过局部楼板加强以及适当的施工措施,在确保安全的前提下实现跃层超挖,即跳过地下一层或两层结构梁板的施工,实现土方施工的大空间化,提高施工效率。

图3-1 逆作法施工现场图

(3)踏步式逆作法。该法是将周边若干跨楼板采用逆作法踏步式从上至下施工,余下的中心区域待地下室底板施工完成后逐层向上顺作,并与周边逆作结构衔接,完成整个地下室结构。

(4)一柱一桩调垂技术。在逆作法施工中,竖向支承桩柱的垂直精度要求是确保逆作工程质量、安全的核心要素,决定着逆作技术的深度和高度。目前,钢立柱的调垂方法主要有气囊法、校正架法、调垂盘法、液压调垂盘法、孔下调垂机构法、孔下液压调垂法、HDC高精度液压调垂系统等。

3.1.2 技术指标

(1)竖向支承结构宜采用一柱一桩的形式,立柱长细比不应大于25。立柱采用格构柱时,其边长不宜小于420mm,采用钢管混凝土柱时,钢管直径不宜小于500mm。立柱及立柱桩的平面位置允许偏差为10mm,立柱的垂直度允许偏差为1/300,立柱桩的垂直度允许偏差为1/200。

(2)主体结构底板施工前,立柱桩之间及立柱桩与地下连续墙之间的差异沉降不宜大于

20mm，而且不宜大于柱距的 1/400。立柱桩采用钻孔灌注桩时，可采用后注浆措施，以减小立柱桩的沉降。

（3）水平支撑与主体结构水平构件相结合时，同层楼板面存在高差的部位，应验算该部位构件的受弯、受剪和受扭承载能力。在结构楼板的洞口及车道开口部位，当洞口两侧的梁板不能满足传力要求时，应采用设置临时支撑等措施。

逆作法施工技术应符合《建筑地基基础设计规范》（GB 50007）、《建筑基坑支护技术规程》（JGJ 120）、《地下建筑工程逆作法技术规程》（JGJ 165）的相关规定。

3.1.3 适用范围

逆作法适用于如下基坑：

（1）大面积的地下工程。

（2）大深度的地下工程，一般地下室层数大于或等于 2 层的项目更为合理。

（3）基坑形状复杂的地下工程。

（4）周边状况苛刻，对环境要求很高的地下工程。

（5）上部结构工期要求紧迫和地下作业空间较小的地下工程。

目前，逆作法已广泛用于高层建筑地下室、地铁车站、地下车库、市政、人防工程等领域。

3.1.4 工程案例

上海中心裙房工程、上海铁路南站南广场、南京青奥中心、浙江慈溪财富中心工程、天津富力中心、重庆巴南商业中心、北京地铁天安门东站、广州国际银行中心、南宁永凯大厦等。

3.1.5 工程实例

1. 工程概况

本工程位于南京市秦淮区夫子庙内，贡院街以北、贡院西街以东。工程建筑主要由中国科举博物馆配套办公等组成。博物馆平面呈矩形，为全地下结构，中间为博物馆本体，主要布置展厅、博物馆本体与周边结构脱开，中间为"回"字形天井和坡道。

博物馆基坑面积约 7270m²，周长约 358m，基坑挖深 20.5m。围护采用 1m 厚地墙（深 40m），基坑北侧地墙邻近历史保护建筑明远楼，采用 T 形地墙两侧设置槽壁加固。西北角及西侧区域地墙两侧设置槽壁加固。槽壁加固采用 $\phi850@600$ 三轴水泥土搅拌桩。博物馆本体与周边结构脱开，故博物馆本体采用顺作法施工，设置四道钢筋混凝土环撑和 5 块板，除博物馆本体外采用逆作法施工，以 5 块板代水平支撑确保基坑竖向稳定。

2. 工程施工中存在的风险

（1）周边环境风险。

1）本工程位于南京市夫子庙地区，南侧为贡院街。夫子庙周边游人较多，施工中需处理好周边商铺和游人安全。

2）工程北侧明远楼两侧各有两棵历史悠久的法国梧桐需要保护，距离地墙 T 形槽段最近为 8.4m，在整个施工过程中需要对其特别的保护。此类树对碱性物质比较敏感，而搅拌桩施工中有大量的碱性物质，如水泥等，在施工前必须制订对应的保护措施。

3）本场地内部及北侧存在 20 世纪 80 年代初的人防结构，局部位置地下室外墙与人防的平面位置相冲突，需在本工程基坑围护体施工前进行清障处理。现有人防埋深约 5.5m，人防底板厚度约 400mm。

4）桩基地墙嵌岩地墙底部进入 2 层泥质砂岩（中风化）至少 2m，因此成槽设备必须满足入岩要求。

5）本工程基坑挖深为 20.5m，经计算，－3 层第 I 层承压对本工程有影响，需降承压水。

（2）逆作法施工难点。

1）逆作法采用一柱一桩的施工方法，由于先期施工的钢立柱将作为以后永久柱结构，钢立柱的垂直度得不到保证，将会对以后柱子的施工带来很大影响，而且会对楼板产生较大的应力重分布，因此钢立柱的垂直度必须达到 1/500 精度以上。

2）采用"两墙合一"的单墙形式，因此接头防水问题、地墙垂直度、泥浆配制三大因素是决定地墙、基坑、结构质量的关键。

3）逆作法施工挖土与结构的协同施工：遵循"分层、分块、限时"的原则。

3．施工中所采取的措施

（1）周边环境保护措施。

1）工程地下连续墙施工离古树较近，为防止水泥土搅拌桩施工时的水泥浆侵入古树周边土体内，根据地质情况在古树与 T 形槽段地墙之间（T 形槽段之外 2m 处），采用打设一排 9m 深拉森钢板桩方法，以防止水泥浆侵入古树周边土体内。

2）地墙区域清障宽度为 3m，采用 RT－260H 全套管钻机，φ1500mm 套管进行清障处理，每孔搭接 500mm，以保证清障无死角，约需钻 138 孔。立柱桩及抗压桩处则采用 φ1200mm 套管进行清障处理，约需钻 34 孔。清障深度为地面以下 6m。待清除回填密实后，施工搅拌桩槽壁加固和新建的地墙，局部土体进行槽壁加固。

3）本工程地墙深度 40m，已嵌入－2 层泥质砂岩（中风化）2m，施工带来较大难度，在未进入－1 层泥质砂岩（强风化）时采用 SG60 成槽机进行成槽挖土，待三抓全部挖至接近－6 层底时且发现施工进度变缓后，使用铣槽机进行成槽作业，待整幅槽段均达到设计入岩标准后，直接使用 BC40 铣槽机进行清底置换。

（2）逆作法的关键措施。

1）为了提高地下墙与底板之间的施工缝抗渗要求，挖土后，清理地墙面的施工缝表面的泥巴并凿掉地墙保护层，用钢丝板刷刷清浮灰，再用清水冲洗干净，使后浇底板与地墙面有良好的接触，确保抗渗要求。

2）地墙成槽过程中利用成槽机自配显示仪表和自动纠偏仪，进行垂直度跟踪观测，严格做到随挖随测随纠，达到 1/400 的垂直度要求，选用优质泥浆，配制合适的泥浆配合比进行试成槽，并根据实验情况及时调整。

3）本工程主体结构柱长大于 20m，一柱一桩垂直度控制要求为 1/500，采用液压全自动调垂盘法系统结合激光测斜仪垂直度监测，进行格构柱垂直度调整。

4）本工程采用顺逆结合的施工方法，除博物馆本体外采用逆作法施工，博物馆本体采用顺作法施工。逆作法施工时，逆作法取土口的设置、梁柱受力节点的处理、混凝土浇筑节点处理、两墙合一同主体结构连接点处理、钢管柱梁节点，是至关重要的。

4．工程施工技术

（1）土方开挖施工。工程第一皮土方采用 3 台 1m³ 挖机进行大开挖，挖土至顶板底标高，随即浇捣混凝土垫层，待垫层具备一定的强度后，搭设排架施工 B0 板。

待±0.000 楼板完工，其混凝土达到强度后立即在取土口处设置 4 台抓斗挖土机。根据 B0 板上运土车 30t/辆的轮压，对于车辆行走处的楼板将采取楼板内增加钢筋以加强，以满足运土车辆的荷载。

在每层楼板混凝土强度达到设计要求后分区开始挖下一皮土方。"盆边"土抽条开挖，随挖随捣混凝土垫层。挖土设备采用 4 台液压反铲挖土机，确保每日出土 2500m³，挖土时从中间向两边进行，先在取土孔部位局部人工放坡挖深；然后以 1∶2 放坡挖土推进，为集土需要，取土口处土比周边土可局部挖深 1.5～2m。

待坑底盆边土全部挖完，垫层连成一个整体后，进行局部深坑的开挖，底板完成，移走取土设备。

挖土时，不得单边掏空立柱。土方开挖在降水及坑内加固达到要求后进行，挖土操作分层分段，对个别一次挖土超过 2m 的需阶梯式开挖，阶梯至少宽 6m。坑底应保留 300mm 厚基人工挖除平整，防止坑底土扰动。垫层随挖随浇，垫层必须在见底后 24h 内浇完。

逆作区挖土由于本工程挖深达 20.5m，需做好通风和照明的设施。地下照明采用水银灯，管线在浇捣上一层楼板的时候预埋。每隔 8m 左右一只灯，随着挖土方向灯具及时跟进安装。

在应急通道的照明需采用一路单独的线路，以便于施工人员在发生意外事故导致停电时安全从现场撤离，避免人员伤亡事故的产生。

（2）基坑降水施工。

1）本工程的－1、－2、－3、－4 层中一定深度内含有潜水及承压水。按照 200m² 布置一口疏干井，共 36 口。

2）基坑开挖过程中，需要降坑内浅层潜水及第－3 层承压水，在坑外适当布置第－6 层应急回灌井兼水位观测井，共 8 口。在坑外共布置浅层潜水及第－3 层水位观测井 2 口。主要用于水位监测，在水位变化出现异常时，及时查找原因，采取堵漏等应急措施。

3）井点避开立柱桩及坑底加固区。

（3）混凝土支撑的拆除施工。本工程地处繁华的夫子庙地区，紧邻省级保护建筑明远楼和周边的 2～3 层商铺，故科举博物馆本体处混凝土环撑拆除选用静力切割的方式进行。结合科举博物馆结构施工、施工工序，第一次拆除第四、第三道撑，第二次拆除第二、第一道撑。

支撑拆除方案采用支撑底部搭设钢管脚手架支撑柱作为承重支架，用金刚链式切割机搭配钻孔机进行切割分段，在栈桥上通过汽车吊将混凝土块件吊离，场外机械破碎解体。

根据工程要求，分段长度根据吊车性能及回转半径确定的起吊质量确定，为保证支撑梁吊运过程的绝对安全，每分段支撑梁的大小在 4～5t 左右，局部栈桥下吊装困难区域支撑梁大小，根据吊装半径分段更小。

5. 实施效果分析

本工程周边环境复杂，采用顺逆结合的方法达到了预期的效果。根据监测数据显示，本工程施工至底板完成，地连墙累计最大水平位移 7.13mm；立柱桩最大沉降为 0.7mm；周边建筑、管线等最大沉降为 12.1mm；周边地表最大沉降量为 9.3mm。综上，本工程的围护变形和周边建筑、管线、地表沉降、梁板应力等均在控制范围之内。

3.2 超浅埋暗挖施工技术

3.2.1 技术内容

在下穿城市道路的地下通道施工时，地下通道的覆盖土厚度与通道跨度之比通常较小，属于超浅埋通道。为了保障城市道路、地下管线及周边建（构）筑物正常运用，需采用严格控制土体变形的超浅埋暗挖施工技术。一般采用长大管棚超前支护加固地下通道周围土体，将整个地下通道断面分为若干个小断面进行顺序错位短距开挖，及时强力支护并封闭成环，形成平顶直墙交替支护结构条件，进行地下通道或空间主体施工的支护技术方法。施工过程中应加强对施工影响范围内的城市道路、管线及建（构）筑物的变形监测，及时反馈信息并调整支护参数。该技术主要利用钢管刚度强度大，水平钻定位精准，型钢拱架连接加工方便、撑架及时和适用性广等特点，可以在不阻断交通、不损伤路面、不改移管线和不影响居民等城市复杂环境下使用，因此具有安全、可靠、快速、环保、节资等优点。

3.2.2 技术指标

（1）地下通道顶部覆盖土厚度 H 与其暗挖断面跨度 A（矩形底边宽度）之比 H/A $\leqslant 0.4$。

（2）管棚：钢管管径为 $90\sim1000$mm，管壁厚度为 8、12、14、16mm，长度为 $24\sim150$m；浆液水灰比宜为 $0.8\sim1$；当采用双液注浆时，水泥浆液与水玻璃的比例宜为 $1:1$。

（3）注浆加固渗透系数应不大于 1.0×10^{-6}cm/s。

（4）型钢拱架间距 $500\sim750$mm。

主要参照标准：《钢结构设计标准》（GB 50017）。

3.2.3 适用范围

一般填土、黏土、粉土、砂土、卵石等第四纪地层中修建的地下通道或地下空间。

3.2.4 工程案例

北京首都机场 2～3 号航站楼联络通道、青岛胶州市民广场。

3.2.5 工程实例

1. 工程概况

××市东干渠排水工程下穿洛界高速公路路基，高速公路已营运 2 年。排水干渠为梯形断面，下底宽 11m，上宽 12.5m，高 3m，过水断面按 36m² 设计。穿越高速路段采用暗挖隧道通过，隧道与公路夹角 $112°10'16''$，暗挖隧道段长 49m。隧道顶部覆盖层厚 $1.0\sim2.8$m，属超浅埋隧道。隧道断面采用三心圆拱直立墙结构，底部设仰拱，断面净宽 10m，最大净高约 5.8m。隧道采用复合式衬砌结构，超前地层加固采用管棚和 $\phi42$ 小导管注浆，初期支护采用 C20 网喷混凝土和格栅钢架，二次衬砌为 C30 模筑钢筋混凝土，抗渗标号为 P6。

2. 工程地质

工程场地内分布的地层为第四系全新统，由人工填筑土、冲洪积形成的粉质黏土、砂和卵石组成，地下水位标高 124.5m，埋深 10.60m，水位变化幅度 2m 左右，自上而下依次为：

（1）填筑土。层厚 4.56～4.62m，颜色为灰褐色，稍湿，密实，由卵石土、灰砂等混合组成。土石等级为Ⅲ级硬土。

（2）粉质黏土。层厚 2.36～2.50m。颜色为褐黄色，可塑，为中压缩性土。土石等级为Ⅱ级普通土。

（3）卵石夹砂层。埋深 6.92～7.12m，层厚 1.36～2.43m。卵石颜色褐黄色，潮湿，中密，含量约 55%，充填物主要为砂黏土；砂层为中砂，潮湿，松散。土石等级为Ⅰ级松土。

（4）卵石。埋深 8.48～9.35m，层厚大于 11.52m。卵石颜色褐黄色、青灰色，潮湿—饱和，中密—密实，粒间充填中细砂，局部存在砂透镜体。土石等级为Ⅲ级硬土。

3. 工程难点分析

（1）隧道开挖宽度为 11.6m，高度为 7.9m，成洞较困难。

（2）隧道埋深浅，顶部覆盖厚度仅 1.0～2.8m，属超浅埋大跨隧道，施工中容易造成冒顶坍塌。

（3）隧道下穿正在运营的洛界高速公路，施工中对沉降控制要求高，保证行车安全责任重大。

（4）隧道地质条件差，洞身为人工回填的卵石土、卵石、卵石夹砂，土质松散，均一性差，施工中成洞难度大，易造成坍塌失稳。

（5）CRD 工法工序多，工序复杂，工艺要求高。

（6）做好地面及洞内量测工作，并根据量测资料适时修改支护参数，优化施工工艺。

4. 主要施工方法

下穿高速公路总体施工思路是在隧道开挖之前先进行大管棚超前支护施工，分别从高速公路左右两侧隧道洞口施作，通过精确定位，使大管棚在隧道中心位置形成交叉重叠 3m，然后注浆加固隧道开挖线周边土体，最终对高速公路路基形成整体弧形支护结构壳体；隧道分部开挖时，通过针对性的辅助施工措施控制沉降、防止坍塌，确保高速公路的正常运营和施工安全。

（1）大管棚超前支护加固地层。

1）导向拱施工。洛界高速公路全省联网收费系统、路况监视系统及通信光缆埋设在高速公路中央隔离带地面下 0.8m 处，大管棚的施作必须精确定位，做到既不侵入隧道开挖线内，又不能高偏大于 0.5m，须预埋导向管制作导向拱。大管棚从隧道起拱线开始布设，环向间距 30cm，管棚长度 26m，外插角 10°。导向管采用直径 127mm、长 2.0m 的钢管焊接在三榀拱架上，安装时须根据设计角度（以终孔距隧道开挖轮廓线 0.5m 计算）逐根测量，精确定位。保证管与管之间平行，管的外端应平齐，立模时管口应紧靠模板。

2）超前水平钻孔注浆。管棚施工通过地层为人工填筑土，主要由卵石土、灰砂组成，成孔困难，钻孔采用冲击钻进，前进式注浆，循环施作，确保注浆效果和钻孔方向精度。由于管棚施工距高速公路路面 2m 左右，注浆采用 42.5R 普通水泥，水灰比为 0.8～1.0，外加 10% 水玻璃。注浆压力控制在 0.5～1.0MPa，注浆期间要安排专人观察高速路面，防止浆液在管棚埋深最浅处外泄。水平注浆结束后相隔一段时间即进行管棚施作。采用 MK-5 钻机直接旋转逐根顶进大管棚钢管至设计深度。

（2）CRD 工法分部开挖支护。对于在软弱、松散的地层中修建浅埋暗挖隧道，与 CD 工法、眼镜工法等相比较，从控制地面沉降和确保施工安全角度考虑，CRD 工法是最合适的。该工法的最大特点是将大断面施工化成小断面施工，各个局部封闭成环的时间短，控制早期沉降好，每道工序受力体系完整，结构受力均匀，形变小。

1）施工工序。CRD 工法施工工序如图 3-2 所示。

2）施工要点。

①对路面沉降严格限制，每一步开挖必须快速，及时封闭成环，最大限度地减少开挖面临空时间。

②每一步都采用弧形导坑开挖，工作面留核心土，消除掌子面的应力松弛现象。

③采用人工无爆破开挖，循环进尺 0.5m，工作面不宜同时开挖，结合本工程实际情况确定，各工作面依次错开 2m 为宜。

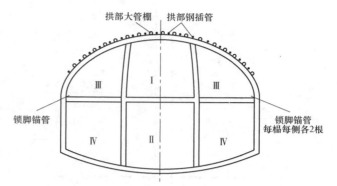

图 3-2　CRD 工法施工工序图

④在整洞贯通、初期支护封闭成环后，结合监控量测资料拆除临时支撑，尽快施作二次衬砌，发挥二次衬砌承载能力。增大初期支护刚度，是保证施工安全的关键。

3）沉降控制措施。主要采取初期支护背后回填注浆等辅助性措施控制沉降，结构封闭成环并进行回填注浆，施工过程中当监控量测反馈信息显示洞内或路面沉降超限或沉降速率过大时，进行补偿注浆。

①掌子面注浆加固。为确保开挖过程中掌子面稳定，开挖前在掌子面打设注浆管，注浆管采用 $\phi42$、壁厚 3.5mm 的钢管，长度 2m，间距 0.8m，梅花形布设，注入水泥和水玻璃双液浆。

②根据量测反馈情况，在拱架两侧增设注浆锁脚锚管。

③拱顶及边墙背后回填注浆。施作初期支护时在拱顶及边墙预埋回填注浆管，注浆管采用 $\phi42$、壁厚 3.5mm 的钢管，长度 0.8m，纵向间距 2m，横向间距 3m，注入水泥浆填充初期支护和围岩之间的空隙。

④仰拱之下注浆加固基底。仰拱开挖时，仰拱下面的砂卵石地层受到扰动变得松散，会造成地层沉降过大。仰拱施工时，竖直向下埋设注浆管，注浆管型号与回填注浆管相同，长度 1m，纵向间距 1m，横向间距 2m，梅花形布设，注入水泥浆加固基底地层。

引起地面沉降的原因是多方面的，控制沉降措施也应是多方面的。现场技术人员应时刻注意量测结果，随时发现失控点，及时采取补救措施，进行动态管理。

5. 隧道及路面监控量测方案

通过施工现场的监控照测，为判断围岩稳定性，支护、衬砌可靠性，二次衬砌合理施作时间提供依据，以便采用回填注浆、加强临时支护等措施控制沉降。

（1）洞内与路面量测点的布置。隧道施工造成的下沉会很快从洞内传递到路面上，所以把洞内外量测点布设在同一横断面内，这样量测数据可以相互印证，便于及时采取措施响应。路面及洞内测点布置如图 3-3 所示。

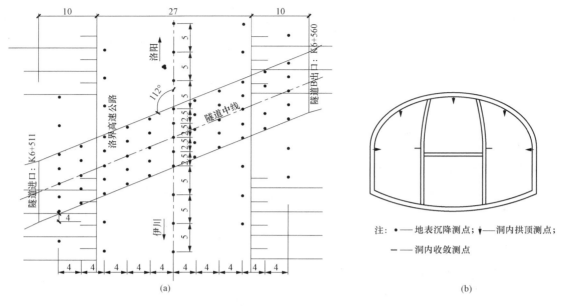

图 3-3 路面及隧道内监控量测点布置图

（2）量测频率与结束标准。

1）量测频率见表 3-1。

表 3-1   量测频率表

项目	量测仪器设备	量测时间间隔
围岩及支护状态观察	目测、地质罗盘等	掌子面每次开挖后进行 已施工地段喷混凝土 锚杆、钢架 1 次/d
地表沉降	水准仪，铟钢尺	开挖面离量测面小于 2B 时，2 次/d 开挖面离量测面小于 5B 时，1 次/2d 开挖面离量测面小于 5B 时，1 次/周
拱顶下沉	水准仪，铟钢尺	第 1~15d，2 次/d 第 16~30d，1 次/2d 第 1~3 个月，1~2 次/周 3 个月以上，2 次/月
收敛	收敛仪	与拱顶下沉量测相同

2）量测结束标准。根据收敛速度进行判别，收敛速度大于 5mm/d 时，围岩处于急剧变化状态，加强初期支护系统；收敛速度小于 0.2mm/d 时，围岩基本达到稳定。各量测项目持续到变形基本稳定 2 周后结束；变形较大地段，位移长时间不能稳定时，延长量测时间。

（3）监测数据的统计分析与信息反馈。施工期间，监测人员在每次监测后及时根据监测数据绘制拱顶下沉、水平位移等随时间及工作面距离变化的时态曲线，了解其变化趋势并对初期的时态曲线进行回归分析，预测可能出现的最大值和变化速率。根据开挖面的状况、拱顶下沉、水平位移量大小和变化速率，综合判断围岩和支护结构的稳定性，并根据变形等级管理标准，及时反馈于施工。

6. 监测和控制效果

××新区排水东干渠下穿洛界高速公路隧道工程，通过大管棚超前支护加固地层，采用CRD工法严格按照"管超前，严注浆，短开挖，强支护，勤量测，早封闭"方针施工，在保证洛界高速公路正常通行的同时，确保了施工安全，施工区高速路面最大沉降量为20mm，大部分沉降量在10mm左右，取得了良好的社会效益和经济效益。

3.3 复杂盾构法施工技术

3.3.1 技术内容

盾构法是一种全机械化的隧道施工方法，通过盾构外壳和管片支承四周围岩防止发生坍塌。同时，在开挖面前方用切削装置进行土体开挖，通过出土机械外运出洞，靠千斤顶在后部加压顶进，并拼装预制混凝土管片，形成隧道结构的一种机械化施工方法。由于盾构施工技术对环境影响很小而被广泛地采用，得到了迅速的发展。

复杂盾构法施工技术为复杂地层、复杂地面环境条件下的盾构法施工技术，或大断面圆形（洞径大于10m）、矩形或双圆等异形断面形式的盾构法施工技术。

选择盾构形式时，除考虑施工区段的围岩条件、地面情况、断面尺寸、隧道长度、隧道线路、工期等各种条件外，还应考虑开挖和衬砌等施工问题，必须选择安全且经济的盾构形式。盾构施工在遇到复杂地层、复杂环境或者盾构截面异形或者盾构截面大时，可以通过分析地层和环境等情况合理配置刀盘、采用合适的掘进模式和掘进技术参数、盾构姿态控制及纠偏技术、采用合适的注浆方式等各种技术要求，解决以上的复杂问题。盾构法施工是一个系统性很强的工程，其设计和施工技术方案的确定，要从各个方面综合权衡与比选，最终确定合理可行的实施方案。

盾构机主要是用来开挖土、砂、围岩的隧道机械，由切口环、支撑环及盾尾三部分组成。就断面形状可分为单圆形、复圆形及非圆形盾构。矩形盾构是横断面为矩形的盾构机，相比圆形盾构，其作业面小，主要用于距地面较近的工程作业。矩形盾构机的研制难度超过圆形盾构机。目前，我国使用的矩形盾构机主要有2个、4个或6个刀盘联合工作。

盾构法施工的示意图如图3-4所示。

3.3.2 技术指标

（1）承受荷载：设计盾构时需要考虑的荷载，如土压力、水压力、自重、上覆荷载的影响、变向荷载、开挖面前方土压力及其他荷载。

（2）盾构外径：所谓盾构外径，是指盾壳的外径，不考虑超挖刀头、摩擦旋转式刀盘、固定翼、壁后注浆用配管等突出部分。

（3）盾构长度：盾构本体长度指壳板长度的最大值，而盾构机长度则指盾构的前端到尾端的长度。盾构总长系指盾构前端至后端长度的最大值。

（4）总推力：盾构的推进阻力组成包括盾构四周外表面和土之间的摩擦力或粘结阻力（F_1）；推进时，口环刃口前端产生的贯入阻力（F_2）；开挖面前方阻力（F_3）；变向阻力

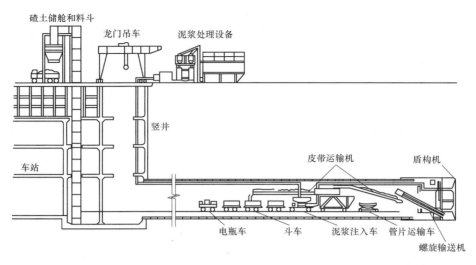

图 3-4　盾构法施工示意图

（曲线施工、蛇形修正、变向用稳定翼、挡板阻力等）（F_4）；盾尾内的管片和壳板之间的摩擦力（F_5）；后方台车的牵引阻力（F_6）。以上各种推进阻力的总和（$\sum F$），须对各种影响因素仔细考虑，留出必要的余量。

3.3.3　适用范围

（1）适用于各种复杂的工程地质和水文地质条件，从淤泥质土层到中风化和微风化岩层。

（2）盾构法施工隧道应有足够的埋深，覆土深度不宜小于 6m。隧道覆土太浅，盾构法施工难度较大；在水下修建隧道时，覆土太浅，盾构施工安全风险较大。

（3）地面上必须有修建用于盾构进出洞和出土进料的工作井位置。

（4）隧道之间或隧道与其他建（构）筑物之间所夹土（岩）体加固处理的最小厚度为水平方向 1.0m，竖直方向 1.5m。

（5）从经济角度讲，盾构连续施工长度不宜小于 300m。

3.3.4　工程案例

盾构法广泛应用于隧道和地下工程中。上海地铁、跨江隧道均采用盾构法施工；深圳地铁 5 号线的盾构工程穿越复杂地层；南京地铁四号线盾构区间穿越了上软下硬地层以及大量厂房民居，具有地质情况复杂多变、地下水丰富、施工难度大、安全风险高等特点；郑州中州大道采用 6 个刀盘联合工作的矩形盾构机，是我国自主研发的世界最大矩形盾构机。西安地铁 4 号线与武汉地铁 11 号线都采用了盾构法施工；北京的众多地铁线路也采用了盾构法施工。其中 16 号线首次采用外径 6.4m 地铁管片，使隧道空间明显增大。

3.3.5　工程实例

1. 地铁工程盾构施工应用实例

某区间左线长度 533.504m，右线长度 497.384m，线路最大纵坡为 19‰，最小纵坡为 10.982‰，盾构隧道净间距最小为 0.98m，最小曲线半径为 300m，区间隧道覆土厚度约为 17～21m，无设置联络通道。区间地面环境复杂，盾构穿越范围内有多条铁路线和建构筑物；依次穿越 5 层宿舍楼、铁路机待线、铁路正线、城市快速路地道、地下直径线，最后到达接收车站，计划采用两台加泥式土压平衡盾构机。

2. 盾构机选型及适应性改进

针对相应的地质、水文条件、地上建筑物、地下构筑物及周边环境等情况，需要采用特制盾构机。该机结合了其他盾构的相似地址施工经验，针对本地区地铁的特殊情况进行了改良。

（1）刀盘设计改良：充分考虑了粉土、粉质黏土、粉砂的软土地层，采用了大开口率并优化了开口布置，对不具有开仓换刀条件的，优化了刀具布置，适用于软土地层，也满足过障碍要求。

（2）螺旋输送机改良：对螺旋输送机维保口进行特殊设计，在螺旋输送机将原有的两个维保口增加到三个，并对维保口位置进行优化，便于清理障碍物，在维保口盖板上增设了手动球阀设计。

3. 盾构机掘进

本工程下穿铁路线地段行车密度大，铁路靠近接收端车站 400m 左右，车辆处于进站减速和出站提速阶段，行车速度较慢，采取地面处理措施受到铁路运行的影响，很难实施，所以经多方讨论研究，拟采用严格控制盾构机掘进参数及相关处理方法掘进通过既有铁路：

（1）盾构施工前，结合区间地质勘察报告，做好全区间地质补勘工作，进一步查明地层分布、地下水和地下障碍物情况，采取相应的施工措施。

（2）盾构机在始发后进入铁路前 100m 隧道设为试验段，按控制铁路沉降的标准对地面沉降进行控制，以确定合理的下穿盾构掘进参数。

（3）进行下穿铁路线施工时，盾构机采用土压平衡模式，均衡、连续、匀速通过。严格控制盾构掘进各项施工参数，结合地质情况，及时调整土仓压力、千斤顶推力、出土量等施工参数，确保盾构机安全下穿铁路。

（4）严格控制盾构机的姿态，平稳掘进，尽量做到小纠偏，减少对周围土体的二次扰动。

（5）利用盾构机的渣土改良系统和泡沫添加系统，通过刀盘和螺旋输送机上的注入口，对开挖面和螺旋输送机内的土体进行适当改良，提高土体的和易性和保压效果。

（6）严格控制同步注浆，保证同步注浆的数量和注浆压力。同时，利用盾体上的径向注浆孔，对盾体和土体之间的空隙进行注浆填充，减少土体沉降量。

（7）盾构下穿铁路群过程中和结束后，根据地面监测结果及时进行洞内二次注浆，消除后期沉降。

（8）在盾构机下穿铁路群前，对盾构机进行全面检修维护，同时根据盾构机的使用情况，备足盾构机易损件，确保盾构机运行正常。

（9）盾构下穿铁路群期间，做好管片等材料的供应工作，避免盾构机应材料供应不及时而出现意外停机的现象。

4. 施工风险点控制

本区间盾构对沉降变形要求较高，出现问题社会影响较大，为在施工过程中减小地层沉降，从而将铁路轨道变形控制在允许范围之内，采取以下措施：

（1）优化盾构设计，合理选择盾构掘进模式。施工前制定下穿铁路群专项施工方案，组织专家评审，通过后用以指导盾构施工。

（2）设置盾构掘进试验段，试验段掘进时的地面沉降控制按照下穿铁路群的要求严格控制，为下穿铁路线盾构施工在各项参数选择上提供依据。

（3）加强设备易损部件的储备和物资材料的供应工作，保证盾构施工平稳进行。强化盾构施工人员的技术培训，进行详细的有针对性的技术交底，加强施工过程控制。

（4）加强施工监测，合理布置监测观测点，满足沉降控制的要求。施工中加强对监测数据分析对比，发现问题及时采取措施。以信息化管理指导盾构掘进施工。制定应急预案，做好应急物资的储备和保管工作。

5. 结论

随着盾构法技术越来越成熟，必将在未来的地铁施工中起到越来越重要的作用，根据条件采用恰当的施工措施，是地铁盾构施工质量提升的关键。而在盾构施工中，只有因地制宜地进行方案设计、扬长避短、精工细作、准备充分，时刻保持安全意识，才能在施工中保障盾构隧道安全、高效、顺利贯通。

3.4 非开挖埋管施工技术

3.4.1 技术内容

非开挖埋管施工技术应用较多的主要有顶管法、定向钻进穿越技术以及大断面矩形通道掘进技术。

1. 顶管法

顶管法是在松软土层或富水松软地层中敷设管道的一种施工方法。随着顶管技术的不断发展与成熟，已经涌现了一大批超大口径、超长距离的顶管工程。混凝土顶管管径最大达到4000mm，一次顶进最长距离也达到2080m。随着大量超长距离、超大口径顶管工程的出现，也产生了相应的顶管施工新技术。

（1）为维持超长距离顶进时的土压平衡，采用恒定顶进速度及多级顶进条件下螺旋机智能出土调速施工技术；该新技术结合分析确定的土压合理波动范围参数，使顶管机智能的适应土压变化，避免大的振动。

（2）针对超大口径、超长距离顶进过程中顶力过大问题，开发研制了全自动压浆系统，智能分配注浆量，有效进行局部减阻。

（3）超长距离、多曲线顶管自动测量及偏离预报技术，是迄今为止最为适合超长距离、曲线顶管的测量系统，该测量系统利用多台测量机器人联机跟踪测量技术，结合历史数据，对工具管导引的方向及幅度作出预报，极大地提高了顶进效率和顶管管道的质量。

（4）预应力钢筒混凝土管顶管（简称 JPCCP）拼接技术，利用副轨、副顶、主顶全方位三维立体式进行管节接口姿态调整，能有效解决该种新型复合管材高精度接口的拼接难题。

2. 定向钻进穿越

根据入土点和出土点设计出穿越曲线，然后根据穿越曲线，利用穿越钻机先钻出导向孔，再扩孔处理，回拖管线之后利用泥浆的护壁及润滑作用，将已预制试压合格的管段进行回拖，完成管线的敷设施工。其新技术包括：

（1）测量钻头位置的随钻测量系统。随钻测量系统的关键技术是在保证钻杆强度的前提下，钻杆本体的密封以及钻杆内永久电缆连接处的密封。

（2）具有孔底马达的全新旋转导向钻进系统。该系统有效解决了定子和轴承的寿命问题，以及可以按照设定导向进行旋转钻进。

3. 大断面矩形地下通道掘进施工技术

利用矩形隧道掘进机在前方掘进，而后将分节预制好的混凝土结构件在土层中顶进、拼装，形成地下通道结构的非开挖法施工技术。

矩形隧道掘进机在顶进过程中，通过调节后顶主油缸的推进速度或调节螺旋输送机的转速，以控制搅拌舱的压力，使其与掘进机所处地层的土压力保持平衡，保证掘进机的顺利顶进并实现上覆土体的低扰动；在刀盘的不断转动下，开挖面切削下来的泥土进入搅拌舱，被搅拌成软塑状态的扰动土；对不能软化的天然土，则通过加入水、黏土或其他物质使其塑化，搅拌成具有一定塑性和流动性的混合土，由螺旋输送机排出搅拌舱，再由专用输送设备排出；隧道掘进机掘进至规定行程，缩回主推油缸，将分节预制好的混凝土管节吊入并拼装；然后继续顶进，直至形成整个地下通道结构。

大断面矩形地下通道掘进施工技术施工机械化程度高，掘进速度快，矩形断面利用率高，非开挖施工地下通道结构对地面运营设施影响小，能满足多种截面尺寸的地下通道施工需求。

3.4.2　技术指标

1. 顶管法

（1）根据工程实际分析螺旋机在不同压力及土质条件下的出土能力变化趋势，设计设定出适应工程的螺旋机智能调速功能，应对不同土层对出土机制的影响。

（2）利用带球阀和有自动开闭的压浆装置，结合智能操控平台，使每个注浆孔都被纳入自动控制范围、远程操控、设定压浆参数，合理分配压浆量，在比较坚硬的卵石土层应设定多分配压浆量，比较松软、富水土层少压浆或可不压，起到有的放矢的功效。

（3）预应力钢筒混凝土管顶管施工承压管道，采用特制的中继环系统，中继环承插口应按照预应力钢筒混凝土管承插口精度要求制作，保证与其他管节接口密封性能良好。

（4）预应力钢筒混凝土顶管管节接口拼接施工，利用三维立体式拼接系统时，在承插口距离临近时，应控制顶进速度 0.001m/s，宜慢不宜快。

2. 定向钻进穿越

（1）采用无线传输仪器进行随钻测量，免除有线传输带来的距离限制，在井眼位置安装信号接收仪器，及时反馈轨道监测数据，以及掌握钻向动态。

（2）根据土层情况设定旋转钻头方向参数以及孔底马达的动力参数，结合远程操控平台，智能化进行钻进穿越施工。

3. 大断面矩形地下通道掘进施工技术

地下通道最大宽度 6.9m；地下通道最大高度 4.3m。

3.4.3　适用范围

1. 顶管法

（1）特别适用于在具有黏性土、粉性土和砂土的土层中施工，也适用于在具有卵石、碎石和风化残积土的土层中施工。

（2）适用于城区水污染治理的截污管施工，适用于液化气与天然气输送管、油管的施工以及动力电缆、宽频网、光纤网等电缆工程的管道施工。

（3）适用于城市市政地下工程中穿越公路、铁路、建筑物下的综合通道及地铁人行通道施工。

2. 定向钻进穿越

（1）定向钻进穿越法适合的地层条件为砂土、粉土、黏性土、卵石等地况。

（2）在不开挖地表面条件下，可广泛应用于供水、煤气、电力、电信、天然气、石油等管线铺设施工。

3. 大断面矩形地下通道掘进施工技术

能适应 N 值在 10 以下的各类黏性土、砂性土、粉质土及流砂地层；具有较好的防水性能，最大覆土层深度为 15m；通过隧道掘进机的截面模数组合，可满足多种截面大小的地下通道施工需求。

3.4.4 工程案例

1. 顶管法

上海南市水厂过江顶管工程顶进直径为 3000mm 的钢管总长度 1120m；上海市引水长桥支线顶管工程顶进长度 1743m；嘉兴市污水处理排海工程顶进 2050m 超长距离钢筋混凝土顶管；汕头市第二过海顶管工程顶进 2080m，钢顶管直径 2m；无锡长江引水工程实现 2200mm 钢管双管同步顶进 2500m；上海白龙港污水处理南干线 DN4000 钢混凝土顶管工程长距离顶进 2039m；上海黄浦江闵奉支线 C2 标预应力钢筒混凝土斜顶管（JPCCP）工程成功顶进 874m。

2. 定向钻进穿越

墨水河定向钻穿越工程，穿越长度为 532m；珠海—中山天然气管道二期工程的磨刀门水道定向钻进穿越工程；郑州南变电站备用电源郑尧高速地下穿越工程；上海市轨道交通 6 号线港城路车辆段 33A 标工程；上海浦东国际机场扩建工程南区给水泵站工程；上海虹桥综合交通枢纽市政道路及配套 1 标段等工程施工都采用了定向钻进穿越技术。

3. 大断面矩形地下通道掘进施工技术

上海轨道交通 6 号线浦电路车站、8 号线中山北路车站、4 号线南浦大桥车站等。

3.4.5 工程实例

1. 工程概况

新乐遗址站位于黄河北大街与龙山路交叉口以北，沿黄河北大街呈南北向布置，为地下二层岛式车站，车站主体结构形式为单拱钢筋混凝土结构。新乐遗址为暗挖车站，采用新管幕工法施工，该工法在国内是首次应用。车站总长 179.8m，标准段宽度 26.2m，高度 18.9m；标准段结构顶部覆土 7.6～11.2m，底板埋深 26.5～30.1m。车站设三个出入口、一个消防专用入口和两组风亭，总建筑面积约 9800m²。地下管线密集，主要有光缆 13 条 300×200、网通 9 条 300×200、路灯 1 条，D50，煤气 ϕ300，污水 ϕ1200，给水 ϕ700，给水 ϕ400，网通 450×300，路灯 D50，煤气 ϕ300，电信 D50，给水 ϕ400，永久改移，煤气 ϕ300，网通 500×300、供电 D50，悬吊保护、煤气 ϕ200、热力管沟 2m×2m、污水 ϕ600。

2. 施工

（1）顶管施工工艺流程如图 3-5 所示。

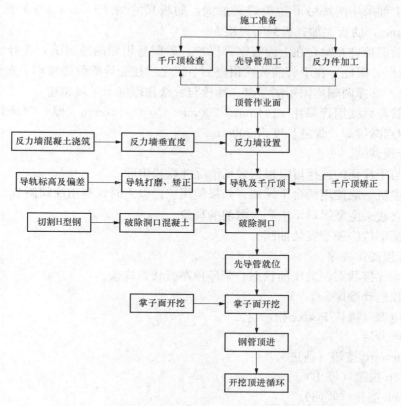

图 3-5 顶管施工工艺流程图

（2）施工方法。竖井开挖施做下层顶进作业面。竖井中间部位开挖标高为垫层施工底标高，竖井四周先挖槽至围檩以下 1.2m 深度，焊接围檩托架，然后安装围檩，围檩的支撑暂不安装。按图进行钢格栅安装，喷射混凝土。然后进行顶进作业面垫层施工，在顶管一侧设排水沟，其他三边的沟槽用碎石回填至设计垫层底标高，施工混凝土垫层。混凝土垫层强度等级为 C20 厚 150mm。

（3）顶管导轨制作及安装。顶管导轨采用 H 型钢制作，在承重一侧采用加劲肋进行加固。导轨安装时，要注意保证水平间距及标高的精度，导轨两端高差不超过 3mm，左右线偏差不超过 3mm，导轨两端间距差值不超过 3mm，导轨边缘顺直，无变形、缺陷。导轨标高偏差控制±5mm，采用垫铁固定。

（4）顶管设施布置。顶管设施的布置沿顶管方向依次是：素混凝土反力墙→H 型钢反力件→60mm 厚钢板→千斤顶→横向顶铁→竖向顶铁→横向顶铁→钢管。

素混凝土反力墙垂直度要求为 1.5m 高范围偏差不超过 5mm，素混凝土反力墙应垂直顶管轴线，水平方向 2m 宽内偏差不超过 5mm。

（5）先导管制作。先导管加工时用千斤顶和立柱保证圆度，偏差不超过 10mm。加工主要分以下几个步骤：

1）先导管管头打磨切割刃口，刃口角度为 45°，刃口切割应均匀。

2）先导管前端采用 500mm（宽）×18mm（厚）的钢板加固，加强板焊缝应饱满、均匀，无夹渣、气孔、咬肉等缺陷。

3）前端上部采用两块弓形肋板焊接加固，肋板尺寸为 1000mm（长）×10mm（厚），肋板间距 150mm，肋板上加盖板封闭焊接。

4）根据前期顶进经验，在上面有钢管保护、砂层易坍塌的情况下，先导管易在水平方向产生压扁变形，因此，在下管前或在顶进一节管之后在先导管前端加水平支撑，用螺旋千斤顶保持圆形，支撑两端均须用法兰盘、螺栓与管壁和螺旋千斤顶相连。

5）先导管与后续钢管采用 2164mm×200mm（宽）×18mm（厚）圆环焊接，一侧满焊，另一侧四点断续焊，焊缝长度为 200mm。

（6）千斤顶调试。

1）主机与千斤顶的连接可以根据现场情况并联或串联。

2）一台主机一般使用两台千斤顶；如果使用三台以上时，利用油阀调节。

3）液压管接头应坚固，不应产生漏油的现象。

4）管连接部位应便于安装油阀。

（7）千斤顶操作程序。

1）液压管连接状态、液压油状态、千斤顶布置状态确认。

2）千斤顶启动顺序。

3）开启电源（确认 Power 指示灯）。

4）液压阀开启。

5）按 Forward 按钮（前进）。

6）按 Stop 按钮（停止）。

7）按 Back 按钮（收回）。

8）千斤顶设计空载顶进速度 420mm/min，最大行程 710mm。

9）安全装置：液压阀（固定）。

10）电源（红色钮 Scram）。

11）前期调试确认（活塞反复顶进、收回）。

12）将顶铁和钢管就位并检查反力件后试顶（一次顶进 500mm）。

13）根据开挖面状态，在保证周期的情况下实施。

14）根据油箱及千斤顶的压力表进行顶管。

15）确认千斤顶的初始值及压力变化。

（8）千斤顶加载。

1）检查油箱、千斤顶的压力表。

2）确认活塞前进时的移动状态（空载速度 420mm/min）。

3）确认冲程（710mm）。

4）根据压力表确认顶力，千斤顶活塞直径 350mm。

（9）先导管就位。洞门破除完毕后，进行先导管就位工作，先导管就位注意以下事项：

1）导管前端安装临时托架，临时托架与导轨顺直。

2）先导管与导轨密贴。

3）先导管底标高两端高差不超过 5mm，先导管加强板相对于顶管对称。

（10）洞口封闭。钢管第一节顶进完毕后，用喷射混凝土方法进行洞口封闭，喷混凝土强度等级为 C20，混凝土喷射要密实、均匀。第二节钢管焊接完毕后，必要时可进行双液浆注浆封闭，注浆密实、可靠，以观察浆液从管端溢出为准。

（11）顶管施工。钢管正常顶进时注意以下事项：

1）目前，钢管顶进作业面位于卵砾石层，钢管顶进顺序以先挖后顶为准，掌子面开挖严格上按标准圆形开挖，开挖面修边符合要求，以管外皮为基准，偏差范围为±10mm。掌子面超挖深度以不超过 200mm 为准，随挖随顶。管内开挖为人工开挖，挖出的土方用吊车进行提升到竖井外部。若长时间停止顶管时，为了防止掌子面的坍塌，需将掌子面封闭。

2）顶进过程中，千斤顶行程不可超过 600mm，千斤顶油压表不可超过 28MPa。

3）顶进时，横向顶铁及钢管尾部端面应垂直于钢管轴线，纵向顶铁要对齐，两端对称布置。每次顶进作业时，均要检查此项。

4）每节钢管顶进后及时进行同步注浆，钢管全部顶进完毕后进行壁后注浆。

5）钢管每顶进 1m 后进行线形检查，填写检查记录，及时根据检查结果，必要时进行纠偏工作。钢管顶进尽量减少大角度纠偏，每次顶进严格按照理论开挖面开挖修边，多进行小角度纠偏。有关纠偏方法详见后续内容。

6）在千斤顶压力表顶力超过 10MPa 时，在顶管接触面焊接 18mm 钢板加强（2 个×200mm×700mm）。

7）千斤顶顶进规定长度后要立即缩回活塞。

（12）钢管吊放、安装及钢管对接。一节钢管顶进完成后，后续钢管与已顶进钢管在排水沟处对接、焊接，一般已顶进钢管留出洞口 800mm。钢管吊放、安装及钢管对接顺序为：吊放钢管→钢管就位→液压机启动→原钢管及后续钢管的对接→焊接连接环。

对于钢管吊放时与支撑冲突的情况，吊至作业面后，在作业口平移到位。对接时，必须保证后续管与导轨密贴；对接部位有错台且错台不超过 5mm 时，按下列措施处理：

1）在钢管上向内错口的部位焊接直角钢板，直角钢板搭向对侧钢管并有空隙。

2）在直角钢板与钢管口的空隙间打入钢楔，使两侧管口对齐。

3）另外，在两侧的管口焊接找正钢楔，在钢管顶进对缝的时候可把管口扶正对齐。

（13）注浆。注浆是顶管过程中一个重要环节，是保证钢管顺利顶进及减少地面沉降的保证。

本工程注浆共分为两种类型：同步注浆、壁后注浆。其中，壁后注浆分为单液浆及双液浆（深部止水注浆）。

（14）安全措施。

1）施工前进行技术安全交底，施工中应明确分工，统一指挥。

2）各种机械机具应处于完好、可靠状态。

3）上岗前要做好安全检查工作，由班组长负责，责任到人，互相监督，施工人员进入现场应戴好安全帽，操作人员应精力集中，遵守有关安全操作规程。

4）机械、电器设备应专人操作。

5）电（气）焊操作工应有操作证。

6）上下工作坑时必须走上下扶梯，严禁从井上向下抛投物体。

7）顶进时，顶铁上方及侧面不得站人，并应随时观察有无异常，防止崩铁。

8）起重设备安装后在正式作业前进行试吊，吊离地面 100mm 左右时，检查重物、设备有无问题，确认安全后方可起吊。

9）施工机具必须有专人负责指挥，施工时非施工人员严禁靠近机械施工范围。

10）在出土和吊运材料时，提升设备下严禁站人。

11）在土质良好的条件下，可超越管端 30～50cm；在土质较差条件时，顶管施工严格控制在 20cm 管幅内挖土，不得超前挖土，随挖随顶。在上面有重要构筑物或管道时，管子周围一律不得超挖；在一般顶管地段，上面允许超挖 1.5cm，但在下面 135°范围内不得超挖，一定要保持管壁与土基表面相吻合。

3.5 综合管廊施工技术

3.5.1 技术内容

综合管廊，也可称为"共同沟"，是指城市地下管道综合走廊，它是为实施统一规划、设计、施工和维护，建于城市地下用于敷设市政公用管线的市政公用设施。采取综合管廊可实现各种管线以集约化方式敷设，可以使城市的地下空间资源得以综合利用。

综合管廊的施工方法主要分为明挖施工和暗挖施工。

明挖施工法主要有放坡开挖施工、水泥土搅拌桩围护结构、板桩墙围护结构以及 SMW 工法等。明挖管廊的施工可采用现浇施工法与预制拼装施工法。现浇施工法可以大面积作业，将整个工程分割为多个施工标段，加快施工进度。预制拼装施工法要求有较大规模的预制厂和大吨位的运输及起吊设备，施工技术要求高，对接缝处施工处理有严格要求。

暗挖施工法主要有盾构法、顶管法等。盾构法和顶管法都是采用专用机械构筑隧道的暗挖施工方法，在隧道的某段的一端建造竖井或基坑，以供机械安装就位。机械从竖井或基坑壁开孔处出发，沿设计轴线，向另一竖井或基坑的设计孔洞推进、构筑隧道，并有效地控制地面隆降。盾构法、顶管法施工具有自动化程度高，对环境影响小，施工安全，质量可靠，施工进度快等特点。

3.5.2 技术指标

1. 明挖法

（1）基础工程。综合管廊工程基坑（槽）开挖前，应根据围护结构的类型、工程水文地质条件、施工工艺和地面荷载等因素制定施工方案。

基坑回填应在综合管廊结构及防水工程验收合格后进行。回填材料应符合设计要求及国家现行标准的有关规定。管廊两侧回填应对称、分层、均匀。管廊顶板上部 1000mm 范围内回填材料应采用人工分层夯实，大型碾压机不得直接在管廊顶板上部施工。综合管廊回填土压实度应符合设计要求。

综合管廊基础施工及质量验收应符合《建筑地基基础工程施工质量验收规范》（GB 50202）的有关规定。

（2）现浇结构。综合管廊模板施工前，应根据结构形式、施工工艺、设备和材料供应条件进行模板及支架设计。模板及支撑的强度、刚度及稳定性应满足受力要求。

混凝土的浇筑应在模板和支架检验合格后进行。入模时应防止离析；连续浇筑时，每层浇筑高度应满足振捣密实的要求；预留孔、预埋管、预埋件及止水带等周边混凝土浇筑时，应辅助人工插捣。

混凝土底板和顶板应连续浇筑不得留置施工缝，设计有变形缝时，应按变形缝分仓浇筑。

混凝土施工质量验收应符合现行国家标准《混凝土结构工程施工质量验收规范》（GB 50204）的有关规定。

（3）预制拼装结构。预制拼装钢筋混凝土构件的模板，应采用精加工的钢模板。

构件堆放的场地应平整夯实，并应具有良好的排水措施。构件运输及吊装时，混凝土强度应符合设计要求。当设计无要求时，不应低于设计强度的 75%。

预制构件安装前应对其外观、裂缝等情况应按设计要求及现行国家标准《混凝土结构工程施工质量验收规范》（GB 50204）的有关规定进行结构性能检验。当构件上有裂缝且宽度超过 0.2mm 时，应进行鉴定。

预制构件和现浇构件之间、预制构件之间的连接应按设计要求进行施工。预制拼装综合管廊结构采用预应力筋连接接头或螺栓连接接头时，其拼缝接头的受弯承载力应满足设计要求。

螺栓的材质、规格、拧紧力矩应符合设计要求及《钢结构设计规范》（GB 50017）和《钢结构工程施工质量验收规范》（GB 50205）的有关规定。

2. 暗挖法

（1）盾构法。盾构法的技术指标应符合《盾构法隧道施工与验收规范》（GB 50446）的有关规定。

（2）顶管法。计算施工顶力时，应综合考虑管节材质、顶进工作井后背墙结构的允许最大荷载、顶进设备能力、施工技术措施等因素。施工最大顶力应大于顶进阻力，但不得超过管材或工作井后背墙的允许顶力。

一次顶进距离大于 100m 时，应采取中继间技术。

顶管法的技术指标应符合《给水排水管道工程施工及验收规范》（GB 50268）的有关规定。

3.5.3　适用范围

综合管廊主要用于城市统一规划、设计、施工及维护的市政公用设施工程，建于城市地下，用于敷设市政公用管线。

3.5.4　工程案例

北京天安门广场综合管廊、上海浦东新区张杨路共同沟、广州大学城综合管廊、昆明广福路和彩云路综合管廊、中关村（西区）综合管廊、上海世博园区综合管廊、武汉光谷综合管廊、珠海横琴新区环岛综合管廊、上海安亭新镇综合管廊、上海松江新城综合管廊等。

3.5.5　工程实例

1. 工程概况

（1）设计使用年限为 100 年，安全等级为一级。

（2）管廊共分 3 孔，综合管廊为矩形三仓断面，其中左侧仓标准段内净宽高尺寸为 2.8m×3.3m；中间仓标准段内净宽高尺寸为 2.6m×3.3m；右侧为燃气仓，标准段内净宽高尺寸为 1.8m×2.5m。标准节宽 8.5m，高 4.0m，端部井、投料口、通风口、管线引出井、分变电所等结构局部加宽，并且多为上下两层结构。

（3）管廊全线布设，K0+040～K2+075，总长 2060m；管廊位于道路的左侧人行道和车行道下，埋深 3.0m。

（4）混凝土为 C30P8 抗渗混凝土、垫层混凝土为 C20 素混凝土；钢筋为热轧 HPB300 级和 HPB400 级钢筋，焊条采用 E43 和 E55 型焊条。

（5）混凝土保护层迎土侧为 5cm，其他部位为 3cm。

（6）变形缝处采用型号为 CB350×8－30 带钢边橡胶止水带，变形缝结构两侧采用 30mm 双组分聚硫密封胶，嵌缝 30mm 厚。

（7）底板防水采用 3mm 厚自粘聚合物改性沥青砂面防水卷材＋50mm 厚 C20 细石混凝土；顶板采用 2mm 厚单组分纯聚氨酯防水涂料＋油毡隔离层＋50mm 厚 C20 细石混凝土；侧墙采用 2mm 厚单组分纯聚氨酯防水涂料＋70mm 厚聚乙烯泡沫板保护层。

2. 管廊施工方案

（1）施工流程。基坑成形、施工前准备→测量放样→抗浮锚杆（如有）→浇筑垫层混凝土→综合管廊底面防水处理→底层钢筋、模板、止水钢板、带钢边止水带→底板钢筋混凝土浇筑→墙身钢筋、模板，顶板支架、模板、钢筋→墙身及顶板钢筋混凝土浇筑→二层钢筋、模板，顶板支架、模板、钢筋、混凝土浇筑（如有二层）→墙身墙身及顶板防水处理→基坑回填。

（2）测量放样。工程开工前根据建设方提供的基本控制点、基线和水准点等基本数据，校测其基本控制点和基线的测量精度，复核其资料和数据的准确性，并将校测和复核的测量成果资料报送监理人审核，必要时在监理人的直接监督下进行复核测量。

（3）基坑支护及开挖。

1）基坑开挖方式。基坑开挖之前，应做好坑顶周边截水沟的设施和 2m 范围内的地面硬化，地面硬化采用 100mm 厚 C15 素混凝土。基坑开挖中应做好基坑内积水的抽排。

根据本项目工程地质勘察报告，基坑开挖严格按照先支护再开挖的原则。采用机械结合人工开挖。

2）地基处理如图 3-6 所示。

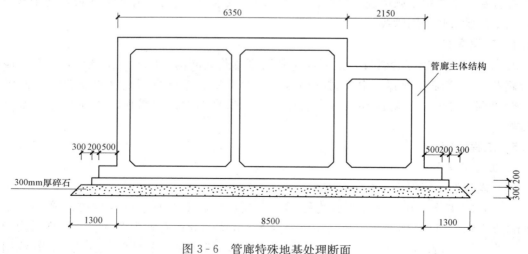

图 3-6　管廊特殊地基处理断面

①根据地质勘察报告，K0＋250～K0＋550、K0＋750～K0＋950、K1＋541.636～K1

＋740.901、K1＋950～K2＋050 段管廊基底下土层为粉土层，粉土在水浸及扰动的情况下，承载能力将大幅降低，达不到管廊设计所要求的承载力，根据现场实际开挖情况及施工条件，基底下土质为粉土层的，在被扰动的情况下，先挖除该土层 300mm 厚，然后采用级配碎石回填、碾压密实。

②基坑挖到距基底 30cm 后采用人工开挖。

（4）底板抗浮锚杆。设计中，在端部井、投料口、通风口和 K0＋350 倒虹段底板设有抗浮锚杆，锚杆要求入强风化泥质粉砂岩或中风化泥质粉砂岩 4～5m，锚杆径为 φ180，采用潜孔钻机钻孔，锚杆钢筋为 3 根 C25，水泥砂浆强度不低于 30MPa，水灰比为 0.38～0.4，灰砂比为 1∶1。锚杆共计 272 根，约 3180m 长，具体根据现场地质情况实际长度为准。

（5）垫层及底板防水施工。

1）垫层施工前对垫层边线和角点进行测量放样，四周作好模板并固定，确定好垫层顶标高并做好标记。

2）垫层为 C20 素混凝土，采用商品混凝土，用混凝土泵送车进行输送；采用平板振动器振捣，人工找平。

3）垫层混凝土达到强度 70％时，进行自粘聚合物改性沥青防水卷材的施工。底板施工时，预留上卷到墙身的宽度。

4）卷材按规范要求翻边施工，并注意搭接宽度。

（6）综合管廊防水处理（图 3-7）。

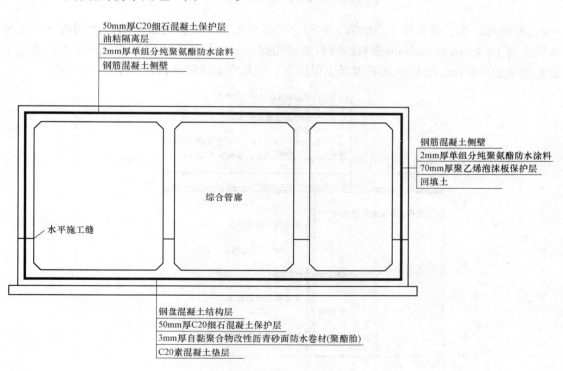

图 3-7　管廊防水构造示意图

1）底部防水：素混凝土垫层施工完成后，在综合管廊底板与C20素混凝土垫层之间由下至上依次施工，3mm厚自粘聚合物改性沥青砂面防水卷材（聚酯胎）＋宽1000mm厚0.8mm聚氨酯涂料防水加强层＋和50mm厚C20细石混凝土保护层。底板变形缝构造如图3-8所示。

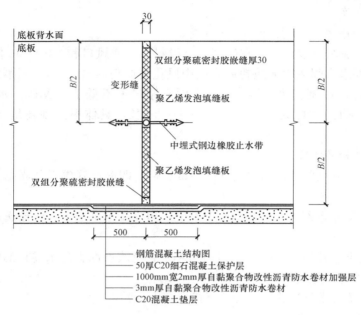

图 3-8 底板变形缝防水构造示意图

2）顶部防水：顶板施工完成后，在综合管廊顶板与C20素混凝土垫层之间由下至上依次施工宽1000mm厚0.8mm聚氨酯涂料防水加强层＋聚酯布＋2mm厚聚氨酯涂料防水层＋油毡隔离层＋50mm厚C20细石混凝土保护层。顶板变形缝防水构造如图3-9所示。

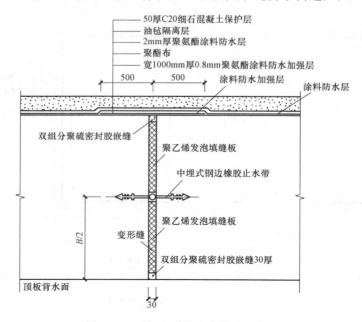

图 3-9 顶板变形缝防水构造示意图

3）侧墙变形缝防水：侧墙变形缝施工完工后，在综合管廊变形缝施工完毕后由内向外施工，1000mm 厚 0.8mm 聚氨酯涂料防水加强层＋聚酯布＋2mm 厚聚氨酯涂料防水层＋聚乙烯泡沫板保护层。

（7）止水带和止水钢板的安装。

1）标准节在底板顶上 40cm 处留置水平施工缝，端部井、投料口、通风口、引出井、分变电所等有二层结构处，在中板顶上 30cm 留置水平施工缝。

2）在水平施工缝处，按设计院要求预埋 3mm 厚、30cm 宽折边镀锌止水钢板。钢板止水带搭接处应焊接，保证止水效果。

3）止水钢板应安装牢固、稳定，上下、左右对称。

4）带钢边止水带宽度和材质的物理性能应符合设计要求，且无裂缝和气泡；接头采用热接，不得重叠，接缝应平整、牢固，不得有裂口和脱胶现象。

（8）钢筋加工及安装。

1）钢筋除锈调直，严格控制调直延伸率。

2）钢筋加工由专人进行抽样配筋，配筋单必须经过技术负责人审核，现场总工技术部门审批，才能允许下料加工。

3）钢筋加工成型严格按现行《混凝土结构工程施工质量验收规范》和设计要求进行，现场建立严格的钢筋生产安全管理制度，并制定节约措施，降低材料消耗成本。

4）钢筋安装。

①采用焊接接头的钢筋，焊接长度单面焊不得小于 $10d$，双面焊不得小于 $5d$（d 为钢筋直径）。焊接接头应符合《混凝土结构设计规范》（GB 50010－2010）相关规定要求。受力钢筋接头的位置应错开，同一连接区内钢筋接头数量不应大于总数量的 25％。

②钢筋遇到孔洞时，应尽量绕过，不得截断。若必须截断时，应与孔洞口加固筋焊接锚固。

③钢筋的锚固长度，搭接长度应符合国家规范和设计要求，操作工人须持证上岗。

④钢筋采用扎丝绑扎，节点可间隔绑扎，绑扎牢固。

⑤做好各管线预埋件、底板和顶板上吊环、接地钢板和变形缝处钢管预埋安装，安装位置准确无误，牢固、稳定，不易位移。

⑥管廊施工时，按设计要求作好防雷接地钢筋的焊接和接地钢板的预埋。

5）钢筋保护层控制。

钢筋保护层厚度，底板、顶板、侧墙迎土面 50mm，其余均为 30mm。采用预制的 M10 水泥砂浆垫块，垫块要垫稳，布置间距为 1m，呈梅花形布置，施工完毕后禁止在钢筋上践踏，以防止钢筋受力过重导致位移或垫块损坏。

6）钢筋验收。

①钢筋进场时必须对钢筋的规格尺寸抗弯抗剪强度等进行检测，大批量的必须进行抽查，检验合格后才能进场使用。

②钢筋制作安装完成后，经自检合格，上报相关单位进行隐蔽验收，验收合格后进入下道工序施工。

（9）模板和脚手架。

1）顶模采用竹胶板进行拼装，拼装时注意木模与木模的补缝。管廊顶板支架采用满堂支架，顶板板面铺完后，对细部的节点进行修补处理，要保证平整、严密、牢固，特别是接头部位板周边。管廊壁模采用大块胶合板，使用一次性止水拉杆对拉固定，布置间距为600mm，呈梅花形布置，拉杆长度为 $d+2\times200$mm 的 $\phi14$ 圆钢（$d=$墙壁厚度）。当混凝土强度达到规范要求强度后方可拆除模板及支撑。

2）模板中的金属拉杆或锚杆，设置在距离混凝土表面50mm处，以便取出时不致损坏混凝土；当混凝土中间需设拉杆时，可以先埋设小塑料管，供穿拉杆使用，拆模后管中填注相同标号的砂浆。

3）模板在安装和浇筑过程中应保持规定的线形，直至混凝土充分硬化，重复使用的模板应始终保持其线形、强度、不透水性和表面光滑，在浇筑前模板内必须清理干净，并取得监理工程师的同意。

4）模板接缝：模板接缝应该保持线形的美观。接缝采用螺栓连接或扣件连接，对于接缝不严密的模板，在中间夹一层海绵后，再用螺栓连接或扣件连接，并且模板的水平缝和垂直缝应贯穿整个结构物。

5）顶板支模搭设满堂碗扣支架，端部井支架为 600mm（横向）×900mm（纵向）×900mm（步距），其他支架布置为 800mm（横向）×900mm（纵向）×900mm（步距），在顶托上铺设 100mm×100mm 方木作为纵向分配梁，间距与横向立杆间距相同；接着，在纵向分配梁上按 300mm 间距铺设横向 60mm×80mm 方木，根据放样出的中线铺设板厚12mm 的竹胶板作为底模；支架立杆和横杆均采用碗扣式支架，材料壁厚 3.0mm，外径 $\phi48$mm；上下托均采用 600mm 高可调式上下托；剪刀撑采用外径 $\phi48$ 普通钢管，壁厚 3.0mm。板拼缝采用夹双面胶带或涂抹玻璃胶的方法进行封堵，以防漏浆。顶板模板经监理检查验收后，绑扎顶板钢筋。

6）模板和脚手架的拆除。

①拆模前必须得到监理工程师同意。在模板拆除时，保证混凝土不至于因此损坏。

②对于不承重的侧模，当混凝土的强度达到 2.5MPa 方可拆模；该结构承重的模板，跨径不大于 8m，混凝土达到 75% 的设计强度方可拆模。

（10）混凝土浇筑与振捣。

1）混凝土浇筑作业应连续进行，如发生中断，立即报告工程师。

2）浇筑混凝土作业过程中应随时检验预埋部件，如有任何位移及时矫正。

3）混凝土由高处自由落下的高度不得超过2m。当采用导管式溜槽时应保持干净，使用过程中要避免混凝土发生离析。

4）混凝土全部采用商品混凝土，混凝土泵车输送。混凝土底板浇筑时，泵送出料口距钢筋顶面300mm，不能太高，以防混凝土离析，采用振捣棒进行振捣，振捣要做到振捣布置均匀，快插慢拔，快插是为了防止先将表面混凝土振实与下层混凝土发生分层、离析现象，慢拔是防止振动棒抽出时混凝土填不满所造成的空洞。

5）浇筑墙身混凝土时应分层浇筑，每层厚度不超过 500mm，各墙体间来回往复、巡环进行。在浇筑墙身混凝土时，泵送出料口距浇筑点的高差不得超过 2.0m，若超过，应搭设流槽或串筒。在浇筑过程中应随时安排专人对支模体系进行检查，确保模模支护安全，若出现异常情况，应立即暂停，处理完毕，确认无误后，再继续浇筑。顶板混凝土同底板混凝土。

6）特别是在预埋件周围和变形缝两侧，应加强振捣。

7）使用插入式振捣器时，尽可能避免与钢筋、预埋件相触。

8）在浇筑底板和顶板时，最后一层使用平板振动器振实。

9）振捣器采用 $\phi 50$ 振动棒（直径 $d=51mm$，有效振动半径为直径的 8～9 倍），且工地配有足够数量良好状态的振捣器，以使发生损坏时备用。

10）振捣器插入混凝土或拔出时速度要慢，以免产生空洞。

11）振捣器要垂直插入混凝土内，并要插入前一层混凝土里，但进入底层深度不得超过 50mm。

12）振捣器移动距离不得超过 60cm（有效振动半径的 1.5 倍）。

13）对每一振动部位，必须振动到该处混凝土密实为止。密实的标志是混凝土停止下沉，不再冒气泡、表面呈平坦、泛浆，注意严禁过振或欠振。

14）混凝土浇筑完成后，应在收浆后尽快洒水养护，混凝土养护用水的条件与拌合用水相同。

15）混凝土模板覆盖时，应在养护期间经常使模板保持湿润状态。混凝土养护时，表面覆盖麻袋或草袋等覆盖物进行洒水养护，使混凝土的表面保持湿润。

16）每天洒水的次数，以能保持混凝土表面经常处于湿润状态为度，洒水养护的时间为 7d。

（11）基坑回填。综合管廊土建完成后，待主体混凝土强度达到设计要求后及时回填，填筑材料为级配砂砾和好的黏土，其中从管廊底板至强身面基坑宽度 2.5m 以下采用级配砂砾回填，2.5m 以上采用黏土回填。回填必须两侧同时进行，分层夯实，压实系数不小于 0.97。综合管廊在回填时应两侧对称同时回填，其标高应基本处在一个水平面上，回填顺序应按基底排水方向由高至低分层进行，回填材料分层摊铺，每层压实后厚度不超过 200mm。

（12）总体质量要求见表 3-2。

表 3-2　　　　　　　　　综合管廊工程的总体质量要求

项次	检查项目	每米规定值或允许偏差	检查方法
1	综合管廊的中心偏位	±10mm	用经纬仪检查 3～8 处
2	内、外包尺寸	±10mm	用钢尺量，每孔 3～5 处
3	标高误差	±10mm	用水准仪测量
4	相邻段不均匀沉降	±5mm	用水准仪测量
5	地下工程防水（二级防水）	不允许漏水，结构表面可有少量湿渍，湿渍总面积不大于总防水面积 0.1%，单个湿渍面积不大于 0.1m²，任意 100m² 防水面积不超过 1 处	目测，钢尺测量

第4章 安装工程施工新技术

4.1 基于 BIM 的管线综合技术

4.1.1 技术内容

1. 技术特点

随着 BIM 技术的普及，其在机电管线综合技术应用方面的优势比较突出。丰富的模型信息库、与多种软件方便的数据交换接口，成熟、便捷的可视化应用软件等，比传统的管线综合技术有了较大的提升。

2. 深化设计及设计优化

机电工程施工中，许多工程的设计图纸由于诸多原因，设计深度往往满足不了施工的需要，施工前尚需进行深化设计。机电系统各种管线错综复杂，管路走向密集交错。若在施工中发生碰撞情况，则会出现拆除返工现象，甚至会导致设计方案的重新修改，不仅浪费材料、延误工期，还会增加项目成本。基于 BIM 技术的管线综合技术可将建筑、结构、机电等专业模型整合，可很方便的进行深化设计，再根据建筑专业要求及净高要求将综合模型导入相关软件进行机电专业和建筑、结构专业的碰撞检查，根据碰撞报告结果对管线进行调整、避让建筑结构。机电本专业的碰撞检测，是在根据"机电管线排布方案"建模的基础上对设备和管线进行综合布置并调整，从而在工程开始施工前发现问题，通过深化设计及设计优化，使问题在施工前得以解决。

3. 多专业施工工序协调

暖通、给水排水、消防、强弱电等各专业由于受施工现场、专业协调、技术差异等因素的影响，不可避免地存在很多局部的、隐性的专业交叉问题，各专业在建筑某些平面、立面位置上产生交叉、重叠，无法按施工图作业或施工顺序倒置，造成返工，这些问题有些是无法通过经验判断来及时发现并解决的。通过 BIM 技术的可视化、参数化、智能化特性，进行多专业碰撞检查、净高控制检查和精确预留预埋，或者利用基于 BIM 技术的 4D 施工管理，对施工工序过程进行模拟，对各专业进行事先协调，可以很容易地发现和解决碰撞点，减少因不同专业沟通不畅而产生技术错误，大大减少返工，节约施工成本。

4. 施工模拟

利用 BIM 施工模拟技术，使得复杂的机电施工过程，变得简单、可视、易懂。

BIM 技术 4D 虚拟建造形象直观，动态模拟施工阶段过程和重要环节施工工艺，将多种施工及工艺方案的可实施性进行比较，为最终方案优选决策提供支持。采用动态跟踪可视化施工组织设计（4D 虚拟建造）的实施情况，对于设备、材料到货情况进行预警，同时通过进度管理，将现场实际进度完成情况反馈回"BIM 信息模型管理系统"中，与计划进行对比、分析及纠偏，实现施工进度的控制管理。

形象直观、动态模拟施工阶段过程和重要环节施工工艺，将多种施工及工艺方案的可实施性进行比较，为最终方案优选决策提供支持。基于 BIM 技术对施工进度可实现精确计划、跟踪和控制，动态地分配各种施工资源和场地，实时跟踪工程项目的实际进度，并通过计划进度与实际进度进行比较，及时分析偏差对工期的影响程度以及产生的原因，采取有效措施，实现对项目进度的控制。

5. BIM 综合管线的实施流程

设计交底及图纸会审→了解合同技术要求、征询业主意见→确定 BIM 深化设计内容及深度→制定 BIM 出图细则和出图标准、各专业管线优化原则→制定 BIM 详细的深化设计图纸送审及出图计划→机电初步 BIM 深化设计图提交→机电初步 BIM 深化设计图总包审核、协调、修改→图纸送监理、业主审核→机电综合管线平剖面图、机电预留预埋图、设备基础图、吊顶综合平面图绘制→图纸送监理、业主审核→BIM 深化设计交底→现场施工→竣工图制作。

4.1.2　技术指标

综合管线布置与施工技术应符合国家现行标准《建筑给水排水设计规范》（GB 50015）、《采暖通风与空气调节设计规范》（GB 50019）、《民用建筑电气设计规范》（JGJ 16）、《建筑通风和排烟系统用防火阀门》（GB 15930）、《自动喷水灭火系统设计规范》（GB 50084）、《建筑给水及采暖工程施工质量验收规范》（GB 50242）、《通风与空调工程施工质量验收规范》（GB 50243）、《电气装置安装工程低压电器施工及验收规范》（GB 50254）、《给水排水管道工程施工及验收规范》（GB 50268）、《智能建筑工程施工规范》（GB 50606）、《消防给水及消火栓系统技术规范》（GB 50974）、《综合布线工程设计规范》（GB 50311）。

4.1.3　适用范围

适用于工业与民用建筑工程、城市轨道交通工程、电站等所有在建及扩建项目。

4.1.4　工程案例

深圳湾科技生态园 1、4、5 栋、广州地铁 6 号线如意坊站、深圳地铁 9 号线银湖站等机电安装工程。

4.1.5　工程实例

1. 工程概况

某工程位于河北省石家庄市裕华区，占地面积为 198 亩，建设 1、2 号两栋 24 高层建筑，总建筑面积为 54 万 m^2。

2. BIM 软件的选择

现阶段工程使用的 BIM 软件较多，其中 Autodesk 公司生产的 Revit 为主流软件，本次选用该软件进行 BIM 建模，其除了能够有效地将管线综合排布图以立体的方式呈现出来之外，还能够进行精确的碰撞查找和错误查找，也能够进行四维照片的渲染。

3. 工程应用

根据设计院提供的设计施工图，BIM 技术团队将设计参数输入到 BIM 软件中，进行了三维建模，将建筑、幕墙、结构及机电等专业图纸信息全部集成到 BIM 模型当中，建立的 1、2 号建设模型，如图 4-1 所示。

图 4-1 中图（a）为建筑、幕墙、机电及结构专业集成 BIM 图，图（b）为结构、建筑及机电专业所集成的 BIM 图，图（c）为机电专业与结构专业集成的 BIM 图，图（d）为机电专业 BIM 图。上述四个 BIM 模型包含了全部的施工几何尺寸、材质信息及空间位置信息等。BIM 技术团队对不同的桥架与管道进行了不同的配色，增强了 BIM 模型的可视化性能，提升了 BIM 图形的查看效率。

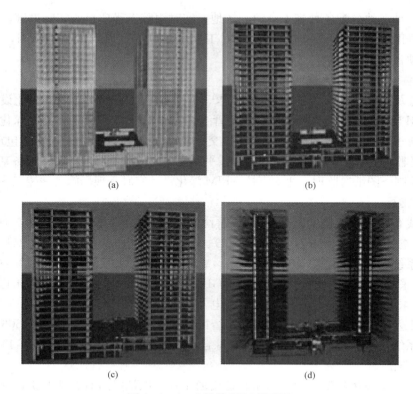

图 4-1　1、2 号楼 BIM 模型图

4. 管线布置碰撞检测

本项目在建设中涉及建筑、幕墙、结构、防排烟、通风、电力、消防及通信等相关专业，所要布置的管线较多，管线的布置较为复杂。通过检测原有管线布置存在较多的碰撞情况。

通过检测分析排烟管道与通信架桥管道、电力管道存在碰撞情况，桥架管道与喷淋管道存在碰撞，桥架管道与消防管道存在碰撞情况。此外也存在部分喷淋管道穿过建筑隔墙的情况。针对上述问题，对原有管线综合排布模型进行了调整，按照"小管道让大管道"的原则进行了系统优化布置，修改了部分管道布置的标高，然后对整个系统进行了重新布置。

5. 管线综合

由于 1、2 号楼中走廊较为狭窄，每层高度较低，而电气管线与桥架常常在此集中敷设，平行排布空间不够，垂直排布又不能达到净高要求，因而成为管线综合的难点。同时在弱电、强电桥架间的管道距离较近，部分甚至出现了重合情况。此外，桥架的标高高于梁底，需要在梁上开孔，在提高施工难度的同时，还可能影响结构的承重能力。若不进行管线综合，优化排布，模型完成后必然出现碰撞。

针对上述问题，需进行首先对管道的布置进行优化排布，然后进行二次 BIM 建模。具体优化的结果是将走廊的宽度调整为 2m，每层的高度调整为 4m，充分地将吊顶空间考虑到内。强、弱电桥架分别排布在消火栓系统环状管网的两侧，间距大于 0.5m，底标高为 2.900m，喷淋管道中心标高为 3.100m。通过优化设置之后，不仅节省了施工耗材，同时也简化了施工工艺，既充分地利用了建筑空间，也更好地满足了施工安装的需求。最终的布置情况又进行 BIM 碰撞检测，检测结果没有管线碰撞情况，BIM 最终生成的管线布置图。

6. 结束语

在具体的现场使用 BIM 技术时发现，现场施工人员没有充分认识到 BIM 技术对建筑工程管线布置的重要性，没有认识到 BIM 技术相对于传统管线综合排布的优势，这在很大程度上限制了 BIM 技术的有效发挥，因此，今后在尽心建筑工程管线综合排布的过程中应增强 BIM 技术在管线布置中的应用，将 BIM 技术切实的融入建筑工程管线综合排布工作当中；其次，在 BIM 技术在建筑工程管线排布工作应用的过程中，应充分地考虑空间及工作面布置的相关问题，仅仅根据碰撞检测报告与施工图进行管线综合排布而进行施工，是无法有效地指导管线排布施工的。

4.2　导线连接器应用技术

4.2.1　技术内容

1. 技术特点

通过螺纹、弹簧片以及螺旋钢丝等机械方式，对导线施加稳定可靠的接触力。按结构分为：螺纹型连接器、无螺纹型连接器（包括通用型和推线式两种结构）和扭接式连接器，其工艺特点见表 4-1，能确保导线连接所必需的电气连续、机械强度、保护措施以及检测维护四项基本要求。

表 4-1　　　　　　　　符合 GB 13140 系列标准的导线连接器产品特点说明

连接器类型 比较项目	无螺纹型		扭接式	螺纹型
	通用型	推线式		
连接原理图例				
制造标准代号	GB 13140.3		GB 13140.5	GB 13140.2
连接硬导线（实心或绞合）	适用		适用	适用
连接未经处理的软导线	适用	不适用	适用	适用
连接焊锡处理的软导线	适用	适用	适用	不适用
连接器是否参与导电	参与		不参与	参与/不参与
IP 防护等级	IP20		IP20 或 IP55	IP20
安装工具	徒手或使用辅助工具		徒手或使用辅助工具	普通螺丝刀
是否重复使用	是		是	是

2. 施工工艺

（1）安全、可靠：应该是很成熟的，长期实践已证明此工艺的安全性与可靠性。

（2）高效：由于不借助特殊工具、可完全徒手操作，使安装过程快捷，平均每个电气连接耗时仅 10s，为传统焊锡工艺的 1/30，节省人工和安装费用。

（3）可完全代替传统锡焊工艺，不再使用焊锡、焊料、加热设备，消除了虚焊与假焊，导线绝缘层不再受焊接高温影响，避免了高举熔融焊锡操作的危险，接点质量一致性好，没有焊接烟气造成的工作场所环境污染。

3. 主要施工方法

（1）根据被连接导线的截面积、导线根数、软硬程度，选择正确的导线连接器型号。

（2）根据连接器型号所要求的剥线长度，剥除导线绝缘层。

（3）按图 4-2 所示，安装或拆卸无螺纹型导线连接器。

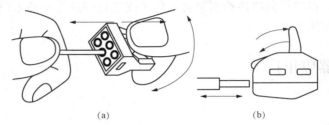

(a)   (b)

图 4-2　安装或拆卸无螺纹型导线连接器

(a) 推线式连接器的导线安装或拆卸示意图；(b) 通用型连接器的导线安装或拆卸示意图

（4）按图 4-3 所示，安装或拆卸扭接式导线连接器。

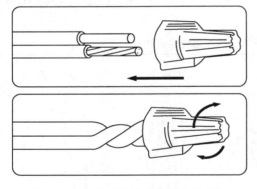

图 4-3　扭接式连接器的安装示意图

4.2.2　技术指标

《建筑电气工程施工质量验收规范》（GB 50303）、《建筑电气细导线连接器应用技术规程》（CECS 421）、《低压电气装置》（第 5 部分：电气设备的选择和安装第 52 章布线系统）（GB 16895.6）、《家用及类似用途低压电路用的连接器件》（GB 13140）。

4.2.3　适用范围

适用于额定电压交流 1kV 及以下和直流 1.5kV 及以下建筑电气细导线（$6mm^2$ 及以下的铜导线）的连接。

4.2.4　工程案例

广泛应用于各类电气安装工程中。

4.3　薄壁金属管道新型连接安装施工技术

4.3.1　技术内容

1. 铜管机械密封式连接

（1）卡套式连接：是一种较为简便的施工方式，操作简单，掌握方便，是施工中常见的连接方式，连接时只要管子切口的端面能与管子轴线保持垂直，并将切口处毛刺清理干净，管件装配时卡环的位置正确，并将螺母旋紧，就能实现铜管的严密连接，主要适用于管径 50mm 以下的半硬铜管的连接。

（2）插接式连接：一种最简便的施工方法，只要将切口的端面能与管子轴线保持垂直并去除毛刺的管子，用力插入管件到底即可，此种连接方法是靠专用管件中的不锈钢夹固圈将钢壁禁锢在管件内，利用管件内与铜管外壁紧密配合的 O 形橡胶圈来实施密封的，主要适用于管径 25mm 以下的铜管的连接。。

（3）压接式连接：一种较为先进的施工方式，操作也较简单，但需配备专用的且规格齐全的压接机械。连接时管子的切口端面与管子轴线保持垂直，并去除管子的毛刺，然后将管子插入管件到底，再用压接机械将铜管与管件压接成一体。此种连接方法是利用管件凸缘内的橡胶圈来实施密封的，主要适用于管径 50mm 以下的铜管的连接。

2. 薄壁不锈钢管机械密封式连接

（1）卡压式连接：配管插入管件承口（承口 U 形槽内带有橡胶密封圈）后，用专用卡压工具压紧管口形成六角形而起密封和紧固作用的连接方式。

（2）卡凸式螺母型连接：以专用扩管工具在薄壁不锈钢管端的适当位置，由内壁向外（径向）辊压使管子形成一道凸缘环，然后将带锥台形三元乙丙密封圈的管插进带有承插口的管件中，拧紧锁紧螺母时，靠凸缘环推进压缩三元乙丙密封圈而起密封作用。

（3）环压式连接：环压连接是一种永久性机械连接，首先将套好密封圈的管材插入管件内，然后使用专用工具对管件与管材的连接部位施加足够大的径向压力使管件、管材发生形变，并使管件密封部位形成一个封闭的密封腔，接着再进一步压缩密封腔的容积，使密封材料充分填充整个密封腔，从而实现密封，同时将关键嵌入管材使管材与管件牢固连接。

4.3.2　技术指标

应按设计要求的标准执行，无设计要求时，按《建筑给水排水及采暖工程施工质量验收规范》（GB 50242）、《建筑铜管管道工程连接技术规程》（CECS 228）和《薄壁不锈钢管道技术规范》（GB/T 29038）执行。

4.3.3　适用范围

适用于给水、热水、饮用水、燃气等管道的安装。

4.3.4　工程案例

应用薄壁不锈钢管较典型的工程有北京人民大会堂冷热水、财政部办公楼直饮水、上海世博会中国馆、北京广安贵都大酒店（五星）、广州白云宾馆、广州亚运城、杭州千岛湖别墅等机电安装工程。

应用薄壁铜管较典型的工程有烟台世茂 T1 酒店、天津世茂酒店、沈阳世茂 T6 酒店等机电安装工程。

4.3.5　工程实例

1. 工程概况

本项目自来水系统、热水系统、中水给水系统均采用 SUS304 单卡压式薄壁不锈钢管，采用单卡压式连接。管材用量达 8000 余米。新技术应用范围统计见表 4 - 2。

表 4 - 2　　　　　　　　　　　　　　新技术应用范围统计表

楼层	系统	数量/m
—2F	给水系统、热水系统	560
—1F	给水系统、热水系统	1760
1F	给水系统、热水系统、中水系统	1774

续表

楼层	系统	数量/m
2F	给水系统、热水系统、中水系统	1820
3F	给水系统、热水系统、中水系统	1920
4F	给水系统、热水系统、中水系统	1925
5F	给水系统、热水系统、中水系统	926

2. 施工工艺与质量控制要点

（1）工艺流程（图 4-4）。

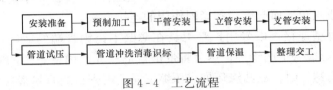

图 4-4 工艺流程

（2）施工准备。

1）管道安装工程施工应具备下列条件：

①施工设计图纸和其他技术文件齐全，并经会审或审查。

②施工方案或施工组织设计已进行技术交底。

③材料、施工人员、施工机具等能保证正常施工。

④施工现场的用水、用电和材料贮放场地条件能满足需要。

⑤提供的管材和管件符合国家现行有关产品标准，其实物与资料一致，并附有产品说明书和质量合格证。

2）施工前应了解建筑物的结构，并根据设计图纸和施工方案制定与土建工程及其他工程的配合措施。安装人员应经专业培训，熟悉薄壁不锈钢管和管件的性能，掌握操作要点。

3）对管材和管件的外观和接头应进行认真检查，管件、管材上的污物和杂质应及时清除。

（3）管道敷设。

1）管道明敷时，应在土建工程粉饰完毕后进行安装。安装前，应首先复核预留孔洞的位置是否正确。

2）薄壁不锈钢管固定支架间距不宜大于 15m，热水管固定支架间距的确定应根据管线热胀量、膨胀节允许补偿量等确定。固定支架宜设置在变径、分支、接口及穿越承重墙、楼板的两侧等处。

3）薄壁不锈钢管活动支架的间距可按表 4-3 确定。

表 4-3 薄壁不锈钢管活动支架的间距 （mm）

公称直径	1	20~2	32~4	50~6
水平管	1	1500	2000	2500
立管	1	2000	2500	3000

4）公称直径不大于 25mm 的管道安装时，可采用塑料管卡。采用金属管卡或吊架时，

金属管卡或吊架与管道之间应采用塑料带或橡胶等软物隔垫。

5）在给水栓和配水点处应采用金属管卡或吊架固定；管卡或吊架宜设置在距配件 40～80mm 处。

6）对明装管道，其外壁距装饰墙面的距离：工程直径 10～25mm 时，应为 40mm；工程直径 32～65mm 时，应为 50mm。

7）管道穿越楼板时应设置套管，套管应高出地面、屋面 50mm，并采取严格的防水措施。

8）暗敷的管道，应在封闭前做好试压和隐蔽工程的验收记录。试压合格后，可采用水泥砂浆填补。

9）管道敷设时不得有轴向弯曲和扭曲，穿过墙或楼板时不得强制校正。当与其他管道平行时，应按设计要求预留保护距离。当设计无规定时，其净距不宜小于 100mm。当管道平行时，管沟内薄壁不锈钢管宜设在镀锌钢管的内侧。

（4）卡压式管件连接。施工时不要刮伤卡压式管件的橡胶密封圈，管接件要确实插入至画线标记的正确位置，勿忘卡压作业。

1）插入长度的确认。根据施工要求考虑接头本体插入长度决定管子的切割长度，管子插入长度见表 4-4。

表 4-4　　　　　　　　　　　　　　　　插入长度

公称直径/mm	15	20	25	32	40	50	65	80	100
插入长度/mm	21	24	24	39	47	52	53	60	75

2）管子的切断和切断面的处理。管子切断前请确认没有损伤和变形，使用管子切割器垂直与管的轴心线切割。如切口倾斜，会导致插入量不正确。切断后清除管端的毛刺和切削，粘附在管子内外的垃圾和异物用棉丝或纱布等擦干净。

①管子的切割推荐使用产生毛刺和切削较少的旋转式管道切割器，切割时请不要用过大的力以防止管子失圆。

②切断后的管端如带有毛刺、切削或粘附的异物，插入接头本体时会导致密封圈损坏，不能完全结合而引起泄漏。

③如是使用锯断或高速锯齿切断的场合，请一定用锉刀对管端进行倒角处理。

④锉刀和除毛器一定要用不锈钢专用，如果曾在其他材料上使用过，可能会粘附上锈蚀，请注意。

3）画线。确保管子插入尺寸用画线器在管子上画上标记。对切断的管端进行处理后，必须对管子插入长度进行标记，否则易引起插入不到位，导致降低接头连接性能而引起泄漏。

4）插入管道。将管子笔直的插入接头本体，确保标记到接头端面在 2mm 以内。

①插入前请确认密封圈是否确实安装在正确的 U 形位置上。

②插入时请慢慢地直线插入接头本体，如管子倾斜而勉强插入，易导致密封圈的损伤。

③如插入过紧，可在管子上沾点水，不得使用油脂润滑，以免油脂使密封圈变性失效。

5）卡压连接确认卡压钳口凹槽安置在接头本体圆弧凸出部位，卡压到位。

①卡压前请再次确认标记离管端面在 2mm 以内。

②卡压时应按住卡压工具，直到解除压力，卡压不足是导致接头漏水降低性能的原因。卡压处若有松弛现象，可在原卡压处重新压一次。

③带螺纹的管件应先锁紧螺纹后再卡压，以免造成卡压好的接头因拧螺纹而松脱。

④配管弯曲时，请在直管部位修正，不可在管件部位矫正，否则可能引起卡压处松弛造成泄漏。

⑤管件卡压压力见表 4-5。

表 4-5 管件卡压压力

公称直径/mm	15～25	32～50	65～100
卡压压力/MPa	40	50	60

6) 卡压检查。用专用量规检查卡压后尺寸是否到位，防止不良施工。应仔细检查卡压尺寸，量规不能放入卡压处时，应再次卡压或切断后重新安装。

(5) 管道系统水压试验。

1) 在安装和嵌装管道安装符合安装规定后，方可进行水压试验。

2) 水压试验压力为管道系统工作压力的 1.5 倍，且不得小于 0.6MPa。

3) 水压试验前，应检查试压管道是否已采取安全、有效的固定和保护措施。供试验的接头部位应明露。

4) 水压试验应按下列步骤进行：

①将试压管段末端封堵，缓慢注水，将管内气体排出。

②管道系统注满水后，进行水密性检查。

③对管道系统加压宜采用手动泵缓慢进行，升压时间不应小于 10min。

④升至规定的试验压力后停止加压，观察 10min，压力降不得超过 0.02MPa；然后将试验压力降至工作压力，对管道作外观检验，以不渗、不漏为合格。

⑤管道系统加压后发现有渗漏水或压力下降超过规定值时，应检查管道，在排出渗漏水原因后，再按以上规定重新试压，直至符合要求。

⑥在温度低于 5℃的环境下进行水压试验和通水能力检验时，应采取可靠的防冻措施。试验结束后，应将存水放尽。

(6) 竣工验收重点检查和检验项目。

1) 管位、管径、标高、坡度和垂直度等的正确性。

2) 连接点和接口的整洁、牢固和密闭性。

3) 温度补偿设施、管道支撑件和管卡的安装位置和牢固性。

4) 给水系统通水能力检验。检查按设计要求同时开启的最大数量配水点是否全部达到额定流量。对特殊建筑物，可根据管道布置，分层、分段进行通水能力检验。

5) 管道系统阀门的启闭灵活性和仪表指示的灵敏性。

3. 材料与机具

(1) 工程所用的主要材料、成品，半成品均符合设计要求，并有厂家出厂合格证明书，对质量有怀疑时应请甲方、设计单位进行联合验收，必要时进行取样送专门的试验室检验，不合格的材料严禁使用。

(2) 材料、施工机具等能保证正常施工。

（3）施工现场的用水、用电和材料贮放场地条件能满足需要。

（4）提供的管材和管件符合国家现行有关产品标准，其实物与资料一致并附有产品说明书和质量合格证。

（5）对管材和管件的外观和接头应进行认真检查，管件、管材上的污物和杂质应及时清除。

（6）材料的入库检验除 ISO 9002 要求验收外，还要甲方、监理有关人员验收，并做好相关记录。

（7）机械：配套专用卡压工具、电动切割机、高速锯、管道切割器、电锤、手电钻、电动试压泵、手压泵。

（8）工具：管钳、压力钳、手锯、手锤、活扳手、大锤、断管器、不锈钢专用锉刀、除毛器。

（9）材料：型钢、螺栓、螺母、膨胀螺栓、塑料、石棉绳、棉丝、纱布、橡胶封圈、塑料带、橡胶等软物等。

（10）其他：水平尺、线坠、钢卷尺、小线、压力表等。

4. 安全措施

（1）施工安全。

1）现场必须严格贯彻国家的安全生产法律法规，坚持"安全第一、预防为主"的方针。

2）未经安全教育的人员不得上岗作业，安全管理人员及特种作业人员，必须经过安全培训合格后持证上岗。

3）项目部技术负责人应对上岗人员进行书面安全技术交底，确保安全措施落到实处。

4）施工现场的人员必须佩戴安全帽，高处作业必须佩戴安全带。在井道内作业，洞口处必须悬挂醒目的警示牌。

5）施工现场应配备足够的消防灭火器材。

6）施工中产生的垃圾应及时清扫，运输时要遮盖，防止扬尘。

7）烯料、汽油、油漆等易燃物品设专用仓库，各类仓库区禁止吸烟。

8）悬挂安全警示牌，张贴安全宣传标语，造就安全施工环境，时刻在施工人员心中敲警钟。

9）强化安全操作规程，严格按安全操作规程办事，《安全操作规程》发放到班组。

10）对安全违章现象，实行经济处罚并责令停工。

11）各种电器闸箱要安装漏电保护装置，并经常检查完好程度，发现隐患应及时处理，地下室潮湿环境中一般应使用低压电器，如必须用强电时，要有防触电保护措施，线路要有双重耐压保险。

12）预留孔洞，电梯井洞、竖井等要有安全网，电梯井门口装设临时栏杆，井架口要装有安全门。

13）立体交叉施工时，不得在垂直面上出现高低层次的同一施工号，确实无法错开时，应搭设防护棚，并在高空作业区设置警戒线，派专人看管。

（2）成品保护。

1）安装过程中，应将所有敞开的管口临时封堵严密，防止杂物进入管道，造成堵塞。

2）安装好的管道不得用做支撑或放置脚手板，不得踏踩，其支托吊架不得作为其他用途的受力点。

3）管材的堆码场地要平整、清洁，不能堆码过高造成受压变形。同时，要注意不要被其他坚硬物体冲撞。

5. 环保措施

（1）建立文明施工责任制，实行划区负责制。

（2）按建设单位审定的总平面规划布设临建和施工机具，堆放材料、成品、半成品。埋设临时管线和架设照明、动力线路。

（3）工地入口处设置工程概况介绍标牌，工地四周设置的围护标志、安装标志、防水标志和宣传牌要明显、醒目，施工现场按规定配备消防器材，派专人管理。

（4）材料堆放要做到：按成品、半成品分类，按规格堆放整齐，标牌清楚，多余物资及时回收，材料机具堆放不得挤占道路和施工作业区，现场仓库、预制场要做到内外整齐、清洁、安全。

（5）施工中必须对噪声进行控制，以免影响周围群众的正常休息和生活。

（6）建立卫生包干区，设立临时垃圾场点，及时清理垃圾和边角余料，做到工完场清。

（7）经常保持施工场地平整及道路和排水畅通，做到无路障、无积水。

（8）建立节约措施，消灭长流水、长明灯。

（9）按专业建立成品保护措施并认真执行。

（10）注意临建在使用过程中的维护和管理，做到工程竣工后自行拆除，恢复平常状态。

6. 质量控制

（1）不锈钢管安装前必须清理。

（2）管路较长或输送介质温度较高时，应在适当位置设补偿器，补偿器常用的有方形和波形，选用时应根据工作压力和温度选择。

（3）不锈钢管不允许和碳钢支架接触，应在支架与管道间垫入不锈钢片或不含氯离子的塑料、橡胶垫片。

（4）当采用卡压连接时，应采用专用管件连接，管件与不锈钢管之间垫绝缘物，可采用不含氯离子的塑料、橡皮或石棉橡胶板。

（5）不锈钢管穿过墙壁、楼板时应加装套管，套管与不锈钢管间的间隙不应小于10mm，并在空隙内填充绝缘物，可采用石棉绳，不得用含有铁屑、铁锈的杂物填充。

（6）分项工程质量验收合格应符合下列规定：

1）分项工程所含的检验批均应符合合格质量的规定。

2）具有完整的施工操作依据和质量检查记录。

3）具有完整的相关各专业之间，主要工序之间的工序交接验收记录。

7. 经济效益分析

本工程不锈钢管使用8000余米。

计算公式：总费用＝主材＋安装＋辅材＋机械与衬塑镀锌钢管螺纹连接

对比如下：

（10mDN50）不锈钢管道压卡连接总费用＝1118.89主材费＋120.96安装费＋8.93辅材费＝1248.78元

（10mDN50）衬塑镀钢管丝接总费用＝493.68主材费＋128.1安装费＋36.74辅材费＋

18.45 机械费＝676.97 元

节约施工周期＝30～40d。

虽然管材施工费用高于衬塑镀锌钢管，但薄壁不锈钢压卡式连接具有轻量化搬运施工方便极大的缩短施工周期、使用寿命长、耐腐蚀、强度高清洁卫生、水质好、维修方便等诸多优点，具有广泛的经济和社会效益。

8. 应用体会

薄壁不锈钢管道压卡连接具有诸多优点，十分适合施工周期短、管线复杂、机电安装要求高等高规格、高标准项目的应用。

第 5 章　建筑装饰装修新技术

5.1　GRG 天花板及应用

　　GRG 天花板是采用高密度石膏粉、增强玻璃纤维，以及一些微量环保添加剂，经过特殊工艺层压而成的预铸式新型装饰材料。GRG 天花板表面光洁、平滑细腻，呈白色，白度达到 90％以上，可以和各种涂料及饰面材料良好地粘结，形成极佳的装饰效果，并且不含任何有害元素，安全环保，是目前国际上最流行的建筑装饰新材料。

5.1.1　GRG 天花板的特点

　　(1) 强度高、抗冲击：实验表明，GRG 天花板断裂荷载大于 1200N，超过建标《装饰石膏板》(JC/T 799—2007) 断裂荷载 118N 的 10 倍。膨胀系数很小，永不变形。

　　(2) 柔韧性：GRG 天花板硬度高，柔韧性好，可以制成各种尺寸、形状和设计造型，可以用在复杂的吊顶装饰中。

　　(3) 密度高且质轻：GRG 天花板的标准厚度为 3.2～8.8mm，每平方米质量仅 4.9～9.8kg，能减轻主体建筑质量及构件负载。

　　(4) 防火性能：GRG 天花板属于 A 级防火材料，它除了能阻燃外，本身还可释放相当于自身质量 10％～15％的水分，可大幅降低着火面温度。

　　(5) 防潮性能：检测结果证明，GRG 天花板的吸水率仅为 0.3％，可以用于潮湿的环境。

　　(6) 环保：GRG 材料无任何气味，放射性核素限量符合《建筑材料放射性核限量》(GB 6566—2010) 中规定的 A 类装饰材料的标准；可以再生利用，属于绿色环保材料。

　　(7) 声学效果好：检测表明，4mm 厚的 GRG 材料，透过损失 500Hz、23db、100Hz、27db，气干密度为 1.88，符合专业声学反射要求。经过良好的造型设计，可构成良好的吸声结构，达到隔声、吸声的作用。

　　(8) 生产周期短：GRG 产品脱膜时间仅需 30min，干燥时间仅需 4h，因此能大大缩短施工周期。

　　(9) 施工便捷：可根据设计师的设计，任意造型，可大块生产、分割，现场加工性能好，安装迅速、灵活，可进行大面积无缝密拼，形成完整造型。特别是对洞口、弧形、转角等细微之处，可确保无任何误差。

5.1.2　GRG 天花板的应用

　　GRG 天花板主要应用于需要抵抗高冲击而增加其稳定性的各类公共建筑吊顶。此外，由于 GRG 材料的防水性能和良好的声学性能，尤其适用于频繁的清洁洗涤和声音传输的地方，像学校、医院、商场、剧院等场所。

5.2　软膜天花及施工工艺

　　软膜天花，也叫柔性天花或拉展天花，是一种高档的绿色环保型装饰吊顶材料。软膜天花在 19 世纪始创于瑞士，然后经法国费兰德·斯科尔先生 1967 年继续研究完善并成功推广到欧洲及美洲国家的天花市场。

软膜天花质地柔韧，色彩丰富，可随意张拉造型，彻底突破传统天花在造型、色彩、小块拼装等方面的局限性。同时，它又具有防火、防菌、防水、易清洗、节能、环保、抗老化、安装方便等卓越特性。

5.2.1　软膜天花的组成

软膜天花由龙骨、扣边条、软膜组成。

（1）龙骨：龙骨采用铝合金挤压成形，作用是扣住软膜天花；其防火级别为 A 级。有四种型号（F 码、双扣码、扁码、角码），可以满足各种造型的需要，龙骨只须用螺丝钉按照一定的间距均匀固定在墙壁、木方、钢结构、石膏间墙和木间墙上，安装十分方便。

（2）扣边条：用聚氯乙烯挤压成形，为半硬质材料。其防火级别 B1 级。扣边条焊接在软膜天花的四周边缘，便于软膜天花扣在特制龙骨上。

（3）软膜：采用特殊的聚氯乙烯材料制成，不含镉，防火级别为 B1，通过一次或多次切割成形，并用高频焊接完成，软膜是按照在实地测量出的天花形状及尺寸在工厂里生产制作而成的。

5.2.2　软膜天花的类型

软膜天花可分为以下九种类型。

（1）光面：光面软膜天花有很强的光感，能产生类似镜面的反射效果。

（2）透光面：透光面软膜天花呈乳白色，半透明。在封闭的空间内透光率为 75%，能产生完美、独特的灯光装饰效果。

（3）缎光面：光感仅次于光面，缎光面软膜天花整体效果纯净、高档。

（4）鲸皮面：鲸皮面软膜天花表面呈绒毛状，整体效果高档，华丽，有优异的吸声性能，营造出温馨的室内效果。

（5）金属面：具有强烈的金属质感，并能产生金属光感，金属面软膜天花具有很强的观赏效果。

（6）基本膜：软膜天花中最早期的一种类型，光感次于缎光膜，整体效果雅致，价格最低。

（7）镜面膜：像镜子一样的效果，安装上镜面膜后，使空间变得更宽敞、明亮。

（8）彩绘膜：图案清晰，颜色鲜艳，永不褪色，它能满足顾客的个性化需求。

（9）镭射膜：镭射膜在各种灯光下可以发生折射，有强烈的视觉冲击力。

5.2.3　软膜天花的主要特点

（1）突破传统天花的局限性：突破小块拼装的局限性，可大块使用，有完美的整体效果。

（2）色彩多样：软膜天花有六大系列，上百种色彩可供选择，适合各种场合的要求。

（3）造型随意多样：由于软膜天花是根据龙骨的弯曲形状来确定天花的整体形状，所以造型随意多样，让设计师具有更广阔的创意空间。

（4）节能功能：软膜天花由聚氯乙烯材料制成，绝缘性能好，能有效减少室内热量流失。另外，软膜天花表面还能增强灯光的折射度。

（5）防菌功能：软膜天花经抗菌处理，可以有效抑制金黄葡萄球菌、肺炎杆菌等多种致病菌，同时经过防霉处理，可以有效防止霉变，尤其适合医院、学校、游泳池、婴儿房、卫生间等。

（6）防水功能：软膜天花是用经过特殊处理的聚氯乙烯材质制成，能承托 200kg 以上的污水，而不会渗漏和损坏；污水清除后，软膜可完好如新。软膜天花表面经过防雾化处理，不会因为环境潮湿而产生凝结水。

（7）防火特点：软膜天花的防火标准 B1 级。软膜性天花遇火后，只会自身熔穿，并于数秒钟内自行收缩，直至离开火源，不会释放出有毒气体或溶液伤及人体和财物，同时符合欧洲和美国等多种防火标准。

（8）安装方便：软膜天花可直接安装在墙壁、木方、钢结构、轻质隔墙上，适合于各种建筑结构。龙骨只需螺丝钉固定，安装方便，甚至可以在正常的生产和生活过程中进行安装。

（9）优异的抗老化功能：软膜天花的软膜和扣边经过特殊抗老化处理，龙骨为铝合金制成，使用寿命均在十年以上。

（10）安全环保：软膜天花用最先进的环保无毒配方制造，不含镉、铅、乙醇等有害物质，无有毒物质释放，可 100% 回收。

（11）良好的声学效果：经有关专业院校的相关检测，软膜天花对中、低频音有良好的吸音效果，冲孔面对高频音有良好的吸音效果。非常适合音乐厅、会议室、学校的应用。

（12）灯光结合的完美效果：软膜天花的透光膜能与各种灯光系统结合展现出完美的室内装饰效果，同时摒弃了玻璃或有机玻璃的笨重、危险以及小块拼装的缺点。

5.2.4 适用范围

软膜天花适合各种家居、商业场所、体育场馆、宾馆酒店、会议室等，适用于任何灯光、空调及声音、安全系统。

5.2.5 软膜天花施工要点

（1）先到工地现场看是否有条件安装龙骨，即看现场墙身是否完成，木工部分加工是否合格，需要抹灰部分先完成。特别注意木工部分必须按要求做，灯、风口等开孔尺寸要提前加工好。

（2）现场条件许可才进场施工，首先要按图纸设计要求的木工做好部分进行固定的铝合金龙骨，注意角位一定要直角平整光滑，驳接要平、密。

（3）注意灯架、风口、光管盘要与周边的龙骨水平，并且要求牢固平稳。

（4）烟感、吸顶灯，先定位再做一个木底架，木底架底面要打磨光滑，并注意水平高度，太低就容易凸现底架的痕迹。

（5）安装天花之前，认真检查龙骨接头是否牢固和光滑，喷淋头要粘上白胶带，风口要处理好。安装天花时要先从中间往两边固定，同时注意两边尺寸，注意焊接缝要直，最后做角位，注意要平整光滑。四周做好后把多出的天花修剪去除。达到完美的收边效果。

（6）开灯孔：在灯孔位置上做好记号，把 PVC 灯圈准确地粘在软膜的底面，待牢固后把多余的天花去除即可。

（7）开风口、光管盘口：找到风口、光管盘口的位置，把软膜安装到铝合金龙骨上，注意角位要平整，最后把多出的天花切除即可。

（8）最后用干净毛巾清洁软膜天花表面。

5.2.6　验收标准

（1）焊接缝要平整光滑，龙骨曲线要求自然平滑流畅。

（2）与其他设备及墙角收边处要求牢固、平整光滑，驳接要平、密。

（3）软膜天花无破损，清洁干净。

5.3　微晶玻璃及其应用

微晶玻璃又称微晶玉石或陶瓷玻璃，是综合玻璃和微瓷技术发展起来的一种新型材料。微晶玻璃可用矿石、工业尾矿、冶金矿渣、粉煤灰、煤矸石等作为主要生产原料，且生产过程中无污染，产品本身无放射性污染，故又被称为绿色环保材料。

5.3.1　微晶玻璃的特性

微晶玻璃的物理、化学性能集中了玻璃和陶瓷的双重优点，既具有陶瓷的强度，又具有玻璃的致密性和耐酸、碱、盐的耐蚀性。因为当玻璃中充满微小晶体后（每立方厘米约十亿晶粒），玻璃固有的性质发生变化，即由非晶形变为具有金属内部晶体结构的玻璃结晶材料。它近似于硬化后不脆不碎的凝胶，是一种新的透明或不透明的无机材料。

微晶玻璃具有质地细腻、加工光泽度高、不风化、不吸水、可加工成曲面的特点。微晶玻璃的外观可与玛瑙、玉石、鸡血石等名贵石材相媲美，装饰效果良好。它属于玻璃制品，却不易破碎；表面具有天然石材的质感，却没有色差；质地密实，可铺地，可挂墙，却没有瓷砖釉面褪色的弱点；可任意着色，外表华丽，却不像铝塑板那样怕氧化，不耐腐蚀。

1. 丰富的色泽和良好的质感

通过工艺控制可以生产出各种色彩、色调和图案的微晶玻璃饰面材料。其表面经过不同的加工处理又可产生不同的质感效果。抛光微晶玻璃的表面光洁度远远高于天然石材，其光泽亮丽，使建筑物豪华和气派。而毛光和亚光微晶玻璃可使建筑平添自然厚实的庄重感，所以微晶玻璃可以在色泽和质感上很好地满足设计者的要求。

2. 色调均匀

天然石材难以避免明显的色差，这是其固有的缺陷。而微晶玻璃易于实现颜色均匀，达到更辉煌的装饰效果。尤其是高雅的纯白色微晶玻璃，更是天然石材所望尘莫及的。

3. 永不浸湿、抗污染

微晶玻璃具有玻璃不吸水的天生特性，所以不易污染。其豪华外观不但不受任何雨雪的侵害，反而还借此"天雨自涤"的机会而备增光辉，能全天候地永葆高档建筑的堂皇。由于易于清洁，从建筑物的维护和保养方面考虑，可以大大降低维护成本。

4. 优良的力学性能和化学稳定性

微晶玻璃是无机材料经高温精制而成，其结构均匀细密，比天然石材更坚硬、耐磨、耐酸碱等，即使暴露于风雨及被污染的空气中也不会变质、褪色。

5. 高度环保性能

微晶玻璃不含任何放射性物质，确保了环境无放射性污染。尽管抛光微晶玻璃功能达到近似于玻璃的表面光洁度，但光线不论从任何角度照射，都可形成自然柔和的质感，毫无光污染。

6. 规格齐全，易加工成型

根据需要可以生产各种规格、厚度的平板和弧形板；由于微晶玻璃可用加热方式加工成型，所以其弧形板的加工简单、经济。

微晶玻璃与天然大理石、花岗石的性能对比见表 5-1。

表 5-1   建筑微晶玻璃与天然大理石、花岗石性能比较

材料 特性		微晶玻璃	大理石	花岗岩
力学性能	抗弯强度/MPa	40~50	5.7~15	8~15
	抗压强度/MPa	341.3	67~100	100~200
	抗冲击强度/Pa	2452	2059	1961
	弹性模量/($\times 10^4$MPa)	5	2.7~8.2	4.2~6.0
	莫氏硬度	6.5	3~5	5~5.5
	维氏硬度/100g	600	130	130~570
	相对密度	2.7	2.7	2.7
化学性能	耐酸性/(1%H_2SO_4)	0.08	10.0	0.10
	耐碱性(1%NaOH)	0.05	0.30	0.10
	耐海水性/(mg/cm²)	0.08	0.19	0.17
	吸水率(%)	0	0.3	0.35
	抗冻性(%)	0.028	0.23	0.25
热学特性	膨胀系数/[10^{-7}/(30~380℃)]	62	80~260	80~150
	热导率/[W/(m·K)]	1.6	2.2~2.3	2.1~2.4
	比热/[cal/(kg·K)]	0.19	0.18	0.18
	光学特性白度/度	89	59	66
	扩散反射率(%)	80	42	64
	正反射率(%)	4	4	4

注：1 cal=4.1868J。

5.3.2 微晶玻璃的分类及品种

（1）按照生产工艺分，微晶玻璃通常有压延法和烧结法两种生产方法。压延法是将生料融成玻璃液，然后将玻璃液压延，经热处理再切割成板材。烧结法则是先将生料熔融成玻璃液，淬冷成碎料，然后将碎料倒入模具铺平，放入窑炉中热处理得到微晶玻璃板材。两者各具优缺点，压延法能连续流水生产、热耗低，但品种单一。烧结法能做到品种多样，但工艺复杂，对模具要求高，成品气泡多是其主要的弱点。

（2）按照形状分，微晶玻璃可分为普型板和异型板。

（3）按照外观质感分，微晶玻璃可分为镜面板和亚光面板。

5.3.3 微晶玻璃的规格

微晶玻璃的常用厚度为 12~20mm，主要规格为 1200mm×1200mm、1200mm×900mm、1200mm×1800mm、900mm×900mm、1200mm×2400mm、1600mm×2800mm 等。

5.3.4　微晶玻璃的适用范围

微晶玻璃是具有发展前途的新型材料，可用于建筑幕墙及室内高档装饰，还可做机械方面的结构材料、电子电工方面的绝缘材料、大规模集成电路的底板材料、微波炉耐热器皿、化工与防腐材料和矿山耐磨材料等。

5.3.5　微晶玻璃幕墙的要点

微晶玻璃可以用于建筑幕墙，但在国内还不多。对微晶玻璃幕墙而言，加强对其节点和构造、加工工艺、力学特性的开发研究，尤为迫切和重要。下面简单介绍微晶玻璃幕墙的技术要点。

（1）用于幕墙的普型微晶玻璃板要求如下：

1）弯曲强度标准值不小于 40MPa。试验方法按 GB 9966.2—2001 中的规定进行。

2）抗急冷、急热，无裂隙。

3）长度公差为 ±0.5mm，平面度为 1/1000，厚度公差为 ±1mm。

4）无缺棱、缺角、气孔。表面无目视可观察到的杂质。

5）镜面板材的光泽度不大于 85 光泽单位。

6）同一颜色、同一批号的板材色差不大于 2.0CIE1AB 色差单位。

7）用于幕墙面板的微晶玻璃板生产厂商应提供：型式试验报告；该批板材出厂检验报告，该报告应至少写明弯曲强度、长度、厚度及平面度公差，耐急冷、急热试验结果，色差及光泽度；并提供 10 年质量保证书等。

（2）微晶玻璃属于脆性材料，开口部位施工后很容易破裂，不能完全照搬天然石材幕墙的节点，一般来讲，天然石材幕墙的短槽式和通槽式的结构不宜采用。

（3）微晶玻璃板材用作幕墙面板时，要求耐抗急冷、急热。其试验方法为：规格为 100mm×80mm×板材厚度，每组五块试样，将试样放置在比室温水中冷却。然后用铁锤轻轻敲击试样各部位，如果声音变哑、表面有裂隙、掉边、掉角等情况，则判为不合格。

（4）尽管要求微晶玻璃板材耐急冷、急热，但为了防止幕墙面板万一破裂时，碎片不会危及人，所以在微晶玻璃板的背面用多元板脂贴上一层玻璃纤维（FRP）以求安全。

（5）微晶玻璃幕墙必须 100% 进行全尺寸 4 项性能（耐风压、水密、气密、平面内变形）试验。试验合格后才能进行施工。

5.4　低辐射玻璃及其应用

低辐射玻璃，又称 Low-E 玻璃，是低辐射镀膜玻璃的简称。因其所镀的膜层具有极低的表面辐射率而得名。它的广泛应用是从 20 世纪 90 年代欧美发达国家开始的。

低辐射玻璃是一种既能像浮法玻璃一样让室外太阳能、可见光透过，又像红外线反射镜一样，将物体二次辐射热反射回去的新一代镀膜玻璃。在任何气候环境下使用，均能达到控制阳光、节约能源、热量控制调节及改善环境。因此，行内人士还称其为恒温玻璃。但要注意的是，低辐射玻璃除了影响玻璃的紫外光线、遮光系数外，还从某角度上观察会小许不同颜色显现在玻璃的反射面上。

5.4.1　低辐射玻璃的性能

低辐射玻璃是一种表面具有一层极薄的氧化金属镀膜的透明玻璃，镀膜层具有极低的表面辐射率：普通玻璃的表面辐射率在 0.84 左右，Low-E 玻璃的表面辐射率在 0.25 以下，且仅容许波长 380～780nm 的可见光波通过，但对波长 780～3000nm 以及 3000nm 以上的远红外线热辐射的反射率相当高，可以将 80% 以上的远红外线热辐射反射回去，具有良好的阻隔热辐射作用，是建筑节能产品的代名词。

低辐射玻璃颜色较浅，基本不影响可见光透射，可见光反射率一般在 11% 以下，与普通白玻璃相近，低于普通阳光控制镀膜玻璃的可见光反射率，可避免造成反射光污染。对远红外有较高的反射率，具有其他节能玻璃所不具备的优势。低辐射玻璃在寒带地区可以隔热保温，在热带或亚热带地区可以减少室外阳光所传递的热，以减轻空调负荷。

5.4.2 低辐射玻璃的生产方法

低辐射玻璃主要有两种生产方法：

（1）在线高温热解沉积法。在线 Low-E 玻璃是在玻璃冷却过程中完成镀膜的。液体金属或者液体粉末直接喷在热玻璃表面，随着玻璃的冷却，金属膜成为玻璃的一部分。因此，这种方法生产的玻璃有许多优点，膜层较硬，牢固度好，耐磨性好，可以热弯、钢化，可以长期存储。缺点是热学性能比较差。

（2）离线真空溅射法。其方法生产需要一层纯银薄膜作为功能膜，纯银膜在二层金属氧化物膜之间。金属氧化物对纯银膜提供保护，并作为膜层之间的中间层增加颜色的纯度及光透射度。

5.4.3 低辐射玻璃的应用

目前，低辐射玻璃已在北京、上海、东北、西北等地区的标志性建筑上广泛应用，其做法及施工工艺按其安装面积参照玻璃幕墙做法。

5.5 硅藻泥内墙涂料

硅藻泥是硅藻死后其外壳沉淀到海底，经过几十万年甚至是上百万年的沉淀石化便形成了以硅酸盐为主要成分的一种硅质生物沉积岩。硅藻泥的主要成分是蛋白石；硅藻泥中含有 80%～90% 甚至 90% 以上的硅藻壳，细密而多孔隙，颗粒不规则；硅藻泥的吸收能力很强，可吸收超过其自重 2～3 倍质量的液体；硅藻泥资源丰富，主要分布于沿海地区，如东北三省、山东、江苏、浙江、福建、广东和广西地区大量出产。

硅藻泥内墙涂料是以硅藻泥为主要原料的新型内墙涂料，被称作"会呼吸的墙壁"。

5.5.1 硅藻泥内墙涂料的特点

1. 净化空气

（1）清除甲醛。硅藻泥特有的微孔结构能够有效地吸收、分解、消除从地板、大芯板、家具等散发游离到空气中的甲醛、苯、氨、氡、TVOC 等有害物质。

（2）消除异味。硅藻泥能够消除生活污染产生的各种异味，如烟草、垃圾、鱼腥味等难闻的气味，时刻保持室内的空气清新。

（3）杀菌消毒。每平方厘米硅藻泥可以每秒释放 1869 个负氧离子，负离子具有杀菌作用，只需往墙上喷些水，就能够有效地杀菌消毒，杀死空气中各种有害病菌。另外，远红外线的功效有利于调节人体微循环，提高人们的睡眠质量。

2. 调节湿度

硅藻泥能够主动调节空气湿度，确保空气中的离子平衡。当室内潮湿时，硅藻泥特有的超微细孔能吸收空气中的水分，并存储起来；当空气干燥时，又可以将水分释放出来，保持室内湿度在人体最舒适的 40°～70°之间。

3. 防潮防霉

硅藻泥内墙涂料中不含有机成分，材料自身呈弱碱性，微生物难以存活，加之良好的透气性，可以确保墙面不怕潮湿，不会发霉。

4. 防火阻燃

硅藻泥可以耐高温，而且只有熔点没有燃点，遇明火绝不燃烧。在温度达到 1200℃时开始熔解，但不会燃烧、冒烟，更不会产生任何有毒物质。

5. 吸声降噪

硅藻泥的无数微孔可以吸收、阻隔声量，其效果相当于同等厚度的水泥砂浆和石板的两倍以上，大大地降低了噪声的传播。

6. 清洁方便

硅藻泥是天然的矿物质，自身不含重金属、不产生静电，不吸附灰尘，并具有优异的耐水性和耐污性，日常清洁保养方便，可用海绵清洗。

7. 节能环保

硅藻泥由天然无机化合物构成，不含任何有机成分，不含有害物质，是安全放心的绿色建材，而且硅藻泥的热传导率很低，保温隔热性能好，有利于节能环保。

8. 耐久性好

硅藻泥寿命长达 20 年以上，不翘边、不脱落、不褪色，耐氧化，始终如新。

5.5.2　硅藻泥内墙涂料的施工工艺

1. 施工准备

（1）机具准备。最基本的施工工具有：手提电动搅拌器、20L 塑料桶 2～3 个、镘刀、脚踏梯、量水器皿、美纹胶纸等防护用品，刷子、抹布等清扫用品。另外，施工机理不同，还需要辊筒、喷枪等施工工具。

（2）材料准备。

1）先将塑料桶刷洗干净，用专用量杯量取 7.5L 干净的清水倒入塑料桶中。再量 1 杯水，作最后调节稠度用。

2）检查包装袋是否完整，清除包装袋外表的污物，用剪刀打开包装袋封口。先将 7 成材料慢慢倒入桶中，然后使用搅拌器搅拌，待干粉和清水完全混合后，再将剩余的材料倒入桶内，继续搅拌，直到材料成为细腻的膏状。

3）加入标准数量的色浆，再搅拌至色浆分散均匀为止。色浆要事先测试，搅拌时，注意搅拌到桶底部。

4）正式施工前再搅拌几分钟。

5）当日使用剩余的材料，请擦干净桶口，密封保存。再次搅拌可继续使用。

2. 基层处理

硅藻泥内墙涂料施工前，必须做好基层处理。无论哪种肌理的施工工法，对基层的施工要求是相同的。首先要对基层进行基础处理及养护，然后批刮腻子，进一步找平，最后涂刷封闭底漆。如果使用的是耐水腻子，可以省略封闭底漆。其验收标准见表 5-2。

表 5-2 基层的验收标准

项 目	要 求	检验工具
阴阳角水平垂直度	≤2mm	2m 靠尺 100mm 直尺
基面平整度	≤3mm	同上
基面整体性	表面无明显刀痕、无裂纹、空鼓等	目测，手感
门窗框收边	上下水平均匀一致，无毛边，与门窗边宽误差应小于 1.5mm	100mm 钢板尺
表面耐水程度	沾水擦洗后，墙面无变化	海绵泡沫
表面附着强度	用一条胶纸贴在墙面，用力撕掉，墙面无变化	粘结力强的胶带纸

3. 施工工艺

硅藻泥内墙涂料肌理施工的方法分为以下三大系列：平光工法，喷涂工法和艺术工法。

(1) 平光工法。平光工法主要是为了适应当前家庭装修客户以白色平滑为主的实际需求，满足那些既要选择健康环保装饰材料，又不放弃传统的白色平滑审美取向的装修客户。因为硅藻泥内墙涂料没有自流平性，涂装的是否平光与施工师傅的技能有很大关系，所以平光工法对施工技术要求较高。施工前严格检查腻子层是否符合要求；门窗、家具、木地板等物件是否保护好。

第一遍用不锈钢镘刀将搅拌好的材料薄薄地批涂在基面上，紧跟着按同一方向批涂第二遍，确保基层批涂层均匀、平整，无明显批刀痕和气泡产生；涂层应保证在 1～1.2mm。及时检查整体涂层是否有缺陷并及时修补。

待其涂层表面收水 85%～90%（指压不粘和无明显压痕），再按同一方向使用 0.2～0.5mm 厚的不锈钢镘刀，批涂第三遍。其涂层厚度 0.8～1m。注意推刀的力度，不要用力太大，不要反复压光。批涂过程中灯光要明亮，要能够看清楚批涂的墙面，及时修整出现的凹凸痕迹。其验收标准见表 5-3。

表 5-3 验 收 标 准

项 目	要 求	检验方法
饰面	1. 饰面色泽均匀一致，手感润滑 2. 饰面无收光刀痕、无裂痕、针孔、气泡、脱粉等缺陷	目测、手感
阴阳角	1. 阴角流畅整洁，无结块和吃刀等缺陷 2. 阳角流畅整洁，无毛刺和明显缺角等缺陷，允许呈 R0.5mm 圆角	目测
门窗各边框	1. 饰面各边缘应与门窗、储柜等水平垂直距离一致，误差应小于 1.5mm 2. 应保证收边流畅，不得有毛刺缺损等	100mm 直尺
环境卫生	窗明几净，环境清洁	目测

(2) 喷涂工法。喷涂是指灰浆依靠压缩空气的压力从喷枪的喷嘴处均匀喷出。喷涂工法适合大面积施工作业，能够提高效率。

施工前严格检查腻子层是否符合要求；门窗、家具、木地板等物件是否保护好；材料调配时必须遵照产品的配水比例说明调配；先准备一块试板，调整好喷枪出油量和空气压力；喷涂时应做到手到眼到，发现问题及时处理；喷涂时不得任意增减调配涂料水分比例。

喷涂顺序和路线的确定影响着整个喷涂过程，喷涂前先确定其喷涂点和喷涂顺序。从总布局上，应遵循"先远后近，先上后下，先里后外"的原则。一般可按先顶棚后墙面、先室内后过道、楼梯间进行喷涂。

喷涂分为两次进行。第一遍喷涂主要是为了遮住地面，防止露底。第一遍喷涂完后，用手轻触墙面，不沾手时即可喷涂第二遍。口径 5mm 的喷枪，第一遍喷涂压力以 4.0kgf/cm² 为宜；第二遍喷涂压力以 $0.25\sim0.3$MPa（$2.5\sim3.0$kgf/cm²）为宜。平行喷涂距离 $50\sim60$cm 较合适。喷枪与墙体间距离，空气喷涂 $30\sim40$cm，无气喷涂 $40\sim60$cm。

喷涂工法的肌理效果比较单一，多为凹凸状肌理。干燥前，适当刮压凸点，就形成平凹肌理风格，如图 5-1 所示。

喷涂完后，要立即清理所粘贴的防护胶带，并用甩干水的羊毛排刷理顺各粘贴防护胶带的边缘。

 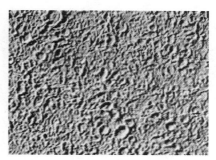

图 5-1　喷涂的肌理效果

（3）艺术工法。艺术工法是指使用各种工具做出各种不同风格肌理的总称。艺术工法从使用的工具看，通常有辊筒、镘刀、毛刷、丝网等。从肌理表现上看，以仿照自然图案为主，有写实的手法，也有抽象的表现，如花草、砂岩、木纹、年轮等。

艺术工法较为复杂。概括地讲，艺术工法的特点是没有固定性。使用的工具因人而异，匠心独具，丰富多彩；即使使用相同的工具，做相同的肌理，艺术效果也因人而异，风格各不相同；表现出的肌理效果的好坏，与施工者的技艺紧密相关，如图 5-2～图 5-4 所示。

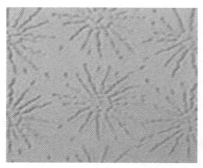 

图 5-2　使用印花胶辊筒做出的肌理图案

图 5-3　使用镘刀做出的肌理图案

图 5-4　使用毛刷等工具做出的肌理图案

4. 施工注意事项

（1）硅藻泥内墙涂料完全干燥一般需要 48h，在 48h 内不要触动。48h 后可以用喷壶喷洒少量清水，干燥后用干的干净毛巾或海绵泡沫去除表面浮料。

（2）硅藻泥内墙涂料在储存及运输过程中，要注意防水、防潮，避免直接放在潮湿的地面上。

（3）在施工过程中，注意不要使用空调、风扇或开窗通风，以避免干燥过快，造成肌理施工难度增加。

（4）调和材料时，请注意使用口罩等保护用品；要注意控制好搅拌器，防止材料飞溅；泥浆不慎飞溅眼睛里时，要立即用干净的水清洗。出现异常时，请就医诊断；要管理好施工现场的卫生环境，文明施工。

5.6　马来漆

马来漆是采用状似灰泥、质地非常细致的石灰粉末经熟化而成的原料，并添加改性硅酸盐、干粉型聚合物、无机填料及各种助剂组成的水性环保型材料。

马来漆是一种具有特殊肌理效果、立体釉面效果和鹅绒般轻柔光滑触感的内墙装饰环保涂料，又名马莱漆、丝绸抹灰、仿古釉面抹灰、威尼斯抹灰、欧洲彩玉等。马来漆来自欧洲，后经马来西亚引进大陆，人们习惯称为"马来漆"，马来漆名字由此而来。

5.6.1　马来漆的特点

马来漆具有天然石材和瓷器的质感与透明感，表面保护层具有较强的耐湿性、耐污染性，有一流的抗霉、抗菌效果。漆面光洁，有石质效果，花纹讲究若隐若现，有三维感。花纹可细分为冰菱纹、水波纹、碎纹纹、大刀石纹等各种效果，以上效果以朦胧感为美。进入国内市场后，马来漆风格有创新，讲究花纹清晰，纹路感鲜明，在此基础上又有风格演绎为纹路有轻微的凸凹感，表面保护层有较强的耐湿性、耐污染性，具有三维立体效果，但手感较为柔和、平滑、细腻，犹如丝绸缎彩。从正面看如墙纸效果，层层叠叠较有质感，从侧面看如石材。

适用范围有电视背景、沙发背景、床背景、餐厅背景、玄关背景、天花及吊顶的灯槽内，还适用于酒店、宾馆、商场、娱乐、会所等场所的墙面装饰。

5.6.2　马来漆的施工工艺

1. 施工准备

（1）工具的准备。马来漆专用批刀、抛光不锈钢刀、350～500 号砂纸、废旧报纸、美纹纸等。

（2）基层处理。以高档内墙漆的标准批刮好腻子底层，然后用 350 号砂纸打磨平整。因为马来漆是不用底漆的自封闭涂料，必须保证基底的致密性和较高的平整度。

2. 施工要点

（1）用专用马来漆批刀，一刀一刀在墙面上批刮正（长）方形的图案，每个图案之间尽量不重叠，并且每个方形的角度尽可能朝向不一样、错开。图案与图案之间最好留有半个图案大小的间隙。

（2）第一道做完以后，再进行第二道工序。同样用批刀去填补第一道施工留下来的空隙，要求与第一道施工留下来的图案的边角错开。

（3）第二道工序完成后，检查墙面是否有漏补、毛躁的地方；然后用 500 号砂纸轻轻打磨，可以打磨出光泽。

（4）第三道工序，按上述方法在墙面上一刀一刀地批刮，这时墙面已经形成马来漆图案效果。

（5）抛光。三道批刮完成后，用不锈钢刀调整好角度进行批刮抛光，直到墙面如大理石般光泽。

5.7　氟碳漆

氟碳漆是由氟碳树脂、颜料、助剂等加工而成，是目前综合性能最优异的涂料之一。氟碳漆涂料具有许多优异于普通涂料的特殊性能，主要表现在耐候性、耐盐性、耐洗性、不粘附性等方面，以上技术指标均数倍于普通涂料，故氟碳漆有"涂料王"的誉称。

5.7.1　氟碳漆的特点

（1）质量轻。不会增加建筑的荷载，不存在坠落的危险。

（2）装饰效果好，可以达到与铝塑板完全相同的装饰效果。

（3）具有良好的不粘附性，不粘尘，有自洁功能。

（4）与传统涂料比较，具有更加出色的耐光、耐候性、耐久性。

（5）与传统的外墙铝塑板相比，操作更简易，翻新容易，不受建筑物形状的限制，可任由设计者发挥想象力；造价却比铝塑板低很多。

5.7.2 氟碳漆的施工工艺

氟碳漆的施工工艺因喷涂材质不同而不尽相同，现简要介绍外墙用氟碳漆的施工工艺。

1. 施工性能

（1）色泽：无光、半光、高光。

（2）理论涂布率：6～8m²/kg（一遍）。

（3）胶化时间：5～12h。

（4）施工方法：无气喷涂、有气喷涂、混涂。

（5）表干：30min/25℃。

（6）全干：24h。

（7）完全固化：7d。

（8）涂装间隔：25℃最短8h、最长48h。

（9）施工条件：湿度80%以下、温度0～35℃为宜，大风、大雪切勿施工。

（10）建议涂装道数：1～2道。

2. 氟碳漆施工程序

氟碳漆的施工程序一般为：基材处理→批抗裂防水腻子第一遍→批抗裂防水腻子第二遍→批抛光腻子一遍→贴玻纤防裂网一层→可打磨双组分腻子一遍→PU底漆一遍→氟碳面漆两遍。

3. 氟碳漆的施工要点

（1）基材处理。氟碳漆对基材要求跟一般外墙漆的要求一样，基材必须坚固、耐水，pH小于10，含水率小于8%，无灰、无霉斑等，更高的要求是批灰层必须防水、抗裂、抗碱、结实，平整度小于2mm。

（2）批抗裂耐碱防水腻子。腻子必须选用具备抗裂、耐碱、防水功能的腻子，以避免氟碳漆起泡。氟碳漆腻子一般施工两遍，每遍须间隔4～8h。

（3）上抛光腻子一遍。目的是提高腻子的光洁度，同时提高批灰层颜色的一致性。

（4）贴玻纤防裂网一层。玻纤网有防虫蛀、透气、不燃、防水、可清洗、耐酸碱性能，同时防开裂、抗撞击。贴玻纤网一般采用压埋法，贴好后要求每处必须跟墙体紧密贴在一起，基本上处于同一个平面，松紧适度，干燥8h以上。

（5）批可打磨双组分腻子一遍。氟碳漆最后一道腻子必须平整、光洁、无毛细孔。因此批一层双组分腻子有利于打磨，同时具有良好的附着力，有一定的抗裂功能。双组分腻子搅拌均匀并批上墙上8h后可以打磨，打磨好后用水冲洗干净，再间隔8h淋一次水，以后每隔4h淋一次水，进行3次，干燥48h。腻子用量一般不超过0.8kg/m²。

（6）喷PU底漆一遍。一般氟碳漆施工采用PU做底漆。PU喷到双组分腻子上既不开裂又不发软，干燥快，附着力强，强度高，而且成本较低。过8h轻微打磨一下，去掉灰尘，一般6～8m²/kg遍，干燥24h以上。

（7）喷氟碳漆面漆两遍。按配比配好氟碳漆，搅拌均匀、过滤、活化30min就可喷涂，一般两遍的用量是4～5m²/kg。

4. 施工注意事项

（1）材料储存要注意防潮、防水、防太阳直射。

（2）每次配料量不宜过多，调配好的油漆必须 5h 内用完，以避免长时间静置导致固化。

（3）涂料应置于干燥的地方，并防水、防漏、防晒、防高温、远离火源。

（4）施工温度以 0～35℃ 为宜，基面温度最好不低于 5℃。相对湿度应小于 80%，切勿在雨、雪、雾、霜、大风或相对湿度 85% 以上等天气条件下施工。

（5）常温下涂装后的漆膜 7d 左右才可完全固化，建议不要提前使用。

（6）保证良好通风，佩戴防护用具，避免沾污皮肤、眼睛。如有漆料溅入眼睛，请立即用清水冲洗并及时就医。施工环境严禁烟火，遵守国家及地方政府规定的安全法规。

（7）工作面所有工序完成后，要做最后的检查，对不完善、受污染、受破坏的地方进行修缮，将保护纸等清理干净，清理现场卫生，做好成品保护工作，准备交工验收。

5.8　洞石

洞石（Travertine），学名是凝灰石或石灰华，是一种多孔的岩石，所以通常人们称为洞石。洞石属于陆相沉积岩，它是一种碳酸钙的沉积物。洞石大多形成于富含碳酸钙的石灰石地形，是由溶于水中的钙碳酸钙及其他矿物沉积于河床、湖底等地而形成的。由于在重堆积的过程中有时会出现孔隙，同时由于其自身的主要成分又是碳酸钙，自身就很容易被水溶解腐蚀，所以这些堆积物中会出现许多天然的无规则的孔洞。

商业上，将洞石归为大理石类。但它的质感和外观与传统意义上的大理石截然不同，因此在业内不归为大理石。

洞石主要有灰白、米白、米黄、黄色、金黄、褐色、咖啡、浅红、褐红色等种颜色，少部分有绿色的。主要有罗马、伊朗、土耳其等地出产洞石。我国河南也有洞石发现和产出。

5.8.1　洞石的特点

（1）洞石的质地软，硬度小，非常易于开采加工，密度（比重）轻，易于运输，是一种用途很广的建筑石料。

（2）洞石具有良好的加工性、隔声性和隔热性。

（3）洞石硬度小，容易雕刻，适合用作雕刻用材和异型用材。

（4）洞石的颜色丰富，文理独特，更有特殊的孔洞结构，有着良好的装饰性能；同时由于洞石天然的孔洞特性和美丽的纹理，也是用作盆景、假山等园林用石的好材料。

（5）抗冻性能、耐候性能较差。由于洞石本身存在大量孔洞，使得本身体积密度偏低，吸水率升高，强度下降，抗冻性能、耐候性能较差，因此洞石的物化性能指标低于大理石的标准。同时还存在大量的纹理、泥质线、泥质带、裂纹等天然缺陷，其性能均匀性很差，尤其是弯曲强度，易发生断裂。

因此，在室外使用时，一定要选择合适的胶粘剂材料进行补洞，同时选择适宜的防护剂做好防护。特别注意干挂槽和背栓孔的位置应选在致密的天然材质上，附近不得有较大的孔洞或用胶粘剂填充的孔洞，如果避免不开，则必须更换。

5.8.2　适用范围

洞石主要应用在建筑外墙装饰和室内地板、墙体装饰。事实上。人类对洞石的使用年代很久远，最有代表性的是罗马大角斗场，即为洞石杰作。洞石的色调以米黄居多，又使人感到温和，质感丰富，条纹清晰，促使装饰的建筑物常有强烈的文化和历史韵味，被世界上多处建筑使用。贝聿铭设计的北京中国银行大厦的内外装修，就选择了罗马洞石，共用了 20000m² 。

尽管目前我国相关的施工规范中不支持洞石这类石材用在外墙干挂工程中，但出于商业的需求，并吸取了国外的成功经验，越来越多的建筑工程使用了洞石，适应了一种多元文化发展的需要。

5.9 欧松板与澳松板

5.9.1 欧松板

欧松板（又名 OSB 板），学名是定向结构刨花板（Oriented Strand Board），是一种来自欧洲 20 世纪七八十年代在国际上迅速发展起来的一种新型板材。

欧松板以小径材、间伐材、木芯为原料，通过专用设备加工成长 40～100mm、宽 5～20mm、厚 0.3～0.7mm 的刨片，经脱油、干燥、施胶、定向铺装、热压成型等工艺制成的一种定向结构板材。其表层刨片呈纵向排列，芯层刨片呈横向排列，这种纵横交错的排列，无接头、无缝隙、裂痕，整体均匀性好，内部结合强度极高，并重组了木质纹理结构，彻底消除了木材内应力对加工的影响，使之具有非凡的易加工性和防潮性。

由于原料和生产工艺的不同，与密度板和普通刨花板相比，定向刨花板在强度、承载力、稳定性方面有着更优越的性能。

1. 欧松板的特点

（1）欧松板环保性能良好。欧松板全部采用高级环保胶粘剂，符合欧洲最高环境标准 EN300 标准，成品完全符合欧洲 E1 标准，其甲醛释放量几乎为零，可以与天然木材相比，远远低于其他板材，是目前市场上最高等级的装饰板材，是真正的绿色环保建材，完全满足现在及将来人们对环保和健康生活的要求。

（2）欧松板不变形。其线膨胀系数小，稳定性好，材质均匀，不易开裂、变形。

（3）欧松板抗弯强度高。由于其刨花是按一定方向排列的，它的纵向抗弯强度比横向大得多，因此可以做结构材，并可用作受力构件。

（4）欧松板防潮、防火性能好。

（5）可加工性能好。它可以像木材一样进行锯、砂、刨、钻、钉、锉等加工，是建筑结构、室内装修以及家具制造的良好材料。

（6）握钉力较好。关于欧松板的握钉力说法不一，其实主要源于国内外木工的制作工艺有很大差别。欧美家具与装修的制作大多使用螺钉与螺栓，很少用大钉子，以便于拆装，这时欧松板表现出较好的握（螺）钉力；而我国的木加工习惯使用大钉，这时表现出的握钉力就较差。

（7）厚度稳定性较差。由于刨花的大小不等，铺装过程的刨花方向和角度不能保证完全地水平和均匀，因此欧松板的厚度稳定性较差，表面会有坑坑洞洞。

2. 分类与规格

由于使用不同性能的胶水，定向刨花板有室内用、室外用之分。

根据定向刨花板欧洲标准 BS EN 300，定向刨花板可以分为四类：

（1）OSB/1——干燥环境下普通用途定向刨花板（如室内家具用）。

（2）OSB/2——干燥环境下承重用途定向刨花板。

（3）OSB/3——潮湿环境下承重用途定向刨花板。

（4）OSB/4——潮湿环境下高承重用途定向刨花板。

5.9.2　澳松板

澳松板是一种进口的中密度板，是大芯板、欧松板的替代升级产品，特性是更加环保。

澳松板采用特有的原料木材——辐射松（也称澳洲松木）为原料，辐射松具有纤维柔细、色泽浅白的特点，是举世公认的生产密度板的最佳树种。纯一的树种、特有的加工工艺、加之先进的生产设备使得澳松板产品的色泽、质地均衡统一，从外观到内在质量均达到一流水准。澳松板在许多国家和地区被接受和广泛应用。

1. 澳松板的特性

（1）澳松板具有很好的均衡结构，内部结合强度高，稳定性能好，从而在家具上得到了广泛应用。

（2）每张澳松板的板面均经过高精度的砂光，表面平滑，光洁度好，易于油染、清理、着色、喷染及各种形式的镶嵌和覆盖。

（3）可加工性能好，澳松板可锯、可钻、可钉，易于胶粘。澳松薄板还可以弯曲成曲线状。

（4）澳松板对螺钉的握钉效果好，但对大钉的握钉性能一般。

2. 规格

澳松板的规格尺寸有 1220mm×2440mm×3mm、1220mm×2440mm×5mm、1220mm×2440mm×9mm、1220mm×2440mm×12mm、1220mm×2440mm×15mm、1220mm×2440mm×18mm、1220mm×2440mm×25mm、1220mm×2440mm×30mm。3cm 用量最多最广，代替三合板使用，直接用于门、门套、窗套等贴面；5cm 用做夹板门，不易变形；9cm、12cm 用来做门套、门档和踢脚线；15cm、18cm 可代替大芯板，直接用于做门套、窗套或雕刻造型，也可直接用来做柜门，环保且不易变形。

3. 适用范围

澳松板通过了日本、新西兰联合认证，符合 E1 级标准，在许多国家和地区被接受和使用。澳松板不但具有天然木材的强度和各种优点，同时又避免了天然木材的缺陷，是胶合板的升级换代产品，被广泛用于装饰、家具、建筑、包装等行业。其硬度大，适合做衣柜、书柜，甚至地板，具体用于抽屉底板、家具底板、墙和顶棚的嵌板、门的包层、音像和电视框、办公室隔板、展览嵌板、曲状板、柜台、桌子和吧台、座位垫、木线等。

5.10　软木墙（地）板

软木是一种纯天然高分子材料，世界上只有栓皮栎和栓皮槠两种亚热带数木的树皮可用来加工软木制品。软木俗称栓皮，是橡树（栓皮槠或栓皮栎）的树皮，这种橡树主要分布在地中海沿岸（如葡萄牙）和我国秦岭地区。它是世界上现存最古老的数种之一，距今约有6000 万年的历史。橡树生长至 25 年可进行第一次采剥，树皮采剥后不会影响橡树的生长及新陈代谢功能。之后每隔 9～10 年左右采剥一次，一棵树大约可采剥 10～15 次，采剥栓皮 300～500kg。所以说，软木是一种纯天然的、可再生的珍稀资源，所以软木又有"软黄金"的美誉。

5.10.1　软木的特性

软木拥有独特的蜂巢式结构，是由 14 面体扁平死细胞按六角棱柱辐射排列组成，如图 5-5 所示。软木细胞的细胞壁由 5 层构成，彼此间没有导管，并且细胞结构腔内充满空气，就像彼此独立的小气囊。每立方厘米的软木包含大 3000 万～4200 万个小气囊。这种独特的结构使软木表现出独特的性能，轻巧、柔韧性好（弹性好）、很强的复原性、绝缘、减振消声、防火、耐磨损、不渗透性等。

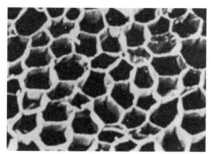

图 5-5　软木内部结构图

5.10.2　品种与规格

软木制品有软木片材（软木纸）、软木卷材、软木墙板、软木地板等。

软木片材（软木纸）颗粒均匀紧密，厚薄均匀，依密度、粗细度不同又分为多个品种。软木片材用途广泛，可用作软木留言板面层，地面、墙面装饰材料，工艺品、礼品、玩具、生活用品等其他软木制品的基础原料等。常见规格为 950mm×640mm×(0.8～150)mm 不修边；915mm×610mm×(0.8～150)mm，920mm×610mm×(0.8～150)mm 修边。

软木卷材则从根本上解决了大尺寸软木制品的拼缝问题，杜绝了原有固定尺寸带来的浪费，常见规格中宽度可达 1.26m。

软木墙板是以天然软木树皮为原材料，利用高科技手段，经过多道特殊工艺深加工而制成的墙面装饰材料。软木墙板的花色自然典雅，质轻，触感、质感极佳，能抗污染、防静电、防虫蛀、节能环保、冬暖夏凉，被誉为纯天然的绿色环保材料。对于音乐发烧友来说，软木墙板则是最好的隔声和吸声材料，被广泛应用于影音室、宾馆饭店、娱乐场所等场所，软木墙板规格为 300mm×600mm×3mm、600mm×900mm×3mm。

软木地板可分为粘贴式软木地板和锁扣式软木地板。

粘贴式软木地板一般分为三层结构：最上面一层是耐磨水性涂层；中间是纯手工打磨的珍稀软木面层，该层为软木地板花色；最下面是工程学软木基层。一般规格为 305mm×305mm×4/6/8mm，300mm×600mm×4/6/8mm，450mm×600mm×4/6/8mm。

锁扣式软木地板一般分为六层：最上面第一层是耐磨水性涂层；第二层是纯手工打磨软木面层，该层为软木地板花色；第三层是一级人体工程学软木基层；第四层是 7mm 后的高密度板；第五层是锁扣拼接系统；第六层是二级环境工程学软木基层。一般规格为 305mm×915mm×11/10.5mm，450mm×600mm×11/10.5mm。

5.10.3　软木墙板的特点

（1）隔声、隔热。由于软木材质本身含有无数个密封的气囊，犹如中空玻璃一般，有隔声、隔热的作用，适用于隔声墙、隔热门、录音室等。

（2）吸声。软木墙板表面的自然纹理像无数个声音吸声器，向外张开着，有较强的吸声功能，适用于图书馆、报告厅、音乐厅、视听房等声学空间。

（3）纹理独特，装饰效果好。软木特有的花纹带给人们或自然古朴，或热烈豪放的感觉，也是用于歌厅、酒吧、餐厅、玄关、背景墙的理想装饰材料。

（4）天然环保。软木墙板是由天然树皮深加工而成，环保、低碳、时尚、可持续发展。

（5）珍贵、稀有。软木墙板原材料俗称"软黄金"，让装饰效果更加品位出众。

另外，软木墙板还具有不生霉菌、不藏污纳垢、不生粉尘、不产生静电、不易燃烧等优点。

5.10.4　软木地板的特点

软木地板与实木地板比较更具环保性、隔声性，防潮效果也会更好些，带给人极佳的脚感。软木地板柔软、安静、舒适、耐磨，对老人和小孩的意外摔倒，可提供极大的缓冲作用，其独有的吸声效果和保温性能也非常适合于卧室、会议室、图书馆、录音棚等场所。

1. 耐磨性强——经久耐用

软木独特的细胞结构及软木地板表面坚韧而有弹力的漆膜使得软木地板具有很强的耐磨性、抗压性和恢复能力，抗污渍和化学物质的性能，在我国北京古籍图书馆（即老图书馆）内，1932 年荷兰人在阅览室、休息厅、楼梯等处均铺设了软木地板，使用了 70 多年，仅磨损 0.5mm。

2. 安全防滑——柔软，富有弹性

软木有弹性的细胞结构，不但踩在上面脚感舒适，还可以极大地降低由于长期站立对人体的背部、腿部、脚踝造成的压力。软木地板防滑系数达到 6 级（最高为 7 级），对于老人或者小朋友的意外摔倒，可以提供极大的缓冲作用，以降低摔倒对人体的损害程度，还可吸收掉落的易碎物品对地面的冲击力。

3. 防滑抗菌——防水、防虫，不生霉菌

软木地板不藏污纳垢，软木内不含淀粉（普通木地板含淀粉成分），可防止各种细菌和微生物的进入。地板表面光滑整齐，清洁方便，抗静电，不吸尘，给您创造一个健康的居住空间。

4. 天性温暖——舒适、亲切

软木是天然的绝缘体，它内部气囊的结构使其充满 62% 的空气，不仅是节能材料，还是温度的隔绝体，其表面温度经常在 20℃，光脚行走在软木地板上面，比行走在 PVC 地板、实木地板上要温暖得多。

5. 静谧吸声——吸声、隔声性极佳

软木独特的内部细胞构造还使软木成为优异的隔声降噪材料，如果您铺设了软木地板，就像拥有了一个消声器，它可以降低脚步的噪声，降低家具移动的噪声，吸收空中传导的声音，给您一个安宁的居住环境。

6. 持续环保——天然、低碳、可持续利用

软木地板的原材料是纯天然的，可更新利用的可再生资源，其生产过程不污染环境。软木是栓皮栎（属栎木类）的树皮，被割取树皮后的树木不会死去，它的树皮可以再生，9 年后可以再次采拔，是地道的环境友好型的地面材料。

7. 节能易保养——降低后期使用成本

软木地板的热传导性相对较弱，所以当房间里面开空调的时候，冷气不容易通过地板散

去，从而节省了电费。另外，软木地板独有的表面极品耐磨漆面使得软木地板的打理非常简单，只要墩布或吸尘器就可以使您的地板完美如初，综合成本低。

5.11 GRC 轻质隔墙板及装饰制品

GRC（Glass Fiber Reinforced Cement 的英文缩写），是以抗碱玻璃纤维为增强材料，硫铝酸盐低碱度水泥为胶结材并掺入适宜基料构成基材，通过喷射、立模、浇铸、挤出、流浆等工艺而制成的新型无机复合材料。

5.11.1 GRC 制品的特点

（1）轻质。GRC 材料为 $1.8 \sim 2.0 t/m^3$，比钢筋混凝土轻 1/5，由于可制成薄壁空体制品，比实体制品质量大幅度降低。

（2）高强。加入抗碱玻纤后，水泥砂浆的抗弯强度从 $2 \sim 7MPa$ 提高到 $6 \sim 30MPa$。

（3）抗冲击韧性好。由于大量玻纤贯穿在 GRC 材料中，因此能够吸收冲击作用的能量，提高抗冲击性能。国内检测结果表明，抗冲击强度由 $0.1 \sim 0.2MPa$ 提高到 $0.5 \sim 1.5MPa$。

（4）抗渗、抗裂性能好。因玻璃纤维大量细密而均匀地分布在制品的各个部位，形成了网状增强体系，延缓裂缝的出现和发展，减轻应力集中现象，提高了抗渗、抗裂性能。

（5）GRC 材料耐水、耐火，不燃烧。

（6）良好的可加工和可模塑性。可锯、可钻、可钉、可刨、可凿，可根据需要浇铸成任何形状。

（7）声学性能优良。$100Hz \sim 4kHz$，声能反射系数为 $0.97 \sim 1.00$。

（8）施工、安装方便，工期短。施工简便，避免了湿作业，改善了施工环境，加快了施工速度。

5.11.2 品种与分类

GRC 制品的品种主要有 GRC 外墙板、GRC 轻质多孔隔墙条板、GRC 装饰构件，如罗马柱、门套、窗套、檐线、腰线及庭柱等。

目前我国大量的 GRC 板主要有两类：一类是 GRC 轻质平板；另一类是 GRC 轻质空心条板。

5.11.3 GRC 轻质多孔条板

GRC 轻质多孔条板是一种新型轻质墙体材料。GRC 多孔条板具有质轻、强度高、防潮、保温、不燃、隔声、厚度薄、可锯、可钻、可钉、可刨、加工性能良好，节省资源等特点，而且 GRC 板施工简便，安装施工速度快，比砌砖快了 $3 \sim 5$ 倍，安装过程中避免了湿作业，改善了施工环境。GRC 多孔条板的质量为黏土砖的 $1/6 \sim 1/8$，大大减轻了房屋自重。GRC 多孔条板的厚度薄，房间使用面积可扩大 $6\% \sim 8\%$（按每间房 $16m^2$ 计），是国家建材局、住房和城乡建设部重点推荐的新型轻质墙体材料。

1. 分类与分级

GRC 多孔条板的分类与分级见表 5-4。

表 5 - 4　　　　　　　　　　　GRC 多孔条板的分类与分级

分　　类			分　　级
按板的厚度分	按板型分类及代号		
60 型	普通板	PB	
90 型	门框板	MB	按其物理力学性能、尺寸偏差及外观质量分为
120 型	窗框板	CB	一等品（B）、合格品（C）
—	过梁板	LB	

2. 规格

GRC 多孔条板可采用不同企口和开孔形式，如图 5 - 6 和图 5 - 7 所示，其规格见表 5 - 5。

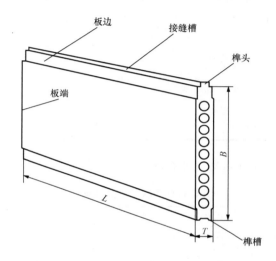

图 5 - 6　GRC 轻质多孔隔墙条板外形示意图

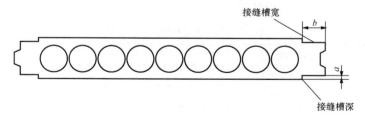

图 5 - 7　GRC 轻质多孔隔墙条板断面示意图

表 5 - 5　　　　　　　　　　　GRC 多 孔 条 板 的 规 格

型号	L	B	T	a	b
60	2500～2800	600	60	2～3	20～30
90	2500～3000	600	90	2～3	20～30
120	2500～3500	600	120	2～3	20～30

注：其他规格尺寸可由供需双方协商解决。

3. 技术要求

(1) 外观质量。外观质量应符合表5-6的规定。

表5-6 GRC多孔条板外观质量

项目	允许范围	等级	一等品	合格品
缺棱掉角	长度/mm ≤		20	50
	宽度/mm ≤		20	50
	数量 ≤		2处	3处
板面裂缝	贯穿裂缝与非贯穿性横向裂缝		不允许	不允许
	纵向	长度/mm		≤50
		宽度/mm		≤1
		数量		≤2处
蜂窝气孔	长径/mm ≤		10	30
	宽度/mm		4	5
	数量 ≤		1处	3处
飞边毛刺			不允许	

(2) 尺寸偏差。GRC多孔条板尺寸允许偏差应符合表5-7的规定。

表5-7 GRC多孔条板尺寸允许偏差 (mm)

项目 允许值	长度	宽度	厚度	板面平整度	对角线差	接缝槽宽	接缝槽深
一等品	±3	±1	±1	≤2	≤10	2	±0.5
合格品	±5	±2	±2	≤3	≤10	+2	±0.5

(3) 物理力学性能。GRC多孔条板的物理力学性能要求见表5-8。

表5-8 GRC多孔条板的物理力学性能

项目		一等品	合格品
含水率（%） ≤		10	
气干面密度 /(kg/m²)	60型 ≤	38	
	90型 ≤	48	
	120型 ≤	72	
含水率（%） ≤		10	
抗折破坏荷载 /N	60型 ≥	1400	1200
	90型 ≥	2200	2000
	120型 ≥	3000	2800
干燥收缩值/(mm/m) ≤		0.8	
抗冲击性/次 ≥		5	
吊挂力/N ≥		800	

续表

项　　目		一等品	合格品
空气声计权隔声量/dB	60 型　≥	28	
	90 型　≥	35	
	120 型　≥	40	
耐火极限/h	60 型　≥	1.5	
	90 型　≥2.5		
	120 型　≥3.0		
燃烧性能		不燃	
抗折强度保留率（耐外性）（％）　≥		80	70

5.11.4　GRC 轻质多孔条板隔墙的施工工艺

1. 作业条件

（1）施工图设计文件齐备，并已进行技术交底。

施工图设计文件应规定以下内容：

1）隔墙板材的品种、规格、性能、颜色。

2）安装隔墙板材所需预埋件、连接件的位置、数量及连接方法。

3）隔墙板材所用接缝材料的品种及接缝方法。

（2）现场条件。

1）楼地面、顶棚、墙面已粗装饰。

2）各系统管、线安装的前期准备工作已到位。

3）施工图规定的材料，已全部进场，并已验收合格。

4）施工现场保持通风良好。

2. 施工机具与使用

（1）主要机具。手电钻、冲击钻、射钉枪等。机具的使用参见单元一。

（2）主要工具。手锯、撬棍、线坠、墨斗、卷尺、钢尺、靠尺、托线板、腻子刀、灰板、灰桶、扁铲、橡皮锤、木楔、笤帚等。

3. 施工工艺

（1）施工顺序。墙位放线→配板→安装墙板→板底缝隙填塞混凝土→设备管线安装→安装门窗框→板缝处理→墙面抹灰。

（2）施工技术要点。

1）墙位放线。根据施工图设计要求，在楼地面上弹出隔墙的中心线和边线，并引至顶板和两端主体结构墙面上，同时弹出门窗洞口边线。要求弹线清晰，位置准确，安装部位墙地面应干净、平整。

2）配板。GRC 多孔条板安装前，应先按放线位置进行预排列，门窗洞口处应配备有预埋件的门窗框板，当墙宽不是条板宽度的整数倍数时，可按需要尺寸将条板锯开，以形成补板，再拼装粘结，并应置于隔墙一端。

3）安装 GRC 多孔条板。GRC 多孔条板应从墙的一端向另一端顺序安装，有门洞口时，应从门洞口处向两侧顺序安装。有抗震要求时，应先在楼板（梁）底面按弹线位置，用膨胀螺钉或射钉将配套 U 型钢板卡固定牢固，开口朝下。GRC 多孔条板安装时，先清刷粘结面浮灰，然后将粘结面（墙面、楼板底面、板的顶面和侧面）用配制好的 SG791 水泥粘结剂涂抹均匀，两侧做八字角。然后按弹线位置就位，一人在板一侧推挤，一人在板底部用撬棒向上顶，使条板挤紧顶实，以挤出胶浆为宜。推挤时，应注意条板是否偏离已弹好的安装边线，并检查其垂直度，校正合格后随即在板底打入木楔，使之楔紧，并用腻子刀将挤出的粘结剂刮平，然后顺序安装第二块 GRC 多孔条板。安装过程中，应随时用 2m 靠尺及塞尺、2m 托线板检测墙面平整度，垂直度，发现问题应及时校正。

4）板底缝隙处理。GRC 多孔条板隔墙安装完毕后，应立即用 C20 干硬性混凝土将条板下部缝隙填塞密实，当几天后混凝土强度达到 10MPa 以上，撤去板下木楔，并用同等强度干硬性混凝土填实。

5）设备管线安装。按施工图设计要求，划出设备安装位置线。电线管必须顺孔铺设，严禁横向或斜向铺设；电线管、喷淋管穿越 GRC 多孔条板时需设置穿墙套管，开孔位置最好避开 GRC 多孔条板的板筋，应在圆孔处开孔；接线盒安装时，应用电钻开孔，再用扁铲扩孔，孔要方正、大小适度，孔内清理干净后，用 SG792 胶粘剂将接线盒粘结牢固。

6）安装门框。门框两侧应采用门框条板，条板安装完毕后将门框立入预留洞口内，钢门框与门窗框条板内预埋铁件焊接即可，木门框需要用 L 型连接件连接，一边用木螺钉与木门框连接，另一边与门窗框条板内预埋件焊接。门框与墙板间缝隙应用胶粘剂嵌实、刮平，缝隙宽度不宜超过 3mm，否则应加木垫片过渡。

7）板缝处理。GRC 多孔条板安装后 10d，检查所有缝隙是否粘结良好，有无裂缝，发现裂缝应查明原因后修补。粘结良好的所有板缝，应先清理浮灰，然后用 SG791 胶液粘贴玻纤接缝带（布）一层，板缝和阴角处粘贴 50～60mm 宽的接缝带，阳角处粘贴 100～200mm 宽的接缝布，玻璃纤维布应贴平、顺直，不得有皱折，干后表面再刮 SG791 胶泥一遍，应略低于板面。

8）饰面处理。GRC 多孔条板可进行多种面层装饰。一般用石膏腻子满刮两遍，打磨平整后即可做饰面。

（3）施工注意事项。

1）SG791 水泥胶粘剂一次拌合量不宜太多，以 2h 内用完为宜。

2）受潮而未干燥的 GRC 多孔条板，不能粘结。

3）GRC 多孔条板安装时宜使用定位木架。

4）GRC 多孔条板隔墙安装所使用的木楔应作防腐、防潮处理；金属件应进行防腐处理。

5）在 GRC 多孔条板隔墙上开槽、打孔应用电钻钻孔，不得直接剔凿和用力敲击。

6）GRC 多孔条板安装后一周内不得打孔凿眼，以免胶粘剂固化时间不足而使板受振动开裂。

（4）安全注意事项。

1）进入现场必须戴安全帽，不准在操作现场吸烟，注意防火。

2）脚手架搭设应符合建筑施工安全标准，检查合格后才能使用。

3）机电设备应由持证电工安装，必须安装触电保护装置，使用中发现问题要立即断电修理。

4）机具使用应遵守操作规程，非操作人员不准乱动。

（5）成品与半成品保护。

1）搬运 GRC 多孔条板时，应轻拿轻放，侧抬侧立，不得平抬平放。

2）GRC 多孔条板在进场、存放、使用过程中应妥善保管，保证不变形，不受潮、不污染、无损坏。存放场地应坚实平整、干燥通风，防止侵蚀介质和雨水浸泡。应按型号、规格、等级分类储存。储存时应采用侧立式，板面与铅垂面夹角应不大于 15°；堆长不超过 4m；堆层二层。

3）GRC 多孔条板隔墙在粘结 10d 内不能碰撞、敲打，不能进行下一道工序的施工。

4）施工过程中掉在墙、地面上的胶粘剂必须在凝结前清除。

5）施工部位已安装的门窗、已施工的地面、墙面、窗台等应注意保护、防止损坏。

5.11.5　工程质量标准与验收方法

1. 主控项目

（1）GRC 多孔条板的品种、规格、性能、颜色应符合设计要求。有隔声、隔热、阻燃、防潮等特殊要求的工程，板材应有相应性能等级的检测报告。

检验方法：观察；检查产品合格证书、进场验收记录和性能检测报告。

（2）安装 GRC 多孔条板所需预埋件、连接件的位置、数量及连接方法符合设计要求。

检验方法：观察；尺量检查；检查隐蔽工程验收记录。

（3）GRC 多孔条板安装必须牢固。

检验方法：观察；手扳检查。

（4）GRC 多孔条板所用接缝材料的品种及接缝方法应符合设计要求。

检验方法：观察；检查产品合格证书和施工记录。

2. 一般项目

（1）GRC 多孔条板安装应垂直、平整、位置正确，板材不应有裂缝或缺损。

检验方法：观察；尺量检查。

（2）GRC 多孔条板隔墙表面应平整光滑、色泽一致、洁净，接缝应均匀顺直。

检验方法：观察；手摸检查。

（3）GRC 多孔条板隔墙上的孔洞、槽、盒应位置正确、套割方正、边缘整齐。

检验方法：观察。

（4）GRC 多孔条板隔墙安装的允许偏差和检验方法应符合表 5-9 的规定。

表 5-9　　　　　　　　　　GRC 多孔条板隔墙安装的允许偏差和检验方法

项次	项　　目	允许偏差/mm GRC 多孔条板	检 验 方 法
1	立面垂直度	3	用 2m 垂直检测尺检查
2	表面平整度	3	用 2m 靠尺和塞尺检查
3	阴阳角方正	3	用直角检测尺检查
4	接缝高低差	2	用钢直尺和塞尺检查

5.11.6 GRC 多孔条板工程常见质量问题与解决方法

1. 墙面不平整

产生原因：板材缺棱掉角，或厚度误差大，或受潮变形；施工时没有严格按要求施工。

防治措施：

(1) 合理选配板材，不使用厚度误差大或受潮变形的 GRC 多孔条板。

(2) 安装时应采用简易木架，即按放线位置在墙的一侧支一简单木排架，使排架的两根横杠在一垂直平面内，作为立条板的靠架，以保证墙体的平整度。

2. 墙板与结构连接不牢。

产生原因：粘结胶泥不饱满，粘结强度低；GRC 多孔条板下部填塞细石混凝土时，因楼地面未凿毛、清扫，或细石混凝土坍落度太大而填塞不密实。

防治措施：

(1) 必须选用与 GRC 多孔条板同品种、同标号的水泥配制粘结胶浆，严格控制配合比，并随配随用。

(2) 安装 GRC 多孔条板时，必须将粘结面清理干净，胶粘剂要涂抹均匀，推剂时以挤出胶液为宜。

(3) 隔墙下部楼地面是光滑表面时，必须凿毛处理，再用干硬性混凝土填塞密实。

(4) 合理安排施工工序，做好成品保护，避免碰撞、剔凿 GRC 多孔条板。

3. 板缝开裂

产生原因：GRC 多孔条板没有充分干燥，胶粘剂配料选用不恰当或施工时没有按操作程序施工。

防治措施：必须选用充分干燥的 GRC 多孔条板；必须选用与 GRC 多孔条板同品种、同标号的水泥配制粘结胶浆，施工中严格按要求操作。

4. 抹灰层起壳空鼓

产生原因：抹灰层与板材表面粘结不紧密。

防治措施：采用砂浆抹面时，应清除 GRC 多孔条板表面浮砂、杂物，在抹灰前涂刷界面剂，涂刷界面剂的厚度以 1.5～2.5mm 为宜。

5.12 环氧树脂自流平地面的施工工艺

环氧树脂自流平地面是以环氧树脂为主要成膜物的自流平地面涂料结合相关施工技术，形成的一种洁净、卫生、耐磨的整体地面。主要适用于要求清洁、无菌无尘的电子、微电子生产车间，制药、生物工程车间，医院，无尘净化室，精密机械厂，食品厂等，也可用于学校、办公室、展览空间、家庭等室内地面。

5.12.1 环氧树脂自流平地面的涂料

环氧树脂自流平地面涂料是以环氧树脂和固化剂为主要成膜物，包括特殊助剂、活性稀释剂、颜填料，经车间加工而成。

环氧树脂自流平地面涂料具有以下几个特点：①涂料自流平性好，一次成膜在 1mm 以上，施工简便；②涂膜具有坚韧、耐磨、耐药性好、无毒不助燃的特点；③表面平整光洁，具有很好的装饰性，可以满足 100 级洁净度要求。

5.12.2　环氧树脂自流平地面的施工准备

1. 材料准备

准备的材料包括环氧树脂自流平涂料、基层处理剂、底油、面层处理剂、修补腻子，填料如石英砂、石英粉。

材料在储运与储存时，应密闭储运，避免包装破损和雨淋。应置于干燥通风处存放，避免高温，严禁阳光下暴晒及冷冻。

2. 机具准备

准备的机具包括漆刷或滚筒、水桶、电动搅拌机、专用钉鞋、专用齿针刮刀、排泡辊。施工机具在使用前须清洗干净。用完后的工具要及时用水清理，以免影响下次使用。

3. 基层处理

环氧树脂自流平地面宜采用一次浇筑成型的混凝土基层，有重载或抗冲击环境时，混凝土基层应作配筋处理。基层应坚固、密实，强度等级不应低于 C25，厚度应不小于 150mm。混凝土基面应干燥，并使含水率小于 6%，底层地面应设置防潮或防水层。

基层表面宜采用喷砂、机械研磨、酸洗等方法处理。喷砂或机械研磨方法适用于大面积场地，用喷砂或电磨机清除表面突出物，松动颗粒，破坏毛细孔，增加附着面积，并以吸尘器吸除砂粒、杂质、灰尘。对于有较多凹陷、坑洞地面，应采用环氧树脂树脂砂浆或环氧树脂腻子填平修补后再进行下一步操作。酸洗法适用于油污较多的地面，一般采用 10%～15% 的盐酸清洗混凝土表面，待反应完全后，用清水冲洗，并配合毛刷刷洗。

5.12.3　环氧树脂自流平地面的施工工艺

1. 施工工序

施工工序包括：①基面处理→②底涂层施工→③中涂层施工→④面涂层施工→⑤封蜡处理。

2. 施工技术要点

（1）涂料拌合：施工前应进行试配；涂料应充分搅拌，使混合均匀；混合后的材料应在规定时间内用完，已经初凝的材料不得使用。

（2）底涂层施工：配制好的底层涂料用漆刷或滚筒均匀涂刷在基面上，要连续施工，不得漏涂。固化完全后，进行打磨和修补，并清除浮灰。

（3）中涂层施工：中途层涂料配置好后，均匀刮涂或喷涂在底涂层上，注意厚度应符合设计要求。固化完全后，进行机械打磨，并清除浮灰。

（4）面涂层施工：面层涂料搅拌均匀后，均匀涂装在中涂层上，用排泡辊进行消泡处理，并注意控制涂层厚度。固化过程中要采取防污染措施，易损、易污染部位可采取贴防护胶带等措施进行防护。

（5）面层施工完成 24h 后，在面层表面进行封蜡处理。

3. 养护

环境温度宜为 23℃±2℃，养护期最低不得小于 7d。固化和养护期间应采取防水、防污染等措施，不宜踩踏。

4. 施工注意事项

（1）具体施工应参照设计要求及产品的使用说明书。

（2）切勿低于 5℃时进行自流平地面施工，固化前应避免风吹日晒。

（3）配料多少要与施工用量相匹配，避免浪费。一次配料要一次用完，不可中间加水稀释，以免影响质量。

（4）在规定的时间内自流平地面不得踩踏。

（5）涂料使用过程中不得交叉污染，未混合材料应密封储存。

5.12.4 质量检验与验收

工程质量检验的数量应符合《环氧树脂自流平地面工程技术规范》（GB/T 50589—2010）的相关规定。

1. 主控项目

（1）环氧树脂自流平地面涂料与涂层的质量应符合设计要求，当设计无要求时，应符合规范相关规定。

检验方法：检查材料检测报告或复检报告。

（2）底涂层的质量应符合下列规定：

1）涂层表面应均匀、连续，并应无泛白、漏涂、起壳、脱落等现象。

检验方法：观察检查。

2）与基层的粘结强度应不小于 1.5MPa。

检验方法：附着力检测仪检查。

（3）面涂层的质量应符合下列规定：

1）涂层表面应平整光滑、色泽均匀，无明显色差。

检验方法：观察检查。

2）冲击强度应符合设计要求，表面不得有裂纹、起壳、剥落等现象。

检验方法：采用 1kg 的钢球距离自流平地面层高度为 0.5m、距离砂浆层高度 1m，自然落体冲击。

2. 一般项目

（1）中涂层表面应密实、平整、均匀，不得有开裂、起壳等现象。

检验方法：观察检查。

（2）面涂层的硬度应符合设计规定。

检验方法：采用仪器检测和检查检测报告。

（3）坡度应符合设计要求。

检验方法：做泼水试验时，水应能顺利排除。

5.13 氟碳铝单板

氟碳铝单板是铝板经钣金成形后，表面进行氟碳喷涂处理，并经高温烘烤而成的装饰铝板。

5.13.1 氟碳铝单板的组成

氟碳铝单板主要由面板、加强筋、挂耳等组成，也可在面板背面加设隔热矿岩面。挂耳可直接由铝板折弯而成，也可在面板上用型材另外加装。在面板背面焊有螺栓、通过螺栓把加强筋和面板连接起来，形成一个牢固的结构，加强筋起到增加氟碳单板在长期使用中的抗风压特性和平整性。

5.13.2　氟碳铝单板的分类

氟碳铝单板按形状可分为一般平板和异形板，能够制成多种造型是氟碳铝单板的显著优点。氟碳铝单板的颜色取决于表面涂层的颜色。

5.13.3　氟碳铝单板的特点

（1）质量轻、强度高、刚性好。

（2）耐候性和耐腐蚀性好。氟碳铝单板表面的氟碳树脂涂层具有极其优良的耐候性、耐腐蚀性和抗粉化性，可达 25 年不褪色。

（3）加工工艺性好，可加工成平面、弧形面和球形面等各种复杂的形状。

（4）色彩丰富，能直观体现墙体效果。

（5）不易玷污，便于清洁保养。氟碳涂膜的非黏性使其面很难附着污染物，具有良好清洁性。

（6）安装施工方便快捷，铝板在工厂成型，施工现场不需裁切，只需简单固定。

（7）可回收再利用，有利于环保。铝板可 100％回收，回收价值高。

5.13.4　氟碳铝单板的应用

氟碳铝单板适用于建筑幕墙、梁柱、阳台、隔板包饰、室内装饰以及家具、展台等。

第6章 新型建筑材料

6.1 新型混凝土外加剂

6.1.1 新型高效减水剂

1. JX-GB3 高效减水剂（聚羧酸盐）

JX-GB3 产品是新一代聚羧酸盐高效减水剂，生产过程中无污染，具有掺量低、增强效果好、坍落度保持性好、与水泥适应性较好等特点，是配制低水灰比、高强、高耐久性混凝土的首选。还可用于配制高性能、高强和超高强混凝土，如机场、港口码头水电站、高架道路、军事设施等的混凝土工程；并适用于需要高流动性、自密实性混凝土的配制，以及需要保持混凝土流动性及作较长距离的输送的混凝土工程。

几乎大多种类的聚羧酸盐高效减水剂，由于其独特的分子结构，都难以与其他减水剂相容，尤其是与萘系高效减水剂。当与萘系高效减水剂混合时，将极大地增加减水剂的黏度，当使用聚羧酸盐高效减水剂配制混凝土时，混入萘系减水剂将降低混凝土出机流动性或迅速降低混凝土的坍落度，因此在使用时严禁混入萘系高效减水剂。其性能指标见表6-1和表6-2。

表6-1 JX-GB3 聚羧酸系高性能减水剂化学性能指标

序号	试 验 项 目	性 能 指 标			
		GB3（NR-L）		GB3（R-L）	
		I	II	I	II
1	甲醛含量（按折固含量计,%）不大于	0.05			
2	氯离子含量（按折固含量计,%）不大于	0.6			
3	总碱量（$Na_2O+0.658K_2O$）（按折固含量计,%）不大于	15			

表6-2 JX-GB3 聚羧酸系高性能减水剂混凝土性能指标

序 号	试 验 项 目	性 能 指 标			
		GB3（NR-L）		GB3（R-L）	
		I	II	I	II
1	减水率（%），不小于	25	18	25	18
2	泌水率（%），不大于	60	70	60	70
3	含气量（%），不大于	6.0			
4	1h坍落度保留值/mm, 不小于	—		150	
5	凝结时间差/min	$-90\sim+120$		$>+120$	

续表

序　号	试　验　项　目		性　能　指　标			
			GB3（NR-L）		GB3（R-L）	
			I	II	I	II
6	抗压强度比（%），不小于	1d	170	150	—	
7		3d	160	140	155	135
8		7d	150	130	145	125
9		28d	130	120	130	120
10	28d 收缩比（%），不小于		100	120	200	120
11	对钢筋的锈蚀作用		对钢筋无锈蚀作用			

注：性能指标中，NR—标准型（非缓凝型），R—缓凝型（泵送型），L—液体，I——等品，II—合格品。JX-GB3（R-L）掺用量 1.1%（水泥为 42.5R）。

2. LS-300 缓凝高效减水剂

LS-300 缓凝高效减水剂是一种专门为商品混凝土生产单位精心配制的外加剂产品。主要成分为奈系、氨基磺酸系等高效减水剂，优质引气剂和保塑组分组成，并可根据客户的材料特性和要求适当调整。掺量范围为水泥质量的 1.0%～2.0%，它具有减水率高（≥18%）、和易性好、可泵性能优异、坍落度经时损失小等优点，可配制 C20～C60 强度等级的混凝土及水下桩、水下连续墙等特种混凝土。同时，本品还可适当延长混凝土的凝结时间，降低水泥水化热峰值，适用于大体积混凝土、分层浇筑混凝土以及需要长间停放或较长距离输送的混凝土等，也可适用于压力灌浆混凝土。可广泛适用于各种工业与民用建筑、道路、桥梁、港口和市政等工程。其匀质性指标和混凝土性能和混凝土性能指标参见表 6-3、表 6-4。经试验表明，该混凝土外加剂达到《混凝土外加剂》（GB 8076—1997）的中高效减水剂一等品的要求。

表 6-3　　　　LS-300 缓凝高效减水剂匀质性能

检验项目	外　观	水泥净浆流动度	Cl⁻含量（%）	pH 值
技术指标	深褐色液体	≥200	≤0.12	7～9
备注	无毒、无臭、不燃	掺量：水泥质量的 1.5%	对钢筋无锈蚀	

表 6-4　　　　LS-300 缓凝高效减水剂混凝土性能指标

检　验　项　目		一等品性能指标	检验结果（掺量：水泥质量 1.5%）
减水率（%）		≥12	21
泌水率比（%）		≤100	63
含气量（%）		≤4.5	2.2
凝结时间之差/min	初凝	≥+90	+120
	终凝	—	+110
抗压强度比（%）	3d	≥125	132
	7d	≥125	137
	28d	≥120	128
28d 收缩率比		≤135	105
钢筋锈蚀性能		应说明对钢筋有无锈蚀危害	对钢筋无锈蚀作用

3. LS-JS 聚羧酸高效减水剂

LS-JS 聚羧酸高效减水剂是基于高分子设计理论研制的新一代高效减水剂，具有极高的减水效果和广泛的水泥相容性、高保坍、高增强、低收缩等特点，并且产品不含甲醛、无毒、无污染。适宜于配制泵送混凝土和高强泵送混凝土，泵送混凝土高度可达 100m 以上，还可配制黏聚性较高的混凝土。特别适用于配制高耐久、高流态、高保坍、高强以及外观质量要求较高的混凝土工程，以及大掺量粉煤灰或矿粉的大体积混凝土工程。其技术指标见表 6-5。

表 6-5　　　　　　　　　　　　聚羧酸高效减水剂技术指标

检测项目		一等品性能指标	检测结果（掺量：1.0%）
减水率（%）		≥12	33.5
泌水率比（%）		≤90	46
含气量（%）		<3.5	2.5
凝结时间之差	初凝	−90～+120	+80
	终凝		+53
抗压强度比（%）	3d	≥120	167
	7d	≥115	157
	28d	≥110	148
28d 收缩率比（%）		≤135	90
钢筋腐蚀		应说明对钢筋有无腐蚀危害	对钢筋无锈蚀作用
Cl⁻ 含量（%）		—	0.01
总碱量（%）		—	0.46

注：本表摘自《混凝土外加剂》（GB 8076—1997）。

4. JM-B 型奈系高效减水剂

JM-B 型奈是高效减水剂，是 β—奈磺酸亚甲基高级缩合物，具有非引气、超塑化、高效减水和增强等功能。无毒、无刺激性和放射性，不含对钢筋有锈蚀危险的物质；不易燃易爆，超塑化。产品对水泥适应性强，掺量少，耐久性好，使用方便，宜使用气温在 −5℃～+45℃，其减水率达 20% 以上，掺高效减水剂的混凝土 1d、3d、7d、28d 和 90d 的抗压强度较同期基准混凝土一般可提高 60%～70%、50%～60%、40%～52% 和 30%～41%，其凝结时间差一般在 1h 之内。产品适应性强，可广泛应用于各种现浇混凝土工程以及预制混凝土构配件。特别适合于有高效减水和增强要求的常态混凝土、蒸养混凝土，也可用作复合混凝土外加剂的母体材料。其性能指标见表 6-6。

表 6-6　　　　　　　　JM-B 型奈系高效减 7 水剂产品匀质性能指标

序号	测试项目	性能指标	说　明
	外观	褐色均一液体	
1	Cl⁻ 含量（%）	≤0.05	测定水泥净浆流动度 用水量为 87mL
2	水泥净浆流动度/mm	≥250	
3	含固量（%）	≥35	
4	Na₂SO₄ 含量（%）	≤1.5	

6.1.2　新型混凝土早强剂

1. JM-Ⅰ型（超早强）混凝土高效增强剂

JM-Ⅰ型（超早强）混凝土高效增强剂，是无机材料与有机材料相互复合的产物，具有无毒、无放射性与刺激性物质、大减水、高早强、高增强和耐久性好等特点。减水率可达18%～22%，1d 抗压强度可提高 110%～230%，3d 抗压强度可提高 60%～130%，7d 抗压强度可提高 50%～90%，28d 抗压强度可提高 30%～50%，90d 抗压强度可提高 20%～40%。混凝土最低施工气温可达−10℃，可节省混凝土水泥用量 15%～20%。产品对水泥适应性较强，适用于各种规格、型号的水泥，与粉煤灰等活性掺合料复合双掺使用效果更佳。掺量小，使用方便，可广泛应用于早强及冬期施工要求的混凝土工程及其构配件。其产品匀质性能见表 6-7。

表 6-7　　　　　　　　　JM-Ⅰ型（超早强）混凝土高效增强剂匀质性能

序　号	测 试 项 目	性 能 指 标
1	外观	浅灰色粉末
2	Cl⁻含量（%）	≤0.1
3	pH 值	7
4	水泥净浆流动度/mm	≥220
5	细度（0.315mm 筛余量,%）	≤15

2. ZWL-Ⅶ型早强剂

ZWL-Ⅶ型早强剂为灰色粉剂，无毒、无臭、不燃，对钢筋无锈蚀作用，早强和增强效果显著，价格便宜，使用方便，适用于冬期施工的建筑工程，以及常温和低温条件下有早强要求的混凝土工程。冬期施工时掺入 2.5%（以水泥质量计）的该产品，可使混凝土早期强度明显提高，其 1d 抗压强度可提高 60%以上，3d 抗压强度提高 45%以上，7d 抗压强度提高 25%以上，28d 抗压强度提高 10%以上。使用该产品可缩短工期，提高工效，提高模板和场地周转率。其性能指标见表 6-8。

表 6-8　　　　　　　　　ZWL-Ⅶ型早强剂混凝土性能指标

检 验 项 目		企业标准	检 验 结 果
泌水率（%）		≤100	90
凝结时间之差/min	初凝	−90～+90	−30
	终凝		−35
抗压强度比（%）	1d	≥160	168
	38	≥145	150
	7d	≥125	130
	28d	≥110	115
收缩率比（%）	28d	≤135	130

注：以上检验结果均以该早强剂掺入水泥质量的 2.5%为准。

6.2 陶粒新技术

6.2.1 高性能免烧镁质陶粒（EHPC）混凝土

免烧结高性能镁质陶粒属于一种新型氯氧镁制品，它是以菱苦土、氯化镁以及粉煤灰等为原料，经磨细、配料、发泡、成球后，自然养护而得到的人造轻骨料。由其掺加而配制的高性能免烧镁质陶粒混凝土具有轻质高强、耐腐蚀性能高等特点，这不仅充分利用了自然资源和工业废渣，减少了环境污染，而且大大降低了生产成本，具有明显的经济效益和社会效益。

在进行高性能免烧镁质陶粒混凝土配制时，首先确定混凝土配合比设计中水泥用量、砂率和净用水量三个参数的基本范围，然后针对设计目标设计正交试验，进行试配和调整，最后得出配合比设计的最佳方案。

（1）设计目标。设计强度等级为 CL30，表观密度 $\rho_h = 160 \text{kg/m}^3$，且须满足坍落度 160～180mm 的要求。

（2）试验原材料。麦特林水泥（实测强度为 33.5MPa），密度为 2.70g/cm³；高性能镁质陶粒，密度为 0.75g/cm³；筒压强度为 8MPa，2h 吸水率为 8%；河沙，密度为 2.65g/cm³；自来水。

（3）正交试验。混凝土设计的因素水平见表 6-9。

表 6-9　　　　　　　　　　因　素　水　平　表

因　　素	水平 1	水平 2	水平 3
水泥用量/(kg/m³)	400	410	420
净用水量/(kg/m³)	160	170	180
砂率（%）	35	40	45

制作 100mm×100mm×100mm 混凝土试块，采用标准养护。试验方案、配合比及数据见表 6-10 和表 6-11。

表 6-10　　　　　　　　　　EHPC 配 合 比 设 计

编号	每立方米各种材料用量/kg					砂率（%）	水灰比	坍落度/mm
	水泥	砂	石子	拌合水				
				W_0	2h 吸水			
1	445	713	375	160	30	35	0.427	130
2	427	772	336	170	27	40	0.461	180
3	416	833	288	180	23	45	0.429	>200
4	434	772	328	160	26	40	0.458	160
5	421	829	287	170	23	45	0.451	170
6	463	700	368	180	29	35	0.451	170
7	425	826	286	160	23	45	0.431	140

编号	每立方米各种材料用量/kg					砂率（%）	水灰比	坍落度/mm
	水泥	砂	石子	拌合水				
				W_0	2h 吸水			
8	468	696	366	170	29	35	0.425	130
9	452	758	322	180	26	40	0.456	180

表 6-11　　　　　　　　　　　　　试 验 方 案 及 数 据

编号	A 水泥用量/(kg/m³)	B 净用水量/(kg/m³)	C 砂率（%）	D 空列	28d 抗压强度/MPa
1	1（400）	1（160）	1（35）	1	28.5
2	1（400）	2（170）	2（40）	2	35.5
3	1（400）	3（180）	3（45）	3	30.0
4	2（410）	1（160）	2（40）	3	37.5
5	2（410）	2（170）	3（45）	1	31.5
6	2（410）	3（180）	1（35）	2	27.5
7	3（420）	1（160）	3（45）	2	32.5
8	3（420）	2（170）	1（35）	3	29.5
9	3（420）	3（180）	2（40）	1	33.5

　　最佳配比为 4 号方案，即水泥（32.5 级 P·O）434kg/m³；砂率 40%；细骨料（河砂）用量 772kg；粗骨料（高性能镁质陶粒）328kg；净用水量 160kg/m³。

　　（4）混凝土的拌合。轻骨料混凝土的拌合应遵循以下原则：

　　1）拌制轻骨料混凝土宜采用强制式搅拌机。

　　2）配合比中各组成材料的称量允许误差为水泥、水和外加剂为±0.5%；粗、细骨料和外掺料为±1%。

　　3）采用经过淋水处理后的粗骨料时，待骨料滤干水分后，可与细骨料、水泥一起拌合约 0.5min，再加入净用水量的水，共同拌合 2min 即可。

　　4）采用干燥或自然含水率的粗骨料时，粗、细骨料和水泥应先加入搅拌机内，加入 1/2 拌合水，搅拌 1min，然后再加入剩余拌合水，继续搅拌 1.5min 即可。

　　5）掺合料或粉状外加剂可与水泥同时加入；液体外加剂或预制成液体的粉状外加剂，宜与剩余拌合水一同加入。

　　（5）高性能免烧镁质陶粒混凝土的性能评价。在国内外，并没有统一的标准来评价和衡量高性能免烧镁质陶粒混凝土的性能。EHPC 作为一种新型的生态高性能混凝土，为了进行比较，在对其进行综合性评价过程中，主要是与相同强度等级下的硅酸盐水泥为胶结材料、普通的陶粒为骨料所配制的混凝土（OPC）进行对比试验。主要考察其基本物理化学性能（包括拌合物的工作性、表观密度等），基本力学性能（包括抗压强度、抗折强度与弹性模量等），耐久性能（包括抗渗透性、抗硫酸盐侵蚀性、抗冻性、抗收缩与开裂性等）。

　　1）拌合物性能、干表观密度。试验测得所配混凝土拌合物坍落度值为 180mm，且黏聚性和保水性良好。采用整体试件烘干法测定的干表观密度为 $1600kg/m^3$。

2）力学性能。抗压强度、抗折强度和弹性模量测试结果见表 6-12～表 6-14。

表 6-12　　　　　　　　EHPC 混凝土抗压强度试验结果

编　号	立方体抗压强度/MPa		
	3d	7d	28d
1	20.5	29.5	36.5
2	23.5	32.0	39.0
3	21.0	30.0	37.0
平均值	21.5	30.5	37.5

表 6-13　　　　　　　　EHPC 混凝土抗压强度试验结果

编　号	抗折强度/MPa		
	3d	7d	28d
1	5.5	6.2	7.0
2	5.7	6.3	7.3
3	5.9	6.4	7.3
平均值	5.7	6.3	7.2

表 6-14　　　　　　　　EHPC 混凝土弹性模量试验结果

种类	EHPC				OPC			
编号	1	2	3	平均值	1	2	3	平均值
弹性模量	51.1	48.5	49.7	49.8	40.1	41.1	40.6	40.6

从试验结果可以看出。EHPC 混凝土的弹性模量比 OPC 的弹性模量有较大的提高，这可能是所使用的水泥和镁质陶粒的弹性模量比硅酸盐水泥和普通陶粒高的缘故。

3）耐久性。通过一系列的试验表明，EHPC 混凝土的抗渗性能、耐腐蚀性能，以及抗收缩与开裂性能均优于 OPC 混凝土。特别是抗硫酸盐、抗收缩与开裂的性能更加优于 OPC 混凝土，本教材就不做详细评述，请参考相关资料。

6.2.2　超轻高强陶粒

超轻高强陶粒技术旨在研究不同等级高性能轻骨料混凝土的综合性能，并重点研究其耐久性能，以便为这种新型材料应用到严寒地区的海洋工程、碱—骨料反应多发地区的土木工程、需要大幅减轻结构自重的软土地区及地震区的高层和大跨建筑物上提供一些理论和试验数据。

高性能轻骨料具有高强度、吸水率极低、封闭均匀的孔隙结构等性能特点，是配制高性能轻骨料混凝土的关键。

高性能混凝土拌合物的工作性能试验表明，采用合理的配合比和材料，对轻骨料不用预湿就可配制出大坍落度、高流动性的泵送轻骨料混凝土。

经试验已配制出了干表观密度 $1560～1860kg/m^3$ 的 CL30、CL40、CL45、CL60、CL65 五种强度等级的轻骨料混凝土。

　　所配制的高性能轻骨料混凝土的长期耐久性能试验表明，高性能轻骨料混凝土具有优异的抗渗性能、抗氯离子渗透能力和抗碳化能力，并具有 300 次以上的抗冻融循环能力。

　　（1）高性能轻骨料及其特性。关于高性能轻骨料国内外并无一个明确的定义。要了解什么是高性能轻骨料及其特点，我们不妨先从普通轻骨料谈起。

　　众所周知，轻骨料混凝土和普通混凝土的不同点主要在于轻骨料混凝土是使用多孔、轻质骨料配制而成的一种水泥混凝土，正是这种轻质骨料的多孔性（即它的孔隙结构的特性、类型、数量及其分布的统称）决定了它自身的性质及其混凝土的一系列特性。

　　轻骨料的资源丰富，品种繁多，它有天然轻骨料、工业废渣轻骨料和人造轻骨料之分。从它们的生成条件及其性能来看，可以用来配制轻骨料高强度混凝土（HPLAC）的，只有经过特殊加工的人造轻骨料，国外一般称它为高性能轻骨料。

　　国外有关资料也表明，采用合适的原材料，经过特殊加工工艺，已可制造出不同密度等级、高强度、低孔隙率的人造轻骨料。这种轻骨料的某些性质与普通密实骨料相似，但和普通轻骨料相比更为优越。20 世纪 90 年代国外 HPLA、NLA、NA（碎石和卵石）性能指标比较详见表 6-15。

表 6-15　　　　　　　　　　　　　　轻骨料性能指标比较

堆积密度/(kg/m³)		孔隙率（%）	开口孔隙率（%）	24h 吸水率（%）	4.9MPa 吸水率（%）	筒压强度/MPa	压碎指标（%）
HPLA	500～600	62	4.8	1.60	3.24	5.0	35.7
	610～700	49	1.8	0.62	0.73	6.0	28.6
	710～800	31	2.1	0.40	0.40	＞7.0	25.7
NLA	610～700	48	78.0	8.67	28.5	4.0	36.3
	610～700	51	82.0	9.94	33.2	4.0	35.4
卵石	1450	—	—	0.8～1.8	—	—	12～16
碎石		—	—	0.3～0.8	—	—	10～20

　　注：1. 表中的堆积密度和筒压强度均按我国标准估算的值。

　　　　2. 卵石和碎石是根据《混凝土使用手册》整理而得，供比较使用。

　　通过上述数据可以明显看出：高性能轻骨料轻质高强的特性更为突出，孔隙率小，吸水率较低，加之优良的颗粒级配，所以可以认为，高性能轻骨料是一种采用特殊工艺精制的，比同密度等级的普通轻骨料具有更高颗粒强度、极低吸水率的一种优质人造轻质骨料。

　　（2）高性能轻骨料混凝土性能。

　　1）更高的比强度。强度是保证混凝土耐久性的基础。与 HPC 不同的是，HPLAC 的干表观密度可以根据它的使用要求在 1500～1950kg/m³ 的范围内变化。如果我们将混凝土 28d 抗压强度与其干表观密度之比称为比强度的话，HPLAC 比 HPC 具有更高的比强度。

　　2）更高的耐久性。大量的试验数据表明，轻骨料混凝土的耐久性并不逊于普通混凝土。普通轻骨料吸水率较大，为了满足现代泵送混凝土的需要轻骨料必须浸水饱和，即使如此操作，有时还不能完全满足施工要求，泵送时经常会堵泵和泵送不上所需要的高度；另一方面，这种浸水饱和的由轻骨料制成的混凝土的抗冻性较差，根本满足不了严寒条件下的海洋工程（如采油平台）的使用要求。采用高性能轻骨料配制成的 HPLAC 不仅可以消除普通轻骨料的一系列负面影响，而且还可以提高其混凝土的一系列物理力学性能，更重要的是其耐久性能可大大改善。

日本采用黑云母流纹岩制成的高性能轻骨料不经预湿制成的泵送高强混凝土，与同强度等级的普通混凝土进行对比的抗冻性试验表明，高性能轻骨料的堆积密度越大，其混凝土抗冻性越好，甚至可以达到或优于普通骨料制成的 HPC 的抗冻性。

还需要指出的是，轻骨料都是以硅酸盐类岩石或土壤为主要原料，经高温煅烧而成，其中含有大量的 SiO_2 玻璃体，骨料表面具有良好的火山灰活性，是一种碱活性很强的骨料，但因为它的多孔性，可以缓解它和混凝土中碱性物质反应形成的巨大应力，可使混凝土结构免受破坏。所以，在用硅酸盐水泥做胶结材料的轻骨料混凝土工程的近百年应用中，从没有发现遭受碱—骨料反应破坏的事例。

由此可见，HPLAC 是一种无碱—骨料反应的更安全、更耐久的混凝土。

3）具有良好的工作性。高性能轻骨料由于具有比普通轻骨料更低的吸水率，所以其不经预湿就可配制大流动性的泵送混凝土。显然，其拌合物的工作性能大有改善。

用普通轻骨料配制泵送高强轻骨料混凝土时，由于轻骨料具有较大的吸水率，所以必须将其经过饱和预湿。国内外通常采用的方法有常温饱水预湿、常温高压浸水预湿、真空预湿和高温浸水预湿等。这些方法有的用时很长（24h 以上），且达不到应有的效果，有的须用专用设备且效率不高，因而不仅给施工带来很多麻烦，而且增加了工程造价，并给混凝土的耐久性带来不利。

采用不吸水或吸水率极低的高性能轻骨料按常规的 HPC 配制方法，掺入适宜的高效减水剂和矿物掺合料，不经预湿就可以配制出坍落度在 200mm 左右、经时坍落度损失很小的泵送轻骨料混凝土。

因为轻骨料颗粒密度较低、质量较砂浆拌合物轻，其混凝土拌合物较难出现密实骨料沉底和离析等现象，因此，HPLAC 拌合物的流动性能可达到自流平、免振捣的效果。

4）良好的体积稳定性。通过对普通轻骨料混凝土水化热和收缩性能的研究表明，虽然在同水泥用量条件下，轻骨料混凝土的水化热最高温升比普通混凝土略高，收缩率也比较大，但由于它的多孔性赋予了它所配制的混凝土具有较好的保温、隔热性能，较低的温度膨胀系数和弹性模量，使其早期水化热引起的内外温差，或者是后期混凝土收缩较大引起的温度收缩应力，都较同条件下的普通混凝土低，因此。在工程中出现的裂缝问题也较少。

高性能轻骨料混凝土由于采用高效减水剂和超细掺合料，混凝土的水泥用量、用水量大大降低，相应地降低了水化热和收缩率，混凝土的体积稳定性也进一步提高。

5）HPLAC 的经济性。由于高性能轻骨料比普通人造轻骨料的生产工艺更复杂。HPLAC 单方造价肯定比较高，因此在一般工程上其经济效益可能是较差的。从国外某些资料看来，若在一些特殊条件下使用，可能收到比普通 HPC 更好的综合经济效益，例如：寒冷和严寒地区的海洋工程（如采油平台等）、碱—骨料反应多发地区的某些重大工程（如立交桥、高架桥的桥梁等）、需要大幅减轻结构自重的、不宜采用普通 HPC 的工程（如软土地区、地震区的某些高层、大跨度建筑等）、某些遭受腐蚀破坏（含碱—骨料反应和冻冰腐蚀等）的桥梁、桥面板的修补或扩建工程，以及城市的艺术造型或有特殊需要的结构和建筑。

6.3 新型墙体材料

6.3.1 XPS 复合环保节能砌块

XPS 复合环保节能砌块是以水泥、粉煤灰陶粒、炉渣及粉煤灰等为原料，掺加适量水及外加剂经搅拌成混凝土，并在模具中加入 XPS 挤塑板后振动成型，且在塑料大棚内人工养护等工序和制作条件下制成的一种环保节能型砌块，具有强度高、保温性能好、成本低、施工工艺简单、墙体不产生裂纹等特点，可用于一般工业和民用建筑的墙体和基础。其分类与技术性能见表 6-16～表 6-19。

表 6-16   XPS 复合环保节能砌块的分类

按孔洞分	按密度分/(kg/m³)	按强度分/MPa	按外观质量与尺寸分
单排孔	900	5.0	
双排孔	1000	7.5	一等品（A）
三排孔	1200	10.0	合格品（B）
	1400		

表 6-17   外观质量与规格尺寸偏差

项　目	一等品（A）	合格品（B）
长度/mm	±2	±3
宽度/mm	±2	±3
高度/mm	±2	±3
保温板厚度/mm	±2 0	+2 -1
缺棱掉角个数，不多于	0	2
三个方向投影的最小尺寸，不大于/mm	0	30
裂缝延伸投影的累计尺寸，不大于/mm	0	30
保温板外露部分损伤，不大于/mm	0	30

表 6-18   质量等级与物理性能

项　目	等　级	砌块干表观密度的范围
密度	900	>810～900
	1000	910～1000
	1200	1010～1200
	1400	1210～1400

续表

项 目	等 级	砌块干表观密度的范围	
强度/MPa	5.0	平均值	最小值
	7.5	≥5.0	4.0
	10.0	≥7.5	6.0
		≥10.0	8.0
抗冻性	相对湿度：≤60%	F25	质量损失：≤5%　强度损失：≤20%
		F30	
相对湿度：>60%		≥F50	

表 6-19 　　　　　　　　干缩率和相对含水率

干缩率（%）	相对含水率（%）		
	潮湿	中等	干燥
0.03～0.045	40	35	30
>0.045～0.065	30	30	25

6.3.2 钢丝网架水泥聚苯乙烯夹芯板

钢丝网架聚苯乙烯夹芯板（简称 GJ 板）是由三维空间焊接钢丝网架和内填阻燃型聚苯乙烯泡沫塑料板条（或整板）构成的网架芯板。钢丝网架水泥聚苯乙烯夹芯板（简称 GSJ 板）是在 GJ 板两面分别喷抹水泥砂浆后形成的构件。钢丝网架水泥夹芯墙板具有质量轻、强度高、承载能力大、防火性能好、保温节能、隔热隔声、抗震抗冻、防水防潮、运输方便易搬运、生产规格灵活，能满足用户要求，施工方便，占地面积小，减少单位成本等特点。主要用于房屋建筑的内隔墙板、围护外墙、保温复合外墙、楼面、屋面及建筑加层等。其规格及技术性能见表 6-20～表 6-24。

表 6-20 　　　　　　　　镀锌低碳钢丝的性能指标

直径/mm	抗拉强度/(N/mm²)		冷弯性能试验 弯曲180°/次	镀锌层质量 /(g/mm²)
	A 级	B 级		
2.03±0.05	590～740	590～850	≥6	≥20

表 6-21 　　　　　　　　低碳钢丝的性能指标

直径/mm	抗拉强度/(N/mm²)	冷弯性能试验/(弯曲180°/次)	用途
2.0±0.05	≥550	≥6	用于网片
2.0±0.05	≥550	≥6	用于网片

注：其余性能指标应符合 GB/T 343—1994 的要求。

表 6 - 22　　　　　　　　　　　　　　　GJ 板规格尺寸允许偏差

项　　目	质　量　要　求
外观	表面清洁，不应有明显油污
钢丝锈点	焊点区以外不允许
焊点强度	抗拉力大于或等于 330N，无过烧现象
焊点质量	之字条，腹丝与网片钢丝不允许漏焊、拖焊；网片漏焊、脱焊点不超过焊点数的 8%，且不应集中在一处，连续脱焊应多于 2 点，板端 200mm 区段内的焊点不允许脱焊、虚焊
钢丝挑头	板边挑头允许长度小于或等于 6mm，插丝挑头小于或等于 5mm；不得有 5 个以上漏剪、翘伸的钢丝挑头
横向钢丝排列	网片横向钢丝最大距离为 60mm，超过 60mm 处应加焊钢丝，纵横向钢丝应互相垂直
泡沫内芯板条局部自由松动	不得多于 3 处；单条自由松动不得超过 1/2 板长
泡沫内芯板条对接	泡沫板全长对接不得超过 3 根，短于 150mm 板条不得使用

表 6 - 23　　　　　　　　　　　　　　　GJ 板规格允许尺寸偏差

项　　目	允许偏差	项　　目	允许偏差
长/mm	±10	泡沫内芯中心面位移/mm	≤3
宽/mm	±5	泡沫板条对接焊缝/mm	≤2
厚/mm	±2	两之字条距离或纵丝间距/mm	±2
两对角线差/mm	≤10	钢丝之字条波幅、波长或腹丝间距/mm	±2
侧向弯曲	≤L/650	钢丝网片局部翘曲/mm	≤5
泡沫板条宽度/mm	±0.5	两钢丝网片中心面距离/mm	±2
泡沫板条（或整板）的厚度/mm	±2		

表 6 - 24　　　　　　　　　　　　　　　GJ 板每平方米重量

板厚/mm	构　　造	每平方米质量/kg
100	板两面各有 25mm 厚水泥砂浆	≤104
110	板两面各有 30mm 厚水泥砂浆	≤124
130	板两面各有 25mm 厚水泥砂浆加板两面各有 15mm 厚石膏涂层或轻质砂浆	≤140

6.3.3　OSB 板

OSB 板又称刨花板、欧松板，是一种生产工艺成熟、产品成熟、应用技术成熟、性价比最优的新型结构板材，也是世界范围内发展最迅速的板材。欧松板以松木为原料，通过专用设备加工成长 40～100mm、宽 5～20mm、厚 0.3～0.7mm 的刨片，经干燥、筛选、施胶、定向铺装、连续热压成型等工艺制成的一种新型的结构装饰板材。它与细木工板、胶合板、密度板等有本质的区别，具有环保性能好，稳定不变形，整体均匀性好，防水、防潮、保温、吸声，加工方便等特点，适用于工业包装、运输包装、民用家具、房屋建筑装修等多个领域。

目前，OSB 板在北美、欧洲、日本等发达国家和地区的用量极大，特别是建筑中的胶合板等已经被其取代。OSB 板的出材率为 70%，是板材中出材率最高的，加之全部使用小口径速生材，既有效利用森林资源，又保护了生态环境。我国现在经营该材料的单位也比较多，其主要的规格和性能见表 6 - 25 和表 6 - 26。

表 6 - 25 　　　　　　　　　　　OSB 板产品等级及规格

规格/(mm×mm×mm)	等级	规格/(mm×mm×mm)	等级
2440×1220×9	OSB2	2440×1220×9	OSB3
2440×1220×12	OSB2	2440×1220×12	OSB3
2440×1220×15	OSB2	2440×1220×15	OSB3
2440×1220×18	OSB2	2440×1220×18	OSB3

表 6 - 26 　　　　　　　　　　　OSB 板物理和力学性能

检验项目		检测标准	6～10mm	11～18mm	19～20
厚度误差/mm		EN324-1	±0.6 / ±0.3	—	—
长度及宽度误差/mm		EN324-1	±0.3	—	—
边缘直度误差/(mm/m)		EN324-2	1.5		
垂直度误差/(mm/m)		EN324-2	2.0		
密度/(g/cm³)		EN323	0.69±0.04	0.58±0.04	0.58±0.04
含水率（%）		EN322	7±5		
静曲强度 /(N/mm)	平行	EN310	20	18	16
	垂直	EN310	10	9	8
弯曲弹性模量 /(N/mm²)	平行	EN310	2500		
	垂直	EN310	1200		
内结合强度（V20）/(N/mm²)		EN319	0.30	0.28	0.26
边缘直度误差（%）		EN317	＜20		
循环后测试	静曲强度	EN321-310	不需要		
	内结合强度	EN321-319			
循环后测试	内结合强度	EN1087-1	不需要		
甲醛释放量		EN120	E1（＜8mg/100g）		

6.4　环保型建筑涂料

6.4.1　豪华纤维涂料

豪华纤维涂料是以天然或人造纤维为基料，加入各种辅料加工而成。它是近年来才研制开发的一种新型建筑装饰材料，具有下列十大优点：

（1）该涂料的花色品种较多，有不同的质感，还可根据用户需要调配各种色彩，其整体视觉效果和手感非常好，立体感强，给人一种似画非画的感觉，广泛用于各种商业建筑、高级宾馆、歌舞厅、影剧院、办公楼、写字间、居民住宅等。

（2）该涂料不含石棉、玻璃纤维等物质，完全无毒、无污染。

（3）该涂料的透气性能好，即使在新建房屋的基层上施工也不会脱落，施工装饰后的房间不会像塑料壁纸装饰后的房间那样使人感到不透气，居住起来比较舒适。

（4）该涂料的保温隔热和吸声性能良好，潮湿天气不结露，在空调房间使用可节能，特别适用于公众娱乐场所的墙面、顶棚装饰。

（5）该涂料防静电性能好，在制造过程中已做了防霉处理，灰尘不易吸附，对人的身体有益。

（6）涂料的整体性好，耐久性优异，长期使用也不会脱层。

（7）该涂料是水溶性涂料，不会产生难闻气味及危险性，尤其适合于翻新工程。

（8）该涂料有防火阻燃的专门品种，可满足房屋建筑的防火需要。

（9）该涂料对墙壁的光滑度要求不高，施工以手抹为主，所以施工工序简单，施工方式灵活、安全，施工成本较低。

（10）该涂料对基材没有苛刻要求，可广泛地涂装于水泥浆板、混凝土板、石膏板、胶合板等各种基层材料上。

豪华纤维涂料的产品名称、性能及生产单位见表 6 - 27。

表 6 - 27　　　　　　　　　　豪华纤维涂料的产品名称、性能及生产单位

品 牌 名 称	说　　明	备　　注
华壁彩高级纤维涂料	产品花式品种众多，质量稳定，标准一致	北京紫豪建筑材料开发公司
JD-1221 金鼎思壁彩	是一种壁毯式装饰材料。质地豪华、花式多样，适用于内墙涂饰	北京市建筑材料科学研究院金鼎涂料新技术公司

6.4.2　恒温涂料

建筑恒温剂主要成分是食品添加剂（包括进口椰子油、二氧化铁、食品级碳酸钙、碳酸钠、聚丙烯钠、田莆胶、生育酚等），改性剂是用无毒中草药提取物配制。此涂料在于蓄热原料利用昼夜温度高低的变化规律，得以循环往复的熔解与冷凝而进行蓄热与释热。而蓄热原料并无使用损耗，故恒温效果能恒久不变。该产品具有较好的相容性与分散性，故可添加各种颜料，并能和其他乳胶漆以及腻子（透气率必须达到 85% 以上者）以适当比例混合使用且具有恒温效果，是一种节能环保型功能性涂料，无毒，无污染，防霉，防虫，抗菌，散发清爽气味。其技术性能见表 6 - 28，其产品名称与生产单位见表 6 - 29。

表 6 - 28　　　　　　　　　　建筑恒温剂的技术性能

项　　目	技　术　要　求	
	优等品	一等品
容器中状态	搅拌后无硬块，呈均匀状态	
施工性	刷涂二道无障碍	
低温稳定性	3 次循环不变质	
干燥时间（表干）/min	50	
涂膜外观	正常	
耐碱性	24h 无异常	
耐洗刷性（次）≥	1000	500
导热系数/[W/(m² · h · K)]	260	
耐裂伸长率（%）	200	
不透水（%）	100	
耐温	−20℃～+50℃以上	

表 6 - 29   建筑恒温剂的产品名称及生产单位

产品名称	商标	说　明	生产单位
建筑恒温剂	艾纳香	是相变原料与以食品添加剂为建筑材料基体复合制成的相变蓄能的装饰材料，具有节能环保的性能特点	北京艾纳香恒温涂料技术中心

6.5　新型玻璃

6.5.1　复合建筑微晶玻璃

本技术是以粉煤灰为主要原料，从废物利用以及降低生产成本的角度出发，根据微晶玻璃的基本组成，选择铝硅酸盐系统作为基础玻璃配方依据，在不加晶核剂的条件下，采用烧结法而制成的一种微晶玻璃。

利用粉煤灰生产建筑装饰用微晶玻璃，其性能与大理石、花岗石相当，是一种迎合时代需求的绿色新型建筑材料，这对于粉煤灰的综合利用有着重大意义，具有一定的经济效益和社会效益。

根据有关标准，对微晶玻璃的物理化学性能进行测试，并与天然大理石和花岗石进行性能上的对比，结果见表 6 - 30。

表 6 - 30   粉煤灰微晶玻璃的物理化学性能比较

产品 性能	粉煤灰微晶玻璃	微晶玻璃	天然大理石	天然花岗岩
体积密度/(g/cm^3)	2.75～2.90	2.7	2.60～2.70	2.6～2.8
抗折强度/MPa	60～90	40～60	17	15
抗压强度/MPa	118～152	90～560	90～230	60～300
吸水率（%）	0	0	0.3	0.35
耐碱性（%）	0.05	0.05	0.3	0.1
耐酸性（%）	0.083	0.08	1.0	10.3

注：耐酸性与耐碱性是将试验产品在 1moL/L 升的 H_2SO_4、NaOH 溶液中浸泡 24h 后，在 115℃下烘干与原重比较得出损失率。天然大理石和天然花岗石的性能数据引自文献。

通过表 6 - 30 可以看出：

（1）与天然大理石、花岗石比较所研制的粉煤灰微晶玻璃具有更高的机械强度，而且还比一般的微晶玻璃抗折强度高。

（2）粉煤灰微晶玻璃的吸水率明显比天然大量的、大理石和花岗石低，吸水率几乎为零。

（3）粉煤灰微晶玻璃的耐腐蚀能力也比天然大理石和花岗石好，同时可以看出，微晶玻璃的耐酸性较差，这是因为微晶玻璃中的 CaO 含量较高，它能不断溶于酸中，因而玻璃容易被酸腐蚀。

（4）粉煤灰微晶玻璃比天然大理石和花岗石要致密得多，故其强度较高，机械性能较好。

6.5.2　微晶泡沫玻璃

微晶泡沫玻璃作为一种新型的建筑材料，目前国内研究较少。它是一种结合了微晶玻璃和泡沫玻璃优点的新型材料，其中微晶玻璃是由玻璃的晶化控制制得的多晶制固体，泡沫玻璃是一种玻璃体内充满无数开口或闭口气泡的玻璃材料，微晶泡沫玻璃是以泡沫玻璃为基础玻璃，通过一定的热处理工艺控制其晶化过程制得的。研究人员在对微晶玻璃和泡沫玻璃的制备工艺分别进行研究和大量试验的基础上，研制出表观密度小、强度高的微晶泡沫玻璃，它具有防火、无毒、隔热、隔声、耐腐蚀、可加工等优点，其中泡沫玻璃可以作为一种轻质的非承重墙体材料，微晶玻璃可以作为一种装饰墙体材料，微晶泡沫玻璃可以作为装饰墙体材料或承重墙体材料。

该技术中的泡沫玻璃不同于传统的泡沫玻璃，其玻璃体内的气泡不是由发泡剂在高温下发生化学反应产生的气泡，其中的气泡是通过在高温下玻璃态物质熔化后包裹轻质陶粒产生的，这种制造泡沫玻璃的试验方法简单易行，且成本较低。

该技术所研制的微晶泡沫玻璃是以废玻璃、轻质陶粒和粉煤灰为主要原料制造的，它们以工业废弃物为主要原料，这样不仅可以降低成本，而且减少了对环境的污染，对资源的利用更加充分，是一种绿色环保材料。

微晶泡沫玻璃技术立足于解决废玻璃和粉煤灰这两种工业废渣的回收再利用的实际问题。根据玻璃、陶粒和粉煤灰本身的物理化学性质，确定了利用废玻璃、陶粒和粉煤灰生产新型环保的建筑材料——泡沫玻璃和微晶泡沫玻璃，为废玻璃和粉煤灰的综合利用开辟了一个新的方向。

泡沫玻璃作为一种综合性能非常优异的新型绝热吸声材料，在国外已广泛应用于建筑工程，但我国从 20 世纪 70 年代至今一直局限于化工深冷设备和高温工程上的使用。近年来，由于泡沫玻璃生产技术的发展、产量的提高和成本的降低，尤其是建筑业的发展和国家对节能、环保要求的重视，使泡沫玻璃广泛应用于建筑工程成为可能。

（1）微晶泡沫玻璃的特点。依据特定的技术制备的微晶泡沫玻璃具有以下特点：

1）它属于无机材料，具有良好的化学稳定性，耐老化、耐腐蚀、耐紫外线性能极好，不风化，不虫蛀，不霉烂变质，对人体无毒、无害。

2）质量轻，可减轻结构荷载，很适合于墙体保温工程。

3）导热系数小，粉煤灰掺量少的微晶泡沫玻璃的吸水率极低，且不吸湿，导热系数不会长期上升。

4）吸声性能好，可用水冲洗，干燥后性能基本没有变化。

5）机械强度高，可承受较大荷载，易于用普通木工机具切割，与其他材料相容性较好，可用于水泥砂浆施工。

6）耐高温，遇火不燃烧。

7）热膨胀系数小，尺寸稳定，无后期收缩问题。

8）产品具有微晶玻璃的一些优异性能，经打磨后光泽度很好，可制成彩色制品，可作为装饰材料。

9）原材料来源丰富，可变废为宝，具有良好的经济效益和社会效益。

综上所述，微晶泡沫玻璃作为一种新型建筑材料，既可以作为一种保温、隔热、吸声墙体材料，又可以作为一种外墙装饰材料。在改进工艺的基础上，例如适当增加晶核剂的掺入量，提高烧结温度，可以提高微晶泡沫玻璃的机械强度，这样微晶泡沫玻璃还可以在某些特殊工程上作为一种结构材料使用。

（2）微晶泡沫玻璃在建筑工程中的运用。微晶泡沫玻璃可应用的工程主要有：

1）屋面绝热。微晶泡沫玻璃可用于正置式屋面保温，或倒置式屋面保温。它强度高、压缩变形小、不吸水，用于种植屋面或绝热屋面非常理想。微晶泡沫玻璃与水泥砂浆等无机粘结材料粘结牢固，不会产生错动或压缩变形，可用于斜坡屋面。

配合微晶泡沫玻璃保温层的防水材料，可采用防水卷材或防水材料。正置式屋面只要在泡沫玻璃保温层上表面先涂刮一道水泥浆，待水泥浆硬化后即可进行防水层施工；倒置式屋面可将微晶泡沫玻璃空铺或粘铺在防水层上，粘铺材料可用1∶3水泥砂浆（或聚合物砂浆）、沥青玛蹄脂等。泡沫玻璃在嘉兴羽绒路小区住宅建筑上作为种植和上人屋面使用已有5年多，效果良好。

2）墙面绝热。地处寒冷地区和有恒温恒湿要求的建筑外墙若采用泡沫玻璃作为墙体保温材料，可大大减小墙体厚度，从而减轻结构自重，并可扩大建筑物的有效使用面积。若采用彩色微晶泡沫玻璃，除具有保温功能外，还可以作为外墙装饰层。由于它不吸水、不吸湿，所以作为恒温、恒湿建筑的内墙和吊顶也是非常可靠的。

微晶泡沫玻璃作为墙体保温层，可在墙面找平层上用聚合物水泥砂浆直接粘贴，然后在泡沫玻璃上抹5mm厚1∶3水泥砂浆找平，然后涂刷外墙饰面层或贴面砖。青岛四方车辆研究所墙体保温系统、上海龙华肉联冷库均采用泡沫玻璃保温使用多年，仍具有良好的保温绝热功能。嘉兴大众房产公司商品房的山墙粘贴彩色泡沫玻璃作为绝热层和装饰层，多年来使用效果良好。

3）吸声和隔声。微晶泡沫玻璃可在商场、礼堂、影院、车站等建筑物的吊顶、墙面和空调通风道中空铺或实粘，进行吸声和隔声。空调处采用铝合金框架镶嵌泡沫玻璃，后面留有空隙；实粘泡沫玻璃则采用1∶2水泥砂浆或聚合物水泥砂浆直接粘贴于墙面或顶棚上。在使用泡沫玻璃进行墙壁装饰时，墙面1.5m以下部位应有钻孔的三合板等作为面层加以保护。大庆炼油厂俱乐部改造工程、上海地铁车站、上海游泳馆的吊顶和墙面，北京人民大会堂、上海人民广场地下商场的空调风道和机房消声隔声，采用泡沫玻璃，均获得了良好的效果。

（3）泡沫玻璃施工。

1）沥青玛蹄脂粘贴泡沫玻璃。在干净干燥的基层上先弹好标线，将加热至160～190℃的沥青玛蹄脂涂刮于基层上，厚2～3mm，并立即用力挤压铺贴泡沫玻璃，每块间预留不大于5mm的缝隙，然后热灌沥青玛蹄酯形成整体。

2）水泥砂浆或聚合物水泥砂浆粘贴泡沫玻璃。当用水泥砂浆或聚合物水泥砂浆作胶粘剂时，屋面、墙面和顶棚基层应润湿无明水。屋面上粘贴泡沫玻璃时，应先在基层（防水层）上铺抹1∶3水泥砂浆，厚度5～10mm，然后直接粘贴泡沫玻璃，粘贴时应用力挤压，使泡沫玻璃块体下的砂浆满粘不留空隙，铺贴时侧向加力挤压使砂浆饱满，铺贴完成后，在缝表面处用砂轮割出深约10mm的U形凹槽，用聚合物水泥砂浆勾缝。墙面和顶棚直接粘贴泡沫玻璃宜用聚合物水泥砂浆，配合比为：水泥∶砂∶聚合物胶＝1∶1∶（0.15～0.2）。使用本文中的泡沫玻璃的密度相对比较大，在施工中建议用水泥砂浆和聚合物水泥砂浆进行施工。

3）墙面、顶棚框架安装泡沫玻璃。墙面、顶棚要求留空腔安装泡沫玻璃时，应先用铝合金作龙骨框架，若在顶棚上直接摆放泡沫玻璃，墙面则须用压条将泡沫玻璃固定在框架上。

4）泡沫玻璃保护层（面层）施工。倒置式非上人屋面，可在泡沫玻璃上抹 5～10mm 厚 1∶3 水泥砂浆或 1.5～3mm 厚聚合物水泥砂浆，并按 1.5～2m 间距设置表面分隔缝或诱导缝。种植、上人屋面应先在泡沫玻璃上刮抹 5mm 厚水泥砂浆保护层或一层玻纤布，然后按常规浇筑细石混凝土面层或铺贴面砖。面层应按规范要求每隔 6m 做分格缝处理，缝宽 10mm，填嵌密封材料。

（4）结论。上述的微晶泡沫玻璃是以泡沫玻璃的制备为基础，经过特殊的制作工艺而制成的特殊材料。所以泡沫玻璃的质量关系到微晶泡沫玻璃的品质，所以科研人员在大量试验和对产品性能进行测试的基础上，分别确定了泡沫玻璃和微晶泡沫玻璃的生产工艺，并得出以下结论：

1）新型泡沫玻璃与传统泡沫玻璃相比，缺点是密度和导热系数较大，优点是产品强度较高，耐久性好。生产工艺比较简单，且生产成本较低，产品质量容易控制，而且利用粉煤灰作为部分原料，对粉煤灰的综合治理具有一定的意义，而且具有很大的发展前景。

2）泡沫玻璃和微晶泡沫玻璃作为新型建筑材料，与黏土砖相比，它具有表观密度小、强度大、隔热、隔声、防潮等特性。完全可以作为建筑物的墙体材料代替黏土砖，另外，新型泡沫玻璃与加气混凝土砌块、空心砖相比，本产品的表观密度稍大，但是强度较高，导热系数和吸水率均较小，耐久性较好。总而言之，新型泡沫玻璃的物理性能良好，除了可以作为墙体材料使用外，经过加工的彩色泡沫玻璃还可以作为装饰材料使用。

3）根据不同的试验指标（质量因素，如强度、导热系数等）的要求，泡沫玻璃和微晶泡沫玻璃有着不同的生产工艺，每一种试验因素的最佳值对应着一种生产工艺（如配合比、烧结温度、晶化时间等），因此可以根据不同的质量和价格需求，制造性能不同的产品，为以后进行工业化生产奠定基础。

4）在泡沫玻璃和微晶泡沫玻璃的制备中，粉煤灰的掺入量是一个十分重要的因素，对制品性能有着很大的影响。当粉煤灰的掺入量在一定范围内时（小于 40%～45% 时），粉煤灰的加入对产品的强度、密度等一些质量参数的提高有着有益的影响。但是当粉煤灰渗入量过大时，会导致产品不易成型、强度下降、吸水率增大等缺点。粉煤灰的加入量和烧结工艺也有关系，随着烧结温度的提高，粉煤灰掺入量的阈值也随之增大，同时烧结温度的提高将会使生产成本大大提高。

5）原料中的陶粒对产品的质量也有很大的决定作用。它是影响产品表观密度、导热系数大小的关键因素之一。陶粒的强度大，会使泡沫玻璃中的骨架强度增大，这显然能提高制品的强度。同时，如果陶粒的强度较低，在玻璃未发生破坏之前，陶粒被压碎或变形过大而破坏，会导致强度降低。陶粒的体积占泡沫玻璃体积的大部分，其密度大小直接影响着泡沫玻璃的表观密度大小。

6）在产品的制备过程中，热处理是十分重要的环节。对产品的加热速率、降温速率要求十分严格。如果加热过快，可能产生制品开裂、表面脱落、表面瓷化、强度下降等一系列质量问题；如果加热速率过慢，会带来能源消耗过大、产品成本增加的问题，所以要严格控制热处理速度。

6.6 新型建筑管材

6.6.1 聚丁烯管 (PB)

聚丁烯管具有独特的抗蠕变性能，能长期承受高负荷而不变形，具有化学稳定性，可在 $-20℃\sim+95℃$ 之间安全使用（最高使用温度 110℃）。主要应用于自来水、热水和采暖供热管，该管材是一种新型管材，是目前世界上最尖端的化学材料之一，有"塑料黄金"的美誉，但由于 PB 树脂供应量小和价格高等因素，国内生产单位较少。其力学性能见表 6-31，产品名称、规格见表 6-32。

表 6-31　　　　　　　　　　　　　　PB 塑料管材的力学性能

项　目	性能指标	项　目	性能指标
密度/(g/cm³)	0.93	弹性模量/MPa	350
熔化范围/℃	122~128	肖氏硬度	53
维卡软化温度/℃	113	冲击值/(kJ/m²)	40
玻璃温度/℃	-18	极限延伸（%）	>125
熔化热/(kJ/kg)	-100	抗拉强度/MPa	33
热导性/[W/(m·K)]	0.22	屈服强度/MPa	17
热膨胀系数/[mm/(m·K)]	0.13		

表 6-32　　　　　　　　　　　　　PB 塑料管材的产品名称和规格

产品名称	管系列	规　格
PB 冷热水管	S5	16×1.5、20×1.9、25×2.3、32×2.9
	S4	16×1.8、20×2.3、25×2.8、32×3.6
	S3.2	16×2.2、20×2.8、25×3.5、32×4.4

6.6.2 塑料复合管材

塑料复合管是指塑料与铝材或钢材经特种工艺复合而成的管材，是近几十年在欧美工业发达国家相继开发的一种新型管材，这种复合管材集金属与塑料的优点于一体，克服了普通金属管、塑料管的缺点，在很多应用领域可取代金属管和塑料管。

1. 铝塑复合管

铝塑复合管道是通过挤出成型工艺生产制造的新型复合管材。它由聚乙烯层（或交联聚乙烯）、胶粘剂层、铝层、胶粘剂层、聚乙烯层（或交联聚乙烯）五层结构构成。铝塑复合管根据中间铝层焊接方式不同，分为搭接焊铝塑复合管和对接焊铝塑复合管。这种管材具有金属管的坚硬和塑料管的柔性，易于切割、加工，易于弯曲和伸直，并且在变形中无脆性，防腐蚀、耐高温、耐高压、抗紫外线、不结垢、无毒、不污染流体，管材的保温、隔热性能好，抗静电，95℃时其爆破力可达 8MPa，质量轻，使用寿命长。铝塑复合管可广泛应用于冷热水供应和地面辐射采暖。其规格尺寸与技术性能见表 6-33～表 6-36。

表 6 - 33　　　　　　　　　铝塑复合压力管用 PE、PEX 性能要求

项　目	指　标	
	PE	PEX
密度/(g/cm³)	≥0.926	≥0.941
拉伸强度/MPa	≥15	≥21
拉伸断裂伸长率（%）	≥400	≥400
弯曲模量/MPa	≥552	≥552
耐环境应力开裂（f_{20}，100%，50℃）	≥192	
熔体流动速率/(190℃)/(g/10min)	0.15～0.40（2.16kg）	≤4.0（2.16kg）
长期静压液压设计应力（20℃）/MPa	≥5.25	≥6.90

注：本表摘自 CJ/T 159—2006。

表 6 - 34　　　　　　　　　铝塑复合压力管用热熔胶性能要求

项　目	指　标	
	类型Ⅰ、类型Ⅱ	类型Ⅲ、类型Ⅳ
密度/(g/cm³)	≥0.015	≥0.015
熔点/℃	≥120	≥100

注：本表摘自 CJ/T 159—2006。

表 6 - 35　　　　　　　　　铝塑复合压力管规格尺寸

管　材	规格尺寸	外径/mm		壁厚/mm		铝层厚度/mm		内层厚度/mm	
		基本尺寸	偏差	基本尺寸	偏差	基本尺寸	偏差	基本尺寸	偏差
类型Ⅰ、类型Ⅱ、类型Ⅳ	16	16	±0.20	2.25	±0.10	0.28	±0.04	1.37	±0.10
	20	20	±0.20	2.50	±0.10	0.36	±0.04	1.49	±0.10
	26	26	±0.20	3.00	±0.10	0.44	±0.04	1.66	±0.10
	32	32	±0.20	3.00	±0.10	0.60	±0.04	1.60	±0.10
	40	40	±0.20	3.50	±0.10	0.75	±0.04	1.85	±0.10
	50	50	±0.20	4.00	±0.10	1.00	±0.04	2.00	±0.10
类型Ⅲ	16	16	±0.20	2.25	±0.10	0.28	±0.04	1.37	±0.10
	20	20	±0.20	2.50	±0.10	0.36	±0.04	1.49	±0.10

注：本表摘自 CJ/T 159—2006。

表 6 - 36　　　　　　　　　铝塑复合压力管物理机械性能

序号	项　目	技　术　要　求
1	静液压强度试验： 类型Ⅰ和类型Ⅱ铝塑复合压力管 类型Ⅲ和类型Ⅳ铝塑复合压力管	95℃，在规定试验压力下持续 1h 和 100h 无泄漏，无损坏。70℃，在规定试验压力下持续 1h 和 100h 无泄漏，无损坏

续表

序号	项 目	技 术 要 求
2	冷热循环试验	1.0MPa 压力下，在 93℃±5℃ 和 20℃±5℃ 间每 15min±2min 交替一次，循环 5000 次，系统应无损坏
3	水锤试验	室温条件下，在 100kPa±50kPa 和 2500kPa±50kPa 间每 1min 交替不少于 30 次，循环 100 000 次，系统应无损坏
4	剥离试验	管材层间无剥离
5	熔合线检验	管材熔合线或铝管其他部分无可损坏
6	交联度	辐照交联：≥60%　　硅坑交联：≥65%
7	真空减压检验	20℃，80kPa 的真空压力，持续 1h 应满足最小的真空减压要求

铝塑复合管根据中间铝层成型方式不同，分为对接焊式和搭接焊式。

（1）铝塑对接焊式铝塑管。对接焊铝塑管，一般采用氩弧焊接工艺，铝管壁厚均匀，铝层厚度为 0.2～2mm，且铝材强度较高，从而具有金属管在强度和可靠性方面的优势。其最大可生产出 63mm 直径的复合管，但成本偏高。其分类、性能等见表 6-37～表 6-40。

表 6-37　　　　　　　　　对接焊式铝塑管品种分类

流体类别		用途代号	铝塑管代号	长期工作温度/℃	允许工作压力/MPa
水	冷水	L	PAP3、PAP4	40	1.40
			XPAP1、XPAP2		2.00
	热水	R	PAP3、PAP4	60	1.00
			XPAP1、XPAP2	75	1.50
			XPAP1、XPAP2	95	1.25
燃气①	天然气	Q	PAP4	35	0.40
	液化石油气②				0.40
	人工煤气③				0.20
特种流体		T	PAP3	40	1.00

注：1. 在输送易在管内产生相变的流体时，在管道系统中因相变产生的膨胀力应不超过最大工作压力或者在管道系统中采取相变的措施。

　　2. 本表摘自 GB/T 18997.2—2003。

①　输送燃气时应符合燃气安装的安全规定。

②　在输送人工煤气时应注意到冷凝剂中芳香烃对管材的不利影响，工程中应考虑这些因素。

③　指和 HDPE 的抗化学药品性能相一致的特种流体。

表 6 - 38　　　　　　　　　　　对接焊式铝塑管用聚乙烯树脂的基本性能

序号	项　　目		要　求	测试方法	材料类别
1	密度/(g/cm³)		≥0.926	GB/T 1033—1986	HDPE、MDPE
			≥0.941		PEX
2	熔体质量流动速度/(g/10min)	190℃、2.16kg	≤0.4（±20%）	GB/T 3682—2000	HDPE、MDPE
		190℃、2.16kg	≤4		PEX
3	拉伸屈服强度/MPa		≥15	GB/T 1040—1992	HDPE、MDPE
			≥21		PEX
4	长期静液压强度（20℃、50 年、预测概率 97.5%）/MPa		≥6.3	GB/T 18252—2000	HDPE、MDPE
			≥8.0		Q 类管材用 PE
5	耐慢性裂纹增长（165h）		不破裂	GB/T 18476—2001	HDPE、MDPE
6	热稳定性（200℃）		氧化诱导时间不小于 20min	GB/T 17391—1998	Q 类管材用 PE
7	耐气体组分（80℃、环应力 2MPa）/h		≥30	GB 15558.1—1995	

表 6 - 39　　　　　　　　　　　　　对接焊式铝塑管结构尺寸要求　　　　　　　　　（单位：mm）

公称外径 d_n	公称外径公差	参考内径 d_i	圆度		管壁厚 e_m		内层塑料壁厚 e_m		外层塑料最小壁厚 e_w	铝管层壁厚 e_m	
			盘管	直管	公称值	公差	公称值	公差		公差值	公差
16		10.9	≤1.0	≤0.5	2.3		1.4			0.28	
20		14.5	≤1.2		2.5		1.5			0.36	
25（26）	+0.30	18.5（19.5）	≤1.5		3.0	±0.5	1.7		0.8	0.44	±0.04
32		25.5	≤2.0	≤1.0			1.6	0.1		0.60	
40	+0.40	32.3	≤2.4	≤1.2	3.5	±0.6	1.9		0.4	0.75	
50	+0.50	41.4	≤3.0	≤1.5	4.0		2.0			1.00	

表 6 - 40　　　　　　　　　　　　　铝塑管 1h 静压强度试验

铝塑管代号	公称外径 d_n/mm	试验温度/℃	试验压力/MPa	试验时间/h	要　　求
XPAP1	16～32	95±2	2.42±0.05	1	应无破裂、局部球形膨胀、渗漏
XPAP2	40～50		2.00±0.05		
XPAP3、PAP4	16～50	70±2	2.10±0.05		

（2）铝塑搭接焊式铝塑管。这是用搭接焊铝管作为嵌入金属层增强，通过共挤热熔黏合剂与内、外层聚乙烯塑料复合而成的铝塑复合压力管。它采用了特殊的复合工艺，而不是几种材料简单地"涂复"，它要求几种复合材料等强度等物理性能，通过亲和助剂热压，紧密结合成一体，具有复合的致密性、极强的复合力。因搭接焊铝塑管的铝层一般较薄，约为 0.2～0.3mm，产品主要集中在 32mm 以下的小口径管材，生产设备结构简单，成本较低。其分类、性能等见表 6 - 41～表 6 - 44。

表 6-41　　　　　　　　　　　搭接焊式铝塑管品种分类

流体类别		用途代号	铝塑管代号	长期工作温度/℃	允许工作压力/MPa
水①	冷水	L	PAP	40	1.25
	冷热水	R	PAP	60	1.00
				75	0.82
				82	0.69
			XPAP	75	1.00
				82	0.86
燃气②	天然气	Q	PAP	35	0.40
	液化石油气				0.40
	人工煤气③				0.20
特种流体		T		40	0.50

注：1. 在输送易在管内产生相变的流体时，在管道系统中因相变产生的膨胀力不应超过最大工作压力或者在管道系统中采取相变的措施。

　　2. 本表摘自 GB/T 18997.1—2003。

① 指采用中密度聚乙烯材料生产的复合管。

② 在输送人工煤气时应注意到冷凝剂中芳香烃对管材的不利影响，工程中应考虑这些因素。

③ 指和 HDPE 的抗化学药品性能相一致的特种流体。

表 6-42　　　　　　　　　搭接焊式铝塑管用聚乙烯树脂的基本性能

序号	项　目	要求	测试方法	材料类别
1	密度/(g/cm³)	0.926～0.940	GB/T 1033—1986	MDPE
		0.941～0.959		HDPE
2	熔体质量流动速度（190℃、2.16kg)/(g/10min)	0.1～10	GB/T 3682—2000	HDPE、MDPE
3	长期静液压强度/MPa	≥3.5	GB/T 1852—2000	MDPE
		≥8.0		
		≥6.3		MDPE、HDPE
		≥8.0		
4	拉伸屈服强度/MPa	≥15	GB/T 1040—1992	MDPE
		≥21		HDPE
5	耐慢性裂纹增长（165h)	不破裂	GB/T 18476—2001	HDPE、MDPE
6	热稳定性（200℃)	氧化诱导时间不小于 20min	GB/T 17391—1998	类管材用 PE
7	耐气体组分（80℃、环应力 2MPa)/h	≥30	GB 15558.1—1995	
8	热应力开裂（设计应力 5MPa、80℃、持久 100h)	不开裂	ISO 1167	HDPE、MDPE

表 6-43　　　　　　　　　　　　搭接焊式铝塑管结构尺寸要求

公称外径 d_n	公称外径公差	参考内径 d_i	圆度		管壁厚 e_m		内层塑料最小壁厚 e_m	外层塑料最小壁厚 e_w	铝管层最小壁厚 e_n
			盘管	直管	最小值	公差			
12	+0.80	8.3	≤0.8	≤0.4	1.6	+0.50	0.7	0.4	0.18
16		12.1	≤1.0	≤0.5	1.7		1.0		0.23
20		15.7	≤1.2	≤0.6	1.9		1.1		
25		19.9	≤1.5	≤0.8	2.3		1.2		0.28
32		25.7	≤2.0	≤1.0	2.9		1.7		0.33
40		31.6	≤2.4	≤1.2	3.9	+0.60	1.7		0.47
50		40.5	≤3.0	≤1.5	4.4	+0.70	2.1		0.57
63	+0.40	50.5	≤3.8	≤1.9	5.8	+0.90	2.8		0.67
75	+0.60	59.3	≤4.5	≤2.3	7.3	+1.1			

表 6-44　　　　　　　　　　　　铝塑管静液压强度试验

公称外径 d_n/mm	用途代号				试验时间/h	要求
	L、O、T		R			
	试验压力/MPa	试验温度/℃	试验压力/MPa	试验温度/℃		
12	2.72	60	2.72	82	1	应无破裂、局部球形膨胀、渗漏
16						
20						
25						
32						
40	2.10		2.00			
50						
63						
75						

2. 钢塑复合管

钢塑复合管生产工艺有流化床涂装法、静电喷涂法、真空抽吸以及塑料管内衬法等。产品具有钢管的机械强度和塑料管耐腐蚀的优点，两者结合，整体刚性好，线膨胀系数小，耐压，不结垢，输送水稳定、卫生，产品隔热保温、外形美观。新开发的纳米抗菌不锈钢塑料复合管是在塑料管内壁附上一层纳米抗菌层，该管材具有抗菌、卫生自洁等功能。镀锌钢板塑料复合管的结构与铝塑复合管相似。

钢塑复合管主要应用于石油、化工、通信、城市给水排水等领域。最近，国内已开发出挤出成型的中小口径钢塑复合管成套生产设备，此种钢塑复合管为 3 层结构，中间层为已铣孔的钢板卷焊或钢网焊接层，内、外层融为一体的高密度聚乙烯（HDPE）层。

（1）给水涂塑复合钢管。原始管材主要用热镀锌管，内壁复合塑料层主要采用聚乙烯等高分子材料。通过对热镀锌管内壁进行喷砂处理后将热镀锌管加热，然后通过真空吸涂机在钢管内产生真空后吸涂粉末涂料并高速旋转，将粉末涂料涂覆在钢管内壁。其性能、质量要求等见表 6-45 和表 6-46。

表 6-45 涂层厚度要求

公称口径/mm	涂层厚度/mm	公称口径/mm	涂层厚度/mm
15	>0.30	65	>0.4
20		80	
25		100	
32	>0.35	125	
40		150	
50			

表 6-46 涂层质量要求

项 目	要 求	
	聚乙烯涂层	环氧树脂涂层
针孔试验	不发生电火花击穿现象	不发生电火花击穿现象
附着力试验	≥30N/10min	涂层不发生剥离
弯曲试验（公称口径≤50mm）	涂层不发生剥离、断裂	涂层不发生剥离、断裂
压扁试验（公称口径≥60mm）	涂层不发生剥离、断裂	涂层不发生剥离、断裂
冲击试验	涂层不发生剥离、断裂	涂层不发生剥离、断裂
卫生性能试验	符合 GB/T 17219 要求	符合 GB/T 17219 要求

（2）给水衬塑复合管。原始管材主要采用热镀锌管，内壁采用 PE、PP-R 和 PVC 等塑料管材，通过共挤出法将塑料管挤出成型并外涂热熔性粘结层，然后套入锌管内一起在衬塑机组内加热加压并冷却定型后，将塑料管复合在钢管内壁。衬塑复合管的尺寸及偏差见表 6-47。

表 6-47 衬塑复合管的尺寸及偏差

公 称 直 径		内衬塑料管	衬塑钢管/mm		
D_N	I_n	厚度/mm	内径	偏差	长度
15	1/2	1.5±0.2	12.8	+0.5～-0.0	6000 (+2.0～0.0)
20	3/4		18.3	+0.6～-0.0	
25	1		24.0	+0.8～-0.0	
32	$1\frac{1}{4}$		32.8	+0.8～-0.0	
40	$1\frac{1}{2}$		38	+1.0～-0.0	
50	2		50	+1.0～-0.0	
65	$2\frac{1}{2}$		65	+1.2～-0.0	
80	3	2.0±0.2	76.5	+1.4～-0.0	
100	4		102	+1.4～-0.0	
125	5		128	+2.0～-0.0	
150	6		151	+2.0～-0.0	

注：1. 供货有特殊要求时，长度可由供、需双方协商确定。

　　2. 管端是否带螺纹由供、需双方确定。

（3）钢塑复合压力管。钢塑复合管主要包括三层，中间层为钢带（或镀锌钢带），内、外层均为聚乙烯（或聚丙烯）。内塑料管挤出后外涂胶粘剂，与此同时钢带经辊压成型并包覆内管，对成型钢管进行氩弧焊接，最后钢管外壁涂胶粘剂并与外塑料管共同挤出复合。其各项技术指标见表 6-44～表 6-48。

（4）薄壁不锈钢管。薄壁不锈钢管有优异的耐腐蚀性，安全可靠，卫生环保，经济适用，具有不漏水、不爆裂、防火、抗震等特点，使用寿命长达 100 年。它适用于各种水质，除了消毒灭菌不需要对水质进行控制，同时，也没有腐蚀和超标的渗出物，能够保持水质纯净卫生，避免二次污染，能经受高达 30m/s 的高水流冲击，广泛应用于食品、医疗、化工、石油工业等领域，特别适用热水输送。

不锈钢管的连接方式多样，常见的管件类型有压缩式、压紧式、活接式、推进式、推螺纹式、承插焊接式、活接式法兰连接、焊接式及焊接与传统连接相结合的派生系列连接等方式。这些连接方式，根据其原理不同，其适用范围也有所不同，但大多数均安装方便、牢固可靠。其尺寸与技术性能见表 6-48～表 6-55。

表 6-48　　　　　　　　　　　　　　钢塑复合管工作温度

用途符合	塑料代号	工作温度/℃	用途符合	塑料代号	工作温度/℃
L	PE	≤60	T	PE	
R	PE-RT；PEX；PPR	≤95			
Q	PE	≤40		PE-RT；PEX；PPR	

表 6-49　　　　　　　　　　　　钢塑普通系列复合管规格尺寸　　　　　　　　　　　　（mm）

公称直径	公称外径偏差	内层聚乙（丙）烯最小厚度	钢带最小厚度	外层聚乙（丙）烯最小厚度	壁厚	壁厚偏差
50	+0.5～0	1.4	0.3	1.0	3.5	+0.5～0
60	+0.6～0	1.6	0.4	1.1	4.0	+0.7～0
75	+0.7～0	1.6	0.5	1.1	4.0	+0.7～0
90	+0.8～0	1.7	0.6	1.2	4.5	+0.8～0
110	+0.9～0	1.8	0.8	1.3	5.0	+0.9～0
160	+1.6～0	1.8	1.1	1.5	5.5	+1.0～0
200	+2.0～0	1.8	1.4	1.7	6.0	+1.2～0
250	+2.4～0	1.8	1.7	1.9	6.5	+1.4～0
315	+2.6～0	1.8	2.2	1.9	7.0	+1.6～0
400	+3.0～0	1.8	2.8	2.0	7.5	+1.8～0

表 6 - 50　　　　　　　　　　钢塑加强系列复合管规格尺寸　　　　　　　　　　（mm）

公称直径	公称外径偏差	内层聚乙（丙）烯最小厚度	钢带最小厚度	外层聚乙（丙）烯最小厚度	壁厚	壁厚偏差
16	+0.3～0	0.8	0.3	0.4	2.0	+0.4～0
20	+0.3～0	0.8	0.3	0.4	2.0	+0.4～0
25	+0.3～0	1.0	0.4	0.6	2.5	+0.4～0
32	+0.3～0	1.2	0.4	0.7	3.0	+0.4～0
40	+0.4～0	1.3	0.5	0.8	3.5	+0.5～0
50	+0.5～0	1.4	0.6	1.5	4.5	+0.8～0
63	+0.6～0	1.7	0.5	1.7	5.0	+0.9～0
75	+0.7～0	1.9	0.6	1.9	5.5	+1.0～0
90	+0.8～0	2.0	0.8	2.0	6.0	+1.2～0
110	+0.9～0	2.0	1.0	2.2	6.5	+1.4～0
160	+1.6～0	2.0	1.7	2.2	7.0	+1.6～0
200	+2.0～0	2.0	2.2	2.2	7.5	+1.8～0
250	+2.4～0	2.0	2.8	2.3	8.5	+2.2～0
315	+2.6～0	2.0	3.5	2.3	9.0	+2.4～0
400	+3.0～0	2.0	4.5	2.3	10.0	+2.8～0

表 6 - 51　　　　　　　　　　普通系列复合管最大工作压力

用途符号	公称外径/mm									
	50	63	75	90	110	160	200	250	315	400
	最大工作压力/MPa									
L、R、T	1.25									
Q	0.5									

表 6 - 52　　　　　　　　　　普通系列复合管最大工作压力

用途符号	公称外径/mm														
	16	20	25	32	40	50	63	75	90	110	160	200	250	315	400
	最大工作压力/MPa														
L、R、T	2.5							2.0							
Q	1.0							0.8							

表 6 - 53　　　　　　　　　　薄壁不锈钢管的材料牌号

牌　号	用　途
0Cr18Ni9（304）	饮用净水、生活饮用水、空气、医用气体、热水等管道用
0Cr17Ni12Mo2（316）	耐腐蚀性比 0Cr18Ni9 更高的场合
00Cr17Ni11Mo2（316L）	海水

表 6 - 54　　薄壁不锈钢管材的抗拉强度和伸长率

牌　号	抗拉强度/MPa	伸长率（%）
0Cr18Ni9（304）	≥520	≥35
0Cr17Ni12Mo2（316）		
00Cr17Ni11Mo2（316L）	≥480	

表 6 - 55　　薄壁不锈钢水管的基本尺寸

公称直径 D_N/mm	水管外径 /mm	外径允许偏差 /mm	壁厚 S/mm		质量/(kg/m) 0Cr18Ni9	0Cr17Ni12Mo2、00Cr17Ni11Mo2
10	10	±0.10		0.8		
	12					
15	14		0.6	0.8		
	16					
20	20			1.0		
	22					
25	25.4		0.8	1.0	$W=0.024\,91\times(D_w-S)\times S$	$W=0.025\,07\times(D_w-S)\times S$
	28					
32	35	±0.12	1.0			
	38			1.2		
40	40					
	42	±0.15				
50	50.8			1.2		
	54	±0.18				
65	67	±0.20	1.2	1.5		
	70					
80	76.1	±0.23	1.5			
	88.9	±0.25				
100	102	±0.4%D_w		2.0	$W=0.024\,91\times(D_w-S)\times S$	$W=0.025\,07\times(D_w-S)\times S$
	108					
125	133		2.0			
150	159			3.0		

6.6.3　预应力钢筒混凝土管

预应力钢筒混凝土管是指带有钢筒的混凝土管芯外侧缠绕环向预应力钢丝并采用水泥砂浆保护层而制成的管子，预应力钢筒混凝土管（PCCP）按其结构分为内衬式预应力钢筒混凝土管（PCCPL）和埋置式预应力混凝土管（PCCPE）；按管子的接头密封类型又分为单胶圈预应力钢筒混凝土管（PCCPSL、PCCPSE）和双胶圈预应力钢筒混凝土管（PCCPDL、PCCPDE）。其各项指标见表 6 - 56～表 6 - 60。

表 6-56　　　　　　　内衬式预应力钢筒混凝土管（PCCPL）基本尺寸　　　　　　　（mm）

管子类型	公称内径 D_0	最小管芯厚度 t_c	保护层净厚度	钢筒厚度 t_y	承口深度 C	插口长度 E	承口工作面内径 B_b	承口工作面内径 B_s	接头内间隙 J	接头外间隙 K	胶圈直径 d	有效长度 L_0	管子长度 L	参考质量 /(t/m)
单胶圈	400	40					493	493						0.23
	500	40					593	593						0.28
	600	40					693	693						0.31
	700	45					803	803						0.41
	800	50	20	1.5	93	93	913	913	15	15	20	5000 6000	5078 6078	0.50
	900	55					1023	1023						0.60
	1000	60					1133	1133						0.70
	1200	70					1353	1353						0.94
	1400	90					1593	1593						1.35
双胶圈	1000	60					1133	1133						0.70
	1200	70	20	1.5	160	160	1353	1353	25	25	20	5000 6000	5135 6135	0.94
	1400	90					1593	1593						1.35

表 6-57　　　　　埋置式预应力钢管混凝土管（PCCPE）基本尺寸（单胶圈接头）　　　　　（mm）

公称内径 D_0	最小管芯厚度 t_c	保护层净厚度	钢筒厚度 t_y	承口深度 C	插口长度 E	承口工作面内径 B_b	承口工作面内径 B_s	接头内间隙 J	接头外间隙 K	胶圈直径 d	有效长度 L_0	管子长度 L	参考质量 /(t/m)
1400	100					1503	493						1.48
1600	100					1703	593						1.67
1800	115					1903	693						2.11
2000	125	20	1.5	108	108	2013	803	25	25	20	5000 6000	5083 6083	2.52
2200	140					2313	913						3.05
2400	150					2513	1023						3.53
2600	165					2713	1133						4.16
2800	175					2923	2923						4.72
3000	190					3143	3143						5.44
3200	200					3343	4333						6.07
3400	2200	20	1.5	150	150	3553	3553	25	25	20	5000 6000	5125 6125	7.06
3600	230					3763	3763						7.77
3800	245					3973	3973						8.69
4000	260					4183	4183						9.67

表 6 - 58　　　　埋置式预应力钢管混凝土管（PCCPE）基本尺寸（双胶圈接头）　　　　（mm）

公称内径 D_0	最小管芯厚度 t_c	保护层净厚度	钢筒厚度 t_y	承口深度 C	插口长度 E	承口工作面内径 B_b	承口工作面内径 B_s	接头内间隙 J	接头外间隙 K	胶圈直径 d	有效长度 L_0	管子长度 L	参考质量 /(t/m)
1400	100					1503	493						1.48
1600	100					1703	593						1.67
1800	115					1903	693						2.11
2000	125	20	1.5	160	160	2013	803	25	25	20	5000 6000	5135 6135	2.52
2200	140					2313	913						3.05
2400	150					2513	1023						3.53
2600	165					2713	1133						4.16
2800	175					2923	2923						4.72
3000	190					3143	3143						5.44
3200	200					3343	4333						6.07
3400	220	20	1.5	160	160	3553	3553	25	25	20	5000 6000	5125 6125	7.06
3600	230					3763	3763						7.77
3800	245					3973	3973						8.69
4000	260					4183	4183						9.67

表 6 - 59　　　　　　　　　　成 品 管 子 允 许 偏 差　　　　　　　　　　（mm）

公称内径	内径 D_0	管芯厚度 t_c	保护厚度 t_g	管子总长 L	承口 内径 B_b	承口 深度 C	插口 外径 B_s	插口 长度 E	承插口工作面	管子端面倾斜度 /(°)
400～1200	±5	±4		±6		±3		±3		≤6
1400～3000	±8	±6	-1	±6	+1.0 +0.2	±4	-0.2 -1.0	±4	0.5%或 12.7mm （最小值）	≤9
3200～4000	±10	±8		±8		±5		±5		≤13

表 6 - 60　　　　　　　　　　配件用钢板的最小厚度　　　　　　　　　　（mm）

公称直径范围	最小厚度	公称直径范围	最小厚度
400～500	4.0	1600～2000	10.0
500～900	5.0	2000～2200	12.0
1000～1200	6.0	2200～2400	14.0
1400～1600	8.0		

第7章 绿色施工技术

7.1 施工现场水收集综合利用技术

7.1.1 技术内容

施工过程中应高度重视施工现场非传统水源的水收集与综合利用，该项技术包括基坑施工降水回收利用技术、雨水回收利用技术、现场生产和生活废水回收利用技术。

（1）基坑施工降水回收利用技术，一般包含两种技术：一是利用自渗效果将上层滞水引渗至下层潜水层中，可使部分水资源重新回灌至地下的回收利用技术；二是将降水所抽水体集中存放，施工时再利用。

（2）雨水回收利用技术是指在施工现场中将雨水收集后，经过雨水渗蓄、沉淀等处理，集中存放再利用。回收水可直接用于冲刷厕所、施工现场洗车及现场洒水控制扬尘。

（3）现场生产和生活废水利用技术是指将施工生产和生活废水经过过滤、沉淀或净化等处理，达标后再利用。

经过处理或水质达到要求的水体，可用于绿化、结构养护用水以及混凝土试块养护用水等。

7.1.2 技术指标

（1）利用自渗效果将上层滞水引渗至下层潜水层中，有回灌量、集中存放量和使用量记录。

（2）施工现场用水至少应有 20% 来源于雨水和生产废水回收利用等。

（3）污水排放应符合《污水综合排放标准》（GB 8978）。

（4）基坑降水回收利用率为

$$R = K_6 \frac{Q_1 + q_1 + q_2 + q_3}{Q_0} \times 100\%$$

式中　Q_0——基坑涌水量（m^3/d），按照最不利条件下的计算最大流量；

Q_1——回灌至地下的水量（根据地质情况及试验确定）；

q_1——现场生活用水量（m^3/d）；

q_2——现场控制扬尘用水量（m^3/d）；

q_3——施工砌筑抹灰等用水量（m^3/d）；

K_6——损失系数；取 0.85～0.95。

基坑封闭降水技术适用于地下水面埋藏较浅的地区；雨水及废水利用技术适用于各类施工工程。

7.1.3 工程案例

天津津湾广场 9 号楼、上海浦东金融广场、深圳平安中心、天津渤海银行、东营市东银大厦等工程。

7.1.4 工程实例

1. 实例一

某写字楼工程平面为矩形，尺寸为 80m×55m，采用深层搅拌桩作为止水帷幕。该地基土层为细砂，已知渗透系数 K 为 5m/d，基坑深 6m，潜水水位离地面 1m，含水层厚 11m，施工要求降水深度在基坑底以下 1m，基坑内土层给水度为 0.08。

解：（1）按全封闭降水（图 7-1）。

$$S=6-1+1=6m$$

$$X_0=\sqrt{\frac{A}{\pi}}=\sqrt{\frac{80\times55}{3.14}}=37m$$

$$r=\frac{1}{2}X_0=\frac{1}{2}\times37=18.5m$$

$$Q=Q\times(S+ir)\mu=80\times55\times(6+0.1\times18.5)\times0.08=2746m^3$$

过滤器半径 $r_s=0.2m$，过滤器进水部分长度 $L=2m$。

单井的出水量 $q=120\pi r_s l^3\sqrt{K}=120\times3.14\times0.2\times2\times\sqrt[3]{5}=256m^3/d$。

由此可得：若提前 3d 降水

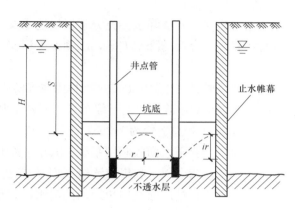

图 7-1 全封闭降水模式

$$n=1.1\frac{Q}{q}=1.1\frac{2746}{256\times3}=3.9$$

取 $n=4$ 口。

从技术经济上考虑，本工程降水拟采用 4 口管井提前 3d 降水，即可疏干基坑内静态水。

（2）一般无压完整井井点降水（图 7-2）的涌水量计算为：

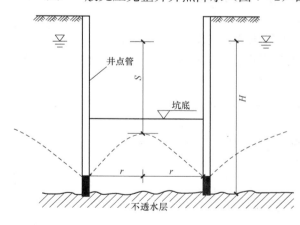

图 7-2 一般井点降水模式

抽水影响半径 $R=1.95\times S\sqrt{HK}=1.95\times6\times\sqrt{11\times5}=86.8m$

$$Q=1.366\times K\times\frac{(2H-S)\times S}{\lg R-\lg x_0}=1.366\times5\times\frac{2\times11-6}{\lg86.8-\lg37}=1821m^3/d$$

$$n=1.1\frac{Q}{q}=1.1\frac{1821}{256}=7.8$$

取 $n=8$ 口。

即需要 8 口井每天不断抽水才能降低到设计深度。

通过比较发现，一般的井点降水造成地下水的大量浪费，这显然是不合理也不经济的做法。而对于全封闭的降水方案，不仅可以防止基坑周边地下水向基坑内渗入，减少基坑内排水量，而且能有效地控制由于基坑内降水引起的基坑周边地面沉降，预防基坑附近建筑物、管网等因地面不均匀沉降而造成的破坏。在运用全封闭降水方案时，要注意降水井深度必须小于帷幕深度，这样帷幕、降水井才能起到应有的作用。实践发现：一般以降水井深度为帷幕深度的 4/5～9/10 为宜。

运用全封闭降水方案时，如若基坑下有承压水存在，基坑开挖减少了含水层上覆盖不透水层的厚度时，当它减少到一定程度，承压水的水头压力可能顶裂或冲毁基坑底板，造成突涌现象。故当基坑下部存在承压水层时，应评价基坑开挖引起的承压水头压力冲毁基坑底板后造成突涌的可能性。

结论与建议：基坑降水要充分掌握场地水文地质条件，考察临近施工地点的降水经验，从而制定有效、合理的降水方案，以确保工程安全、顺利地进行。

2. 实例二

（1）项目概况。体育中心二期项目用地规模约 643.1 亩，建设内容包括体育馆、游泳跳水馆、网球中心及室外道路、地下停车场、园林景观绿化工程等相关附属设施，总建筑面积为 122888.51m²，工程总造价约 112984 万元。

项目包括 5 套雨水回收利用系统，其中一个用于收集网球中心屋面及周边地面的雨水，容积为 300m²，两个用于收集游泳馆屋面及周边地面的雨水，容积分别为 300m² 和 400m²，两个用于收集体育馆屋面及周边地面的雨水，容积分别为 300m² 和 400m²，雨水综合利用包括雨水入渗、收集回用和调蓄排放。

（2）整体施工思路与相应措施。

1）通过科学合理的施工组织安排，将雨水回收系统、渗透系统及排放系统分块同时组织施工，提高了施工效率，有效地监控各个子系统的施工质量。

2）利用 AutoCAD 软件及 BIM 技术对各系统进行放样和优化设计，精确控制大型体育场馆建筑群内各汇水面标高和排水坡度。利用雨水自流的特点，结合专业装置和新型材料（如 pp 蓄水模块、自清洗过滤器、紫外线杀毒器等），完成污染物的自动排放、净化、收集、供水，真正实现节能、环保、高使用寿命功能。

3）通过 3D 建模、碰撞检测、深化设计、工料统计、进度模拟、工艺模拟、协同工作、辅助验收等 BIM 技术应用，以数字化、信息化和可视化的方式提升项目建设水平，做到精细化管理。

4）采用的缝隙式树脂混凝土地沟和格栅式 U 形树脂混凝土地沟均为成品制作，通过现场分节拼装，安装速度快，雨水收集效果好。

5）用于收集雨水的储存装置采用成品装配式 pp 方块，搬运轻便，拼装速度快，大大缩短了施工周期，降低了施工难度，节约施工成本。

（3）关键技术的概要。

1）大面积建筑群雨水收集电脑辅助软件（AutoCAD、BIM 技术）模拟技术。

利用 AutoCAD 软件及 BIM 技术对雨水回收系统、渗透系统及排放系统提前进行放样和优化设计，计算出各系统控制坐标、标高和排水坡度，形成以系统为单位的若干个独立的深化设计施工方案。利用 BIM 技术模拟施工，提前解决室外管网的碰撞问题。

2）雨水收集新型材料、雨水储存处理一体化施工。

采用的缝隙式树脂混凝土地沟（图 7-3）和格栅式 U 形树脂混凝土地沟（图 7-4）均为成品制作，通过现场分节拼装，安装速度快，雨水收集效果好。

图 7-3　格栅式 U 形树脂混凝土地沟　　　　图 7-4　缝隙式树脂混凝土地沟

　　用于收集雨水的储存装置采用成品装配式 pp 方块，搬运轻便，拼装速度快，大大缩短了施工周期，降低了施工难度，节约施工成本。装配式 PP 方块如图 7-5 所示。

　　（4）雨水系统自动控制技术。本系统采用全自动控制技术。系统电控柜安装在绿化或附近建筑内显眼处，采用防水电控箱，安全且便于操作，电气管路根据电气预留条件图安装，满足电气要求。图 7-6 为雨水利用系统设备布置示意图。

 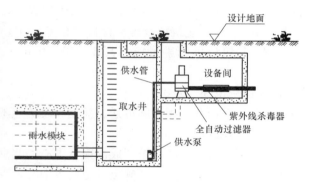

图 7-5　装配式 PP 方块　　　　　　图 7-6　雨水利用系统设备布置示意图

7.2　建筑垃圾减量化与资源化利用技术

7.2.1　技术内容

　　建筑垃圾是指在新建、扩建、改建和拆除加固各类建筑物、构筑物、管网以及装饰装修等过程中产生的施工废弃物。

　　建筑垃圾减量化是指在施工过程中采用绿色施工新技术、精细化施工和标准化施工等措施，减少建筑垃圾排放；建筑垃圾资源化利用是指建筑垃圾就近处置、回收直接利用或加工处理后再利用。对于建筑垃圾减量化与建筑垃圾资源化利用的主要措施包括：实施建筑垃圾分类收集、分类堆放；碎石类、粉类的建筑垃圾进行级配后用作基坑肥槽、路基的回填材料；采用移动式快速加工机械，将废旧砖瓦、废旧混凝土就地分拣、粉碎、分级，变为可再生骨料。

可回收的建筑垃圾主要有散落的砂浆和混凝土、剔凿产生的砖石和混凝土碎块、打桩截下的钢筋混凝土桩头、砌块碎块，废旧木材、钢筋余料、塑料等。

现场垃圾减量与资源化的主要技术有：

（1）对钢筋采用优化下料技术，提高钢筋利用率；对钢筋余料采用再利用技术，如将钢筋余料用于加工马凳筋、预埋件与安全围栏等。

（2）对模板的使用应进行优化拼接，减少裁剪量；对木模板应通过合理的设计和加工制作提高重复使用率的技术；对短木方采用指接接长技术，提高木方利用率。

（3）对混凝土浇筑施工中的混凝土余料做好回收利用，用于制作小过梁、混凝土砖等。

（4）对二次结构的加气混凝土砌块隔墙施工中，做好加气块的排块设计，在加工车间进行机械切割，减少工地加气混凝土砌块的废料。

（5）废塑料、废木材、钢筋头与废混凝土的机械分拣技术；利用废旧砖瓦、废旧混凝土为原料的再生骨料就地加工与分级技术。

（6）现场直接利用再生骨料和微细粉料作为骨料和填充料，生产混凝土砌块、混凝土砖，透水砖等制品的技术。

（7）利用再生细骨料制备砂浆及其使用的综合技术。

7.2.2 技术指标

（1）再生骨料应符合《混凝土再生粗骨料》（GB/T 25177）、《混凝土和砂浆用再生细骨料》（GB/T 25176）、《再生骨料应用技术规程》（JGJ/T 240）、《再生骨料地面砖、透水砖》（CJ/T 400）和《建筑垃圾再生骨料实心砖》（JG/T 505）的规定；

（2）建筑垃圾产生量应不高于 350t/万 m^2；可回收的建筑垃圾回收利用率达到 80% 以上。

7.2.3 适用范围

适合建筑物和基础设施拆迁、新建和改扩建工程。

7.2.4 工程案例

天津生态城海洋博物馆、成都银泰中心、北京建筑大学实验楼工程、昌平区亭子庄污水处理站工程昌平陶瓷馆、邯郸金世纪商务中心，青岛市海逸景园等工程、安阳人民医院整体搬迁建设项目门急诊综合楼工程。

7.2.5 工程实例

1. 工程概况

本项目位于贵阳市云岩区水东路渔安安井片区，位于整个中天。未来方舟工程场地的西北部。距离市中心 2.2 公里，机场 1.6 公里。项目由 G1 组团、G3 组团、D6 组团、D18 组团、E7 组团组成，总建筑面积约为 81.6 万 m^2。本工程为高层住宅，建筑层数 31 层，地下 4～8 层不等，高 99.75m，结构形式为现浇钢筋混凝土框架—剪力墙结构。

2. 建筑垃圾减量化

（1）建筑垃圾减量化措施。建筑垃圾的减量化是指减少建筑垃圾的产生量和排放量，建筑垃圾减量化的措施很多，根据建筑垃圾产生的原因，将建筑垃圾减量化的措施分为以下几种。

1）从施工人员方面减少建筑垃圾。从技术人员角度看：熟悉好图纸、做好对工人的技术交底；实施现场监管、做好各道工序的验收；做好建筑材料的预算，尽量避免过剩的建筑材料转化为建筑垃圾。从具体操作人员角度看：尊重建筑工人；建立健全制度，通过详细的制度管理建筑工人；加强对施工工人的教育，让他们认识到浪费建筑材料对个人、企业及整个社会的危害。从材料员的角度看：严把质量关；材料员应与施工管理人员多进行沟通交流，对管理人员提出的进料单进行认真审批，避免材料进料过多而造成的浪费；加强对施工工人的监管。

2）从管理方式方面减少建筑垃圾。采用商品砂浆、将钢筋制作外包给专门钢筋加工中心，就能大大减少混凝土这种建筑垃圾和废钢筋的产生。采用分包的方式将单项工程承包给个人，为了保证经济效益，承包者就会想办法降低建筑垃圾的产生。

3）从施工工艺方面减少建筑垃圾。比如用可以循环使用的钢模板代替木模板，就从而减少废木料的产生。采用装配式代替现场制作，也是减少建筑垃圾的好办法。采用产业化的生产方式，房屋的构件可以在工厂批量生产，减少了传统施工现场的各种不稳定因素，可以节约建筑材料，减少建筑垃圾。

4）采用绿色建材减少建筑垃圾产生。比如采用轻骨料混凝土隔墙板、粉煤灰小型空心砌块、钢丝网架水泥聚苯乙烯夹芯板、石膏空心砌块等绿色建材产品。绿色建材与传统建材相比，低消耗、低能源、无污染、可循环利用，可以减少建筑垃圾的产生。

（2）减量化在施工中的应用。

1）钢筋减量化措施。优化钢筋配料单，进场不同长度的钢筋原材，避免钢筋短料的产生。采用数控箍筋弯曲机加工箍筋，机械加工尺寸精确，加工速度快，有效地避免了人工加工过程中尺寸不到位造成的不必要浪费和钢筋废料的产生。每加工 100t 钢材，能避免 2t 钢筋的浪费，减少人工 60～80 工日。

2）模板减量化措施。根据房间开间尺寸，优化配模方案，提出不同长度的木方计划，有效减少废料的产生。严格控制好模板偏差值，达到规范要求的情况下，墙板模板支设按负偏差控制，顶板模板支设标高按正偏差控制，从而节约混凝土量。

采用新型塑料模板，墙体配置一套模板，顶板配置三套模板可以一次性周转到位，有效减少木方的投入，避免了木材废料的产生。可以一次周转到位，周转次数达 33 次且能 100% 回收，有效减少木材的投入，避免木材废料的产生。

3）混凝土减量化措施。混凝土地面浇捣一次成型，严格控制标高，及时抹平收光，提高混凝土的表面平整度，争取免做找平层或减少修补。如果存在混凝土剩余时，制作成预制构件，用于二次结构施工，能有效减少混凝土废料的产生；对最后一车混凝土的供应量进行准确估计，避免过度浪费。

4）加气块减量化措施。砖、砌块放在固定的雨篷里，而且必须堆放整齐，避免不必要的损毁，装车整齐，运输过程中要避免抛出车外，造成损失。

砖墙砌筑前，先排好每面墙的砌筑数，得出每面墙体的整砖数量和需要切割的七分砖或半砖的数量，可有效地避免二次搬运和砌块废料的产生。

5）其他减量化措施。外架采用附着式升降脚手架取代悬挑脚手架，从而可以减少密目网、脚手板垃圾的产生。同比节约钢管 10.7 万米/栋，扣件 2.6 万只。

3．建筑垃圾资源化

（1）建筑垃圾资源化利用措施及工程应用。本工程首先对建筑垃圾进行分类，然后对不同种类的建筑垃圾进行运用不同的技术处理，在不破坏环境的前提下，以期获得最大的效益。

1）废弃混凝土的综合利用。项目废弃混凝土块产生数量占建筑垃圾总量的 20% 左右，是其重要组成部分，也是综合利用价值较大的组成部分，废弃混凝土经过破碎后，用于生产再生混凝土或作为路基材料，或与碎砖、石灰混合用于夯扩桩。混凝土块破碎、清洗、分级后，按一定比例混合形成再生骨料，部分或全部代替天然骨料的配制新混凝土的技术。再生骨料按来源可分为道路再生骨料和建筑再生骨料，按粒径大小可分为再生粗骨料，粒径为 5～25mm；再生细骨料，粒径为 0.15～5mm。

2）废旧钢筋的综合利用。利用废旧钢筋，可做成楼层常用的马凳，还可以用于模板内撑，使用大直径钢筋可以焊接成排水沟盖板或用于梁双层钢筋垫铁，其他多余的钢筋可通过钢筋废料处理厂进行回炉再利用。

3）碎砖头的综合利用。项目废弃砖块产生数量占建筑垃圾总量的 30% 左右，也是其重要组成部分，是综合利用价值较大的组分，废弃砖经过破碎后，与原材砂子混合搅拌后的砂浆，可用于砖墙的砌筑，也可直接当成砂子使用，与临建等非承重部位砖墙的砌筑。另外，部分旧砖头破碎后还被制成路牙石等。

4）废旧木方的综合利用。本工程支模量大，周转次数多，木方的需求量也很大，按照安全、经济、合理、可循环利用的原则，利用木方的对接技术，使废木方、短木方对接后循环再用，可以节省木方，降低施工成本。废木方的再次利用，节省木材，有利于生态环境的保护。可以取得较大的经济效益。因此对未超过 1m 的木方，采用木方接长机接长后用于其他单体或项目，过短的木方可用于楼层邻边洞口等。较碎小的部分可以作为燃料使用。

（2）试验分析。为了了解建筑垃圾回收利用产生的二次资源的工程应用性能，对项目进行了一系列的试验，以确保其安全可靠性。

1）再生骨料筛分试验分析。通过对混凝土、加气块、标准砖破碎后的再生骨料进行了筛分试验后，其中加气块破碎的再生骨料细度模数为 2.6，混凝土破碎后的再生骨料细度模数为 3.1，标准砖破碎后的再生骨料细度模数为 3.4，根据 GB/T 25176—2010 第 4.2 标准，分别被评定为中砂、粗砂、细砂。而项目部原材料山砂的细度模数为 2.7，评定为中砂。所以再生料筛分试验均能达到砂子的要求。

2）砂浆配合比试验。对混凝土、加气块、标准砖破碎后的再生骨料进行了配合比试验。将各种再生骨料和水泥和水按一定比例配置强度为 M5 砂浆。从表 7-1 中看出，混凝土和标准砖破碎后的再生骨料与水泥按照一定比例掺合后，能够直接做成 M5 砂浆并用于工程，而砌块破碎后的再生骨料按照 1:3.85 的比例配成砂浆后，强度仍旧达不到 M5 砂浆的要求，不能直接使用于工程，只能用于临时设施的建设等。

表 7-1　　　　　　　　　　砂浆配合比试验（设计要求 M5）

原材料	沙	混凝土破碎骨料	砌块破碎骨料	标准砖破碎骨料
配合比	1:6.64	1:6.17	1:3.85	1:6.57
坑压强度平均值（MPa，28d）	5.5	5.0	3.6	6.8

3）木方接长试验。经过与高校的合作，通过试验得出了木方原材料和接长后的木方物理力学性能的相关数据。

从表 7-2 中可以看出，木方原材料和接长后的木方在弹性模量、抗剪强度、抗拉强度、抗压强度的数据基本相同，独抗弯强度相差过大。由于抗弯强度变低，采用接长后的木方需要在间距方面进行弥补，经过计算，在墙柱加固方面，原木方间距在 200cm，需要调整到 160cm 左右，而顶板加固方面，木方次楞原 200cm 间距只需调整到 180cm 左右。

表 7 - 2   木方试验数据

指标 类型	弹性模量/GPa	抗弯强度/MPa	抗剪强度/MPa	抗拉强度/MPa	抗压强度/MPa
原料木方	8.70	53.94	15.44	30.34	49.99
接长木方	8.83	36.52	13.46	29.52	46.46

即可确保模板支设的安全性能，可优先用于楼板模板支设。另外，考虑从木方接长所采用的胶水方面着手，项目拟采用性能优异的胶水以克服抗弯强度过小的问题。

4. 预期效益分析

经济效益：各种建筑材料产生大量的建筑废料，如砌块边角料、混凝土碎块、钢筋头、废旧木方、模板等等材料，通过机械加工等处理后，再作为原材或辅材再应用到项目，大大降低了原材费用和运输费。据统计分析，每万平方米将产生 500～600t 建筑垃圾，按废材量利用率的 80% 计，经济效益将非常可观。

社会效益：建筑大量的建筑废弃物循环再利用技术应用，不仅为项目节约了资金，而且还为实施者提供了新工作岗位，并带动其各种加工废材机械的研发应用，又间接增添了不少新的岗位和机械制造行业，产生深远的社会效益。

环境效益：固体废弃物综合应用技术实施，不仅取得了经济效益和社会效益，更重要的是对生态环境的贡献。大量建筑固体废弃物丢弃造成环境的重大污染，而重新生产新的建筑材料，所产生的污染物是对环境的又一次污染。因此，建筑物固体废弃物的综合应用技术，可以降低目前传统建筑材料如钢筋、木材等的生产对资源的消耗，节约资源和保护环境。同时，也减少了不可再生资源的开采和使用，不仅保护了环境，而且为后世子孙保留更多的资源。

5. 结论

本项目通过与工程实际相结合，将一系列建筑垃圾减量化资源化的措施运用于施工现场，形成了一套科学、有效的建筑固体废弃物综合利用技术，为其他项目建筑垃圾的处理提供了借鉴。

7.3 绿色施工在线监测评价技术

7.3.1 技术内容

绿色施工在线监测及量化评价技术是根据绿色施工评价标准，通过在施工现场安装智能仪表并借助 GPRS 通信和计算机软件技术，随时随地以数字化的方式对施工现场能耗、水耗、施工噪声、施工扬尘、大型施工设备安全运行状况等各项绿色施工指标数据，进行实时监测、记录、统计、分析、评价和预警的监测系统和评价体系。

绿色施工涉及管理、技术、材料、工艺、装备等多个方面。根据绿色施工现场的特点及施工流程，在确保施工各项目都能得到监测的前提下，绿色施工监测内容应尽可能全面，用最小的成本获得最大限度的绿色施工数据，绿色施工在线监测对象应包括但不限于图 7 - 7

所示内容。

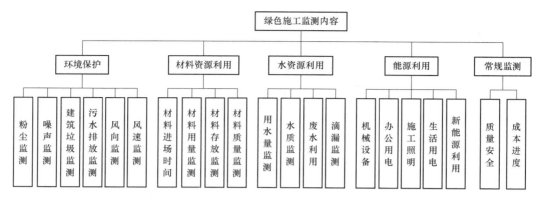

图 7-7　绿色施工在线监测对象内容框架

监测及量化评价系统构成以传感器为监测基础，以无线数据传输技术为通信手段，包括现场监测子系统、数据中心和数据分析处理子系统。现场监测子系统由分布在各个监测点的智能传感器和 HCC 可编程通信处理器组成监测节点，利用无线通信方式进行数据的转发和传输，达到实时监测施工用电、用水、施工产生的噪声和粉尘、风速风向等数据。数据中心负责接收数据和初步的处理、存储，数据分析处理子系统则将初步处理的数据进行量化评价和预警，并依据授权发布处理数据。

7.3.2　技术指标

（1）绿色施工在线监测及评价内容包括数据记录、分析及量化评价和预警。

（2）应符合《建筑施工场界环境噪声排放标准》（GB 12523）、《污水综合排放标准》（GB 8978）、《生活饮用水卫生标准》（GB 5749）；建筑垃圾产生量应不高于 350t/万 m²。施工现场扬尘监测主要为 PM2.5、PM10 的控制监测，PM10 不超过所在区域的 120%。

（3）受风力影响较大的施工工序场地、机械设备（如塔吊）处风向、风速监测仪安装率宜达到 100%。

（4）现场施工照明、办公区需安装高效节能灯具（如 LED）、声光智能开关，安装覆盖率宜达到 100%。

（5）对于危险性较大的施工工序，远程监控安装率宜达到 100%。

（6）材料进场时间、用量、验收情况实时录入监测系统，保证远程实时接收监测结果。

7.3.3　适用范围

适用于规模较大及科技、质量示范类项目的施工现场。

7.3.4　工程案例

天津周大福金融中心、郑州泉舜项目、中部大观项目、蚌埠国购项目等工程。

7.4　工具式定型化临时设施技术

7.4.1　技术内容

工具式定型化临时设施包括标准化箱式房、定型化临边洞口防护、加工棚，构件化

PVC 绿色围墙、预制装配式马道、可重复使用临时道路板等。

（1）标准化箱式施工现场用房包括办公室用房，会议室、接待室、资料室、活动室、阅读室、卫生间。标准化箱式附属用房，包括食堂、门卫房、设备房、试验用房。按照标准尺寸和符合要求的材质制作及使用，见表 7 - 3。

表 7 - 3　　　　　　　　　　　标准化箱式房几何尺寸（建议尺寸）

项目		几何尺寸（单位 mm）	
		形式一	形式二
箱体	外	$L6055 \times W2435 \times H2896$	$L6055 \times W2990 \times H2896$
	内	$L5840 \times W2225 \times H2540$	$L5840 \times W2780 \times H2540$
窗		$H \geqslant 1100$ $W650 \times H1100 / W1500 \times H1100$	
门		$H \geqslant 2000$ $W \geqslant 850$	
框架梁高	顶	$H \geqslant 180$（钢板厚度 $\geqslant 4$）	
	底	$H \geqslant 140$（钢板厚度 $\geqslant 4$）	

（2）定型化临边洞口防护、加工棚。定型化、可周转的基坑、楼层临边防护、水平洞口防护，可选用网片式、格栅式或组装式。

当水平洞口短边尺寸大于 1500mm 时，洞口四周应搭设不低于 1200mm 防护，下口设置踢脚线并张挂水平安全网，防护方式可选用网片式、格栅式或组装式，防护距离洞口边不小于 200mm。

楼梯扶手栏杆采用工具式短钢管接头，立杆采用膨胀螺栓与结构固定，内插钢管栏杆，使用结束后可拆卸周转重复使用。

可周转定型化加工棚基础尺寸采用 C30 混凝土浇筑，预埋 400mm×400mm×12mm 钢板，钢板下部焊接直径 20mm 钢筋，并塞焊 8 个 M18 螺栓固定立柱。立柱采用 200mm×200mm 型钢，立杆上部焊接 500mm×200mm×10mm 的钢板，以 M12 的螺栓连接桁架主梁，下部焊接 400mm×400mm×10mm 钢板。斜撑为 100mm×50mm 方钢，斜撑的两端焊接 150mm×200mm×10mm 的钢板，以 M12 的螺栓连接桁架主梁和立柱。

（3）构件化 PVC 绿色围墙。基础采用现浇混凝土，支架采用轻型薄壁钢型材，墙体采用工厂化生产的 PVC 扣板，现场采用装配式施工方法。

（4）预制装配式马道。立杆采用 159mm×5mm 钢管，立杆连接采用法兰连接，立杆预埋件采用同型号带法兰钢管，锚固入筏板混凝土深度 500mm，外露长度 500mm。立杆除埋入筏板的埋件部分，上层区域杆件在马道整体拆除时均可回收。马道楼梯梯段侧向主龙骨采用 16a 号热轧槽钢，梯段长度根据地下室楼层高度确定，每主体结构层高度内两跑楼梯，并保证楼板所在平面的休息平台高于楼板 200mm。踏步、休息平台、安全通道顶棚覆盖采用 3mm 花纹钢板，踏步宽 250mm，高 200mm，楼梯扶手立杆采用 30mm×30mm×3mm 方钢管（与梯段主龙骨螺栓连接），扶手采用 50mm×50mm×3mm 方钢管，扶手高度 1200mm，梯段与休息平台固定采用螺栓连接，梯段与休息平台随主体结构完成逐步拆除。

（5）装配式临时道路。装配式临时道路可采用预制混凝土道路板、装配式钢板、新型材料等，具有施工操作简单，占用场地少，便于拆装、移位，可重复利用，能降低施工成本，减少能源消耗和废弃物排放等优点。应根据临时道路的承载力和使用面积等因素确定尺寸。

7.4.2 技术指标

工具式定型化临时设施应工具化、定型化、标准化，具有装拆方便、可重复利用和安全、可靠的性能；防护栏杆体系、防护棚经检测防护有效，符合设计安全要求。预制混凝土道路板适用于建设工程临时道路地基弹性模量不小于 40MPa，承受载重不大于 40t 施工运输车辆或单个轮压不大于 7t 的施工运输车辆路基上铺设使用；其他材质的装配式临时道路的承载力应符合设计要求。

7.4.3 适用范围

工业与民用建筑、市政工程等。

7.4.4 工程案例

北京新机场停车楼及综合服务楼、丽泽 SOHO、同仁医院（亦庄）、沈阳裕景二期，大连瑞恒二期、大连中和才华、沈阳盛京银行二标段、北京市昌平区神华技术创新基地、北京亚信联创全球总部研发中心。

7.4.5 工程实例

1. 工程概况

乌鲁木齐绿地中心 A 座、B 座及地下车库项目，位于本项目位于乌鲁木齐会展片区，用地北邻河南东路，西邻会展大道，东接文化公园用地，南接白天鹅房地产公司地块。总建筑面积约 25.78 万 m²，地上约 22.51 万 m²，地下 3.265 万 m²。A 座、B 座主楼，地下 3 层，地上 57 层，建筑高度均为 258m。计划开工 2015 年 8 月 12 日开工（实际 2015 年 9 月 10 日开工），2021 年 6 月 30 日竣工。该工程应用了承载重型车辆的预制板装配式临时道路，预制板尺寸为 2m×1m×0.25m，硬化临时道路总面积 1200m。

2. 预制板的制作

乌鲁木齐绿地中心 A 座、B 座及地下车库项目，由于现场还在进行土方、桩基工程的施工，下坑车道唯一，而道路硬化时间紧张，普通的暂停施工、现浇路面很明显达不到各项要求。因此，综合考虑、总结经验、优化方案，选择了预制板吊装铺设的方案，预制板制作工艺如下：

（1）5 号角钢护角骨架的焊接。考虑预制板在承载重型车辆时、棱角部位容易被破坏，所以预制板采用 5 号角钢护角（50mm×50mm×5mm）。5 号角钢护角骨架（2m×1m×0.25m）长、宽误差小于 3mm，对角线误差不大于 5mm。

（2）预制板钢筋。在焊接好的角钢护角支架上焊接钢筋保护层垫块（15mm≤厚度≤25mm）→安装、焊接上下两层钢筋（φ14@100 双层双向）。

（3）吊环、抗移位钢管安装。

1）为了方便安装、以及预制板的可重复利用，在预制板对角设置 4 个吊环，吊环位置按方案图纸设计要求布置，吊环用 18 钢筋加工而成，并于上、下网钢筋点焊固定。

2）考虑下坑坡道坡度较大，为防止预制板在承载重型车辆后产生滑移，在预制板四角设置了 25cm 长 48 竖向钢管，后期可用钢筋未料穿管后锚入地面固定。

（4）模板加固。在原有硬化场地上铺设防水塑料布，按照预制板尺寸要求，模板与 5 号角钢护角骨架齐平，保证其长、宽误差不大于 3mm，对角线长度误差不大于 5mm。为保证预制板在浇筑时移位、胀模，在原硬化场地上用电钻打眼设 35cm 长定位筋，上端用对拉螺杆配合钢管进行对拉。

（5）混凝土浇筑。

1）浇筑混凝土前，将破损的 XPS 挤塑板切割成 50mm×50mm×50mm 的正方体用扎丝绑扎固定在吊环上；吊装时，捣碎取出。

2）用切割后的碎挤塑板封堵抗移位钢管，防止浇筑混凝土时堵塞。

3）浇筑混凝土前，对模板、钢筋、预埋件进行检查；将影响预制板质量的杂物等清理干净。

4）采用预拌混凝土，其强度为 C30，级配为二级配。

5）浇筑混凝土时，用振捣棒振捣，保证预制板混凝土的密实度。

6）混凝土浇筑完成后，及时进行修整、抹平，保证混凝土面与角钢齐平。

（6）养护、拆模。

1）在混凝土浇筑后 12h 内，对混凝土进行塑料薄膜＋棉毡覆盖养护，不少于 7d。

2）等混凝土达到一定条件时，用撬杠将每一块预制板撬松动移位后，拆掉模板。

3）待预制板混凝土强度达到吊装要求时，方可吊装。

3．预制板吊装铺设

（1）基层处理。

1）道路平整。用挖机将原有的凹凸不平的道路进行挖填、夯实、平整。

2）铺设 70mm 厚矿渣；50mm 厚粒径在 5～8mm 的砂子。如图 7-8 所示。

（2）吊装。

使用塔吊（塔吊作业半径内）、吊车吊装，预制板拼接出形成倒茬，以增加板面与车轮的摩擦力。

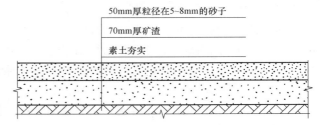

图 7-8　基层处理示意图

4．预制板拆除

（1）临时道路拆出时将预埋吊钩清理出来，用撬杠将每一块预制板撬松动移位后，采用吊车起吊。

（2）在预制板吊运过程中，用木方作为垫垫木，以减少放吊时．上板对下板的冲击力，特别是在多层放置时要保证上、下垫木在同一垂线上，防止板在堆放或运输中受力不均，折断或受损。

5．应用效果分析

（1）绿色施工分析。若选用只使用一次，即一次性现浇路面在资源、能源方面比较浪费，环境污染较为严重，尤其它的经济效益低下，不符合绿色施工"四节一环保"的基本要求。相反，选用可重复使用预制板装配式临时道路在资源、能源、环境污染方面都有较大改善，经济效益显著提高。

（2）经济效益（降本增效）分析。可重复使用预制板装配式临时道路较一次性现浇路面，可获得的经济效益如下：

1）若采用一次性现浇路面1200m²，按新疆定额计算制作费76.75元/m²，拆除破碎和运输费65元/m²，一次性发生费总计为：1200×（76.75＋65）＝170100元。

2）当采用可重复使用预制板装配式临时道路，按相同定额计算预制板的制作费81.25元/m²，每平方米为预制件每次吊装、拆出和运输费210元/m²。成本摊销均按4次，则可重复使用预制板装配式临时道路的成本为：

$$1200 \times [81.25 + (210 \times 0.25 \times 4)]/4 = 87375 \ 元$$

工程实际节约临时设施成本费170100元－87375元＝82725元；一次性可降低临时设施成本费达到82725/170100＝48.6%。

同时，预制板还可以发展建筑临时设施租赁业务，其带来的经济效益更加可观。

（3）社会效益（建筑垃圾减少量）分析。若采用一次性现浇路面1200m²测算，其混凝土用量为0.25×1200＝300m³。

当采用可重复使用预制板装配式临时道路1200m²，周转4次计算，每周转一次可重复使用临时道路板，一次性可以减少建筑垃圾排放300－300/4＝225m³，若按周转4次后结束道路板的使用寿命，则总计可减少建筑垃圾排放900m³。

综上，可重复使用预制板装配式临时道路，可周转多个工程使用，可减少建筑资源的浪费，有利于建筑企业降低成本、缩短施工周期，有利于开发新型的建筑临时设施租赁业务，拓展业务市场。

7.5 透水混凝土与植生混凝土应用技术

7.5.1 透水混凝土

1. 技术内容

透水混凝土是由一系列相连通的孔隙与混凝土实体部分骨架构成的具有透气和透水性的多孔混凝土，透水混凝土主要由胶结材和粗骨料构成，有时会加入少量的细骨料。从内部结构来看，主要靠包裹在粗骨料表面的胶结材浆体将骨料颗粒胶结在一起，形成骨料颗粒之间为点接触的多孔结构。

透水混凝土由于不用细骨料或只用少量细骨料，其粗骨料用量比较大，制备1m³透水混凝土（成型后的体积），粗骨料用量在0.93～0.97m³；胶结材在300～400kg/m³，水胶比一般在0.25～0.35。透水混凝土搅拌时应先加入部分拌合水（约占拌合水总量的50%），搅拌约30s后加入减水剂等，再随着搅拌加入剩余水量，至拌合物工作性满足要求为止。最后的部分水量可根据拌合物的工作性情况有所控制。透水混凝土路面的铺装施工整平使用液压振动整平辊和抹光机等，对不同的拌合物和工程铺装要求，应该选择适当的振动整平方式并且施加合适的振动能，过振会降低孔隙率；施加振动能不足，可能导致颗粒粘结不牢固而影响到耐久性。

2. 技术指标

透水混凝土拌合物的坍落度为10～50mm，透水混凝土的孔隙率一般为10%～25%，透水系数为1～5mm/s，抗压强度在10～30MPa；应用于路面不同的层面时，孔隙率要求不同，从面层到结构层再到透水基层，孔隙率依次增大；冻融的环境下其抗冻性不低于 F100。

3. 适用范围

适用于严寒以外的地区；城市广场、住宅小区、公园休闲广场和园路、景观道路以及停车场等；在"海绵城市"建设工程中，可与人工湿地、下凹式绿地、雨水收集等组成"渗、滞、蓄、净、用、排"的雨水生态管理系统。

4. 工程案例

西安大明宫世界文化遗址公园、上海世博会透水路面、西安世界花博会公园都实施大面积的透水混凝土路面；国家第一批"海绵城市"的济南、武汉、南宁、厦门、镇江等 16 个城市获得了大规模的应用。

7.5.2　植生混凝土

1. 技术内容

植生混凝土是以水泥为胶结材，大粒径的石子为骨料制备的能使植物根系生长于其孔隙的大孔混凝土，它与透水混凝土有相同的制备原理，但由于骨料的粒径更大，胶结材用量较少，所以形成孔隙率和孔径更大，便于灌入植物种子和肥料，以及植物根系的生长。

普通植生混凝土用的骨料粒径一般为 20.0～31.5mm，水泥用量为 200～300kg/m³，为了降低混凝土孔隙的碱度，应掺用粉煤灰、硅灰等低碱性矿物掺合料；骨料/胶材比为 4.5～5.5，水胶比为 0.24～0.32，旧砖瓦和再生混凝土骨料均可作为植生混凝土骨料，称为再生骨料植生混凝土。轻质植生混凝土利用陶粒作为骨料，可以用于植生屋面，在夏季，植生混凝土屋面较非植生混凝土的室内温度低约 2℃。

植生混凝土的制备工艺与透水混凝土本相同，但注意的是浆体黏度要合适，保证将骨料均匀包裹，不发生流浆离析或因干硬不能充分粘结的问题。

植生地坪的植生混凝土可以在现场直接铺设浇筑施工，也可以预制成多孔砌块后到现场用铺砌方法施工。

2. 技术指标

植生混凝土的孔隙率为 25%～35%，绝大部分为贯通孔隙；抗压强度要达到 10MPa 以上；屋面植生混凝土的抗压强度在 3.5MPa 以上，孔隙率 25%～40%。

3. 适用范围

普通植生混凝土和再生骨料植生混凝土多用于河堤、河坝护坡、水渠护坡、道路护坡和停车场等；轻质植生混凝土多用于植生屋面、景观花卉等。

7.5.3　工程案例

上海嘉定区西江的河道整治工程中 500m 长河道护坡、吉林省梅河口市防洪堤迎水面 5000m² 的植生混凝土护坡、贵州省崇遵高速公路董公寺互通式立交匝道挡墙边植生混凝土坡、武夷山市建溪三期防洪工程 9km 堤体的植生混凝土 10 万 m² 迎水坡面护坡等。

7.5.4　工程实例

(1) 透水混凝土工程概况。××滨海休闲带 C 区景观工程位于××市××区滨海大道南侧，总长约 3.86km。该工程停车场和园内自行车道路均采用透水混凝土。其中，停车场设有 1440 个车位，路面采用 C30 透水混凝土，厚度 220mm；自行车道长 3.86km，路面采用 C20 透水混凝土，厚度 200mm。该工程已于 2011 年 5 月竣工。

（2）透水混凝土的特点。

1）作为一种具有维护生态平衡功能的新型环保路面材料，其使用有利于节能、环保；

2）该材料级配疏松，透水性好，能充分发挥对雨水的储存和渗透功能，既还原了地下水又改善了地下生态的生存环境，并有效地促进植物生长；

3）具有透气、透水和质轻的特点，可改善路面温度，从而起到防止路面温度上升的作用；

4）具有较高的承载力，经相关部门检测鉴定，透水混凝土路面承载力完全能达到 C20～C25 混凝土的承载标准，高于一般的透水砖。

5）耐用耐磨性能优于沥青，克服了一般透水砖存在的使用年限短、不经济等缺点。

6）施工工艺合理、操作方便，施工质量易于保证，工效高。

（3）透水混凝土路面施工工艺。透水混凝土是由粗骨料及其表面均匀包裹的水泥和增强料混合的胶结料浆相互粘结，并经水化硬化后形成的具有孔穴均匀分布、连续孔隙结构的蜂窝状混凝土。它能让雨水向混凝土面层、基层及土基渗透，可让雨水暂时贮存在其内部空隙中并逐渐蒸发，也能让土基里的水分通过混凝土内部空隙向大自然蒸发，从而发挥维护生态平衡的功能。

（4）透水混凝土路面施工措施。

1）透水混凝土路面厚度。对人行道、自行车道等轻荷重地面，建议厚度不小于 80mm；对停车场、广场等中荷重地面，建议厚度不小于 100mm；重型车道建议厚度不小于 180mm。对于彩色透水混凝土路面，往往分两层，表层彩色混凝土层厚度一般不小于 30mm，其下为素色混凝土垫层。

2）配合比。

①C30 透水混凝土（1m³）配合比（质量比）为碎石∶水泥∶增强料∶水＝1550∶279∶26.4∶111.6（kg）。

②严格控制水灰比，即控制水的加入量，水在搅拌中分 2～3 次加入，不允许一次性加入，骨料发亮应立即停止加水。

3）基层处理。

①为确保路体结构层具有足够的整体强度和透水性，表面层下需有透水基层和较好保水性的垫层。基层要求：在素土层夯实层上配用的基层材料，除应有适当的强度外，还须具有较好的透水性，一般采用级配砂砾或级配碎石等。采用级配碎石时，最大粒径应小于 0.7 倍的基层厚度且不超过 50mm；垫层一般采用天然碎石，粒径小于 10mm 并铺有一定厚度，铺设需均匀、平整。

②透水混凝土路面基层横坡度宜为 1‰～2‰，面层横坡度应与基层横坡度相同。

③全透水结构的人行道基层可采用级配砂砾、级配碎石及级配砾石基层，厚度不应小于 150mm。全透水结构的其他道路级配砂砾、级配碎石及级配砾石基层上应增设多孔隙稳定碎石基层（多孔隙水泥稳定碎石基层不应小于 200mm；级配砂砾、级配碎石及级配砾石基层不应小于 150mm）。

④半透水结构混凝土基层的抗压强度等级不应低于 C20，厚度不应小于 150mm；级配砂砾、级配碎石及级配砾石基层不应小于 150mm。

⑤透水混凝土面层施工前，应对基层作清洁处理，使其表面粗糙、清洁、无积水并保持

湿润状态，必要时宜进行界面处理。

4）排水系统设计。

全透水结构设计时应考虑路面下排水，路面下的排水可设排水盲沟与道路市政排水系统相连，雨水口处基层、面层结合处应设置成透水形式，基层过量水分向雨水口汇集，雨水口周围应设置宽度不小于 1m 的不透水土工布于路基表面。

5）模板。

①模板应选用质地坚实、变形小、刚度大的材料，模板高度应与混凝土路面厚度一致；

②立模的平面位置与高程应符合设计要求，模板与混凝土接触面应涂隔离剂；

③拆模时间应根据气温和混凝土强度增长情况确定；

④拆模不得损坏混凝土路面的边角，应保持透水混凝土块体完好。

6）搅拌、运输。

①透水混凝土宜采用强制性搅拌机进行搅拌，宜先将石料和 50％用水量拌合 30s，再加入水泥、增强料、外加剂拌合 40s，最后加入剩余用水量拌合 50s 以上，视搅拌均匀程度，可适当延长机械搅拌时间约 3min，搅拌均匀后方可出料。

②透水混凝土属干性混凝土料，初凝快，一般根据气候条件控制混合物运输时间在 10min 以内。

③混凝土拌合物浇筑中应尽量缩短运输、摊铺、压实等工序时间，收面后应及时覆盖、洒水养护。

④透水混凝土拌合物从搅拌机出料后，运至施工地点摊铺、压实直至浇筑完毕的允许最长时间，可由试验室根据水泥初凝时间及施工气温确定，一般为 1～2h，若最高气温达 32℃及以上时不宜施工。

7）摊铺、压实。

①透水混凝土拌合物摊铺应均匀，平整度与排水坡度应符合要求，摊铺厚度应考虑松铺系数，其松铺系数宜为 1.1。

②透水混凝土宜采用平整压实机，或采用低频平板式振动器振动和专用滚压工具滚压。平板式振动器振动时间不能过长，防止过于密实而出现离析现象，压实时应辅以人工补料及找平，人工找平时施工人员应穿上减压鞋操作。

③透水混凝土压实后，宜使用抹平机或人工对透水水泥混凝土面层抹面收光，必要时应配合人工拍实、整平，整平时必须保持模板顶面整洁，接缝处板面应平整。

8）养护。

①铺摊结束后，当气温较高时，为减少水分蒸发，宜立即覆盖塑料薄膜保持水分，也可采用洒水养护，透水混凝土浇筑后 1d 开始洒水养护，高温时在 8h 后开始养护，淋水时不宜用压力水直接冲淋混凝土表面，应直接从上往下淋水。

②养护时间应根据施工温度而定，一般养护期高温时不少于 14d，低温时不少于 21d，5℃以下施工时养护期不少于 28d。

③养护期间透水混凝土面层不得通车，并应保证覆盖材料的完整。

9）伸缩缝切割、灌缝。

①透水混凝土面层应设计纵向和横向温度伸缩缝。纵向接缝的间距应按路面宽度在 3.0～4.5m 范围内确定，横向接缝间距宜为 4.0～6.0m；广场平面尺寸不宜大于 25m²，缝

宽 10～15mm。

②当透水混凝土面层施工长度超过 30m 时，应设置结构伸缩缝，宽 10～15mm。在透水混凝土面层与侧沟、建筑物、雨水口、铺面的砌块、沥青铺面等其他构造物连接处，应设缝。

③当基层设有结构伸缩缝时，面层温度伸缩缝应与基层相应结构缝位置一致。

④透水混凝土一般采用后切割的施工方法，这样切出的伸缩缝更整齐。建议使用无齿锯切割，具体切割时间应视厚度、天气情况而定，一般为摊铺完成后 3～7d（夏季高温季节 24h）就必须切割。

⑤路面温度伸缩缝的切割深度宜为 12～13mm 路面厚度，路面结构伸缩缝的切割深度应与路面厚度相同。

10）涂刷面层保护剂。待表面混凝土成型干燥后 3d 左右，涂刷封闭剂，增强耐久性和美观性，防止时间过久，使透水混凝土孔隙受污而堵塞孔隙。

（5）结语。透水混凝土作为一种新的环保型、生态型道路材料，已日益受到人们的关注。现代城市的地表多被钢筋混凝土的房屋建筑和不透水的路面所覆盖，与自然的土壤相比，普通的混凝土路面缺乏呼吸性、吸收热量和渗透雨水的能力，随之带来一系列的环境问题。通过本工程使透水混凝土这一新材料、新工艺得到良好应用，达到了预期目标，使用效果良好。工程实践表明，使用透水混凝土这一新工艺，达到了节能环保、改善大气环境等效果，为以后同类工程施工积累了成功的经验。

7.6 建筑物墙体免抹灰技术

7.6.1 技术内容

建筑物墙体免抹灰技术是指通过采用新型模板体系、新型墙体材料或采用预制墙体，使墙体表面允许偏差、观感质量达到免抹灰或直接装修的质量水平。现浇混凝土墙体、砌筑墙体及装配式墙体通过现浇、新型砌筑、整体装配等方式，使外观质量及平整度达到准清水混凝土墙、新型砌筑免抹灰墙、装饰墙的效果。

现浇混凝土墙体是通过材料配制、细部设计、模板选择及安拆，混凝土拌制、浇筑、养护、成品保护等诸多技术措施，使现浇混凝土墙达到准清水免抹灰效果。

对非承重的围护墙体和内隔墙可采用免抹灰的新型砌筑技术，采用粘结砂浆砌筑，砌块尺寸偏差控制为 1.5～2mm，砌筑灰缝为 2～3mm。对内隔墙也可采用高质量预制板材，现场装配式施工，刮腻子找平。

建筑物墙体免抹灰施工工艺，如图 7-9 所示。

7.6.2 技术指标

（1）现浇混凝土墙体是通过材料配制、细部设计、模板选择及安拆，混凝土拌制、浇筑、养护、成品保护等诸多技术措施，使现浇混凝土墙达到准清水免抹灰效果。

准清水混凝土墙技术要求参见表 7-4。

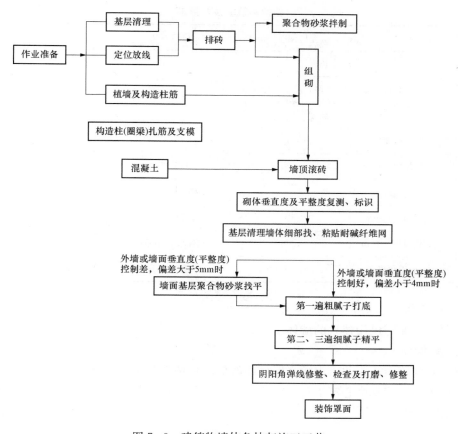

图 7-9　建筑物墙体免抹灰施工工艺

表 7-4 准清水混凝土技术要求

项次	项目		允许偏差/mm	检查方法	说明
1	轴线位移（柱、墙、梁）		5	尺量	表面平整密实、无明显裂缝，无粉化物，无起砂、蜂窝、麻面和孔洞，气泡尺寸不大于 10mm，分散均匀
2	截面尺寸（柱、墙、梁）		±2	尺量	
3	垂直度	层高	5	坠线	
		全高	30		
4	表面平整度		3	2m 靠尺、塞尺	
5	角、线顺直		4	线坠	
6	预留洞口中心线位移		5	拉线、尺量	
7	接缝错台		2	尺量	
8	阴阳角方正		3		

（2）新型砌筑免抹灰墙体技术要求参见表 7-5。

表 7 - 5 新型砌筑墙技术要求

项次	项目	允许偏差/mm		检验方法	说明
1	砌块尺寸允许偏差	长度	±2	—	新型砌筑是采用粘接砂浆砌筑的墙体，砌块尺寸偏差为 1.5～2mm，灰缝为 2～3mm
		宽（厚）度	±1.5		
		高度	±1.5		
2	砌块平面弯曲	不允许		—	
3	墙体轴线位移	5		尺量	
4	每层垂直度	3		2m托线板，吊垂线	
5	全高垂直度≤10m	10		经纬仪，吊垂线	
6	全高垂直度>10m	20		经纬仪，吊垂线	
7	表面平整度	3		2m靠尺和塞尺	

7.6.3 适用范围

适应用于工业与民用建筑的墙体工程。

7.6.4 工程案例

杭州国际博览中心、北京市顺义区中国航信高科技产业园区、北京雁栖湖国际会都（核心岛）会议中心、华都中心等工程。

7.6.5 工程实例

1. 工程概况

本项目为居住建筑，地下二层为设备用房，地下一层为地下车库。工程总建筑面积为 191937.24m²，地下建筑面积为 38943.98m²，地上建筑面积为 152993.26m²。现浇钢筋混凝土剪力墙结构，内隔墙为混凝土条板，抗震设防烈度为 6 度，耐火等级为一级，屋面防水为 II 级。应甲方要求，除厨房、卫生间墙面贴面砖外，居室、客厅外墙内侧做保温板、保温砂浆墙面，其他内墙面为免抹灰。

2. 工程目标

（1）质量目标：实现对业主的质量承诺，以领先行业水平为目标，严格按照合同条款要求及现行规范标准组织施工，工程质量优良。

（2）安全目标：严格执行国家及××省关于施工现场管理的各项规定，确保施工安全。

（3）工期目标：按期完成施工任务。

3. 施工准备

（1）材料准备：

1）找平剂：采用圣戈班找平剂，具备出厂材料证明文件，各项性能指标符合规范要求。

2）砂：中砂，平均粒径为 0.35～0.5mm，使用前过 5mm 孔径的筛子。不得含有草根等杂物。

3）纤维网：网眼尺寸为 4mm×4mm，幅度 200mm，材质中碱，单位面积质量大于 160g/m²。

4）水泥：应采用同一产品，同一厂家，具备出厂材料证明文件。

（2）主要机具：砂浆搅拌机、磅秤、孔径5mm筛子、窄手推车、铁板、铁锹、平锹、托灰板、木抹子、铁抹子、阴（阳）角抹子、塑料抹子、大杠、中杠、2m靠尺、阴阳角尺、软刮尺、方尺、激光投线仪，电锤，锤子，打磨机。

（3）作业条件。

1）必须经过有关部门进行结构工程质量验收，合格后方可进行内墙涂料工程，并弹好1m水平线。

2）管道穿越的墙洞和楼板洞，应及时安放套管，并用1∶3水泥砂浆或豆石混凝土填塞密实；电线管、消火栓箱、配电箱安装完毕。

3）根据室内高度和现场的具体情况，准备好活动脚手架，架子要离开墙面及墙角200～250mm，以利操作。

4）为实现内墙免抹灰的目的，涂料施工前对混凝土墙面及轻质隔墙板墙体的垂直度与平整度进行检查。涂料施工前必须保证：墙面的垂直、平整度的偏差值不大于5mm；阴阳角不大于8mm；垂直、平整度的偏差值大于5mm；阴阳角大于8mm的部分进行凿除处理。处理采用打磨与用找平剂修补的综合方式。

5）施工前应对所有安全维护进行检查，所有楼梯口，电梯口，预留口都应进行安全维护。

4. 施工工艺流程

（1）客厅、卧室不做内保温的混凝土内墙工艺流程。墙面垂平度实测→基层处理（打磨、修补）→第一遍腻子→第二遍腻子→磨光→第一遍涂料→第二遍涂料。

1）墙面垂平度实测：墙面垂平度实测前，应将地面上的墙体控制线恢复，作为检测墙面进行打磨及修补的依据，采用激光投线对墙面进行检查。

2）墙面基层处理（打磨、修补）：将激光投线仪投射出的垂直线对准地面上的控制线，测量墙面与激光线的实际距离，将实测距离与允许误差进行比较，将需要剔凿及修补的范围用粉笔画在墙面上。若实测距离大于设计位置，此面墙要用找平剂进行修补；若实测距离小于设计位置，差值不大于10mm，可进行打磨，差值大于10mm，则要进行剔凿，凿时应多凿一点。需修补的厚度不小于10mm时，先用1∶3水泥砂浆进行分层补抹然后铺纤维网；需补抹的厚度小于10mm时，则用找平剂进行批嵌。

用阴阳角尺在混凝土墙阴阳角处每隔0.5m处进行测量，发现偏差值不小于8mm，用打磨机对此处进行打磨，直到偏差值小于8mm。

3）第一遍腻子。若墙面用水泥砂浆修补过，应等水泥砂浆干燥后，方可进行第一遍腻子的施工。刮腻子时，应注意房间内的开间与进深尺寸，可用激光测距仪实时跟踪复核，要保证开间进深的尺寸偏差不大于10mm。

4）第二遍腻子。刮腻子时，应注意房间内的开间与进深尺寸，可用激光测距仪实时跟踪复核，要保证开间进深的尺寸偏差不大于10mm。

5）磨光。

6）第一遍涂料。

7）第二遍涂料。

（2）客厅、卧室不做内保温的条板内墙工艺流程。条板接缝处修补→墙面垂平度实测→基层处理→满铺纤维网→第一遍腻子→第二遍腻子→砂纸打磨→第一遍涂料→第二遍涂料。

1）条板接缝处修补。在接缝处铺设纤维网，并用抗裂砂浆抹平，纤维网宽度不小于200mm，板缝两侧的宽度不小于100mm。

2）墙面垂平度实测。对墙面进行实测，并将实测数据用粉笔写在相应的墙上。

3）基层处理。经实测后，垂直度、平整度不小于8mm的墙面，可用找平剂进行局部修补，以达到免抹灰的要求。

4）满铺纤维网。为防止后期墙面开裂，客厅、卧室不做内保温的条板墙将满铺纤维网，条板墙与混凝土墙接缝处也应铺设纤维网，每边宽度不小于100mm。

5）第一遍腻子。若墙面用抗裂砂浆修补过，应等抗裂砂浆干燥后，方可进行第一遍腻子的施工。刮腻子时，应注意房间内的开间与进深尺寸，可用激光测距仪实时跟踪复核，要保证开间进深的尺寸偏差不大于10mm。

6）第二遍腻子。刮腻子时，应注意房间内的开间与进深尺寸，可用激光测距仪实时跟踪复核，要保证开间进深的尺寸偏差不大于10mm

7）磨光。

8）第一遍涂料。

9）第二遍涂料。

（3）客厅、卧室做内保温的混凝土内墙。由于安装内保温板，要保证混凝土墙面的垂直度、平整度≤5mm，对要安装内保温板的混凝土内墙面进行了垂直度、平整度实测，超标的墙面，采用打磨及找平剂修补的方式，以满足安装内保温板的要求。

（4）厨房、卫生间墙面。厨房卫生间要做保温砂浆的墙面，先抹35mm厚保温砂浆，再贴内墙面砖。垂直度、平整度要不大于4mm，不做保温砂浆的墙面，均直接贴面砖。垂直度、平整度要不大于4mm。

5. 免抹灰抗裂措施

处理不当，条板墙面采用免抹灰工艺后易空鼓，施工时应遵循以下措施：

（1）条板安装时一定要按照施工方案执行，保证使用专用的胶粘剂，保证胶粘剂的性能符合规范要求。

（2）条板板缝处，条板与混凝土结构交接处易开裂。在条板安装完成后，在条板接缝处，条板与混凝土交接处铺贴纤维网并用抗裂砂浆抹平，纤维网宽度不小于200mm，板缝两侧的宽度不小于100mm。

（3）条板墙面腻子施工前，在条板墙面满铺一道纤维网。纤维网应竖向铺贴，压粘密实；不能有空鼓、皱褶、翘边、外露等现象；水平方向搭接宽度不小于100mm，垂直方向搭接宽度不小于80mm。

（4）条板墙安装完21d之后方可进行水电开槽工作，并严禁墙面受到碰撞。

6. 质量标准

（1）保证项目。

1）材料的品种、性能、质量必须符合设计要求和有关标准的规定，抹灰等级、做法符合图纸规定。

2）墙面用找平剂或抗裂砂浆修补后，要保证与基础连接牢固，不得出现空鼓现象。

（2）基本项目。表面观感：表面光滑、洁净，接槎平整。

（3）允许偏差项目，见表 7-6。

表 7-6　　　　　　　　　　　　　　允许偏差项目

序号	允许偏差	数量/mm	检查方法
1	立面垂直	4	用 2m 托线板检查
2	表面平整	4	用 2m 靠尺及楔形塞尺检查
3	阴阳角	4	阴阳角尺检查
4	方正度	8	激光投线仪和钢尺检查

7. 成品保护措施

（1）搬运物料及拆除脚手架时要轻抬、轻放，及时清除杂物，工具、材料码放整齐，不要撞坏和污染门窗、墙面和护角。为防止破坏地面面层，不许在地面拌灰。

（2）作好墙面的预埋件、通风箅子的临时防护，管线槽、盒、电气设备所预留的孔洞不要抹死。

（3）用找平剂或水泥砂浆修补后的墙面硬化前防止快干、水冲、撞击，以保证修补面层增长到足够的强度。

第 8 章 防水技术与围护结构节能

8.1 地下工程预铺反粘防水技术

8.1.1 技术内容

该技术创新点包括材料设计及施工两部分。

地下工程预铺反粘防水技术所采用的材料是高分子自粘胶膜防水卷材，该卷材系在一定厚度的高密度聚乙烯卷材基材上涂覆一层非沥青类高分子自粘胶层和耐候层复合制成的多层复合卷材；其特点是具有较高的断裂拉伸强度和撕裂强度，胶膜的耐水性好，一、二级的防水工程单层使用时也可达到防水要求。采用预铺反粘法施工时，在卷材表面的胶粘层上直接浇筑混凝土，混凝土固化后，与胶粘层形成完整连续的粘结。这种粘结是由混凝土浇筑时水泥浆体与防水卷材整体合成胶相互勾锁而形成。高密度聚乙烯主要提供高强度，自粘胶层提供良好的粘结性能，可以承受结构产生的裂纹影响。耐候层既可以使卷材在施工时可适当外露，同时提供不粘的表面供施工人员行走，使得后道工序可以顺利进行。

8.1.2 技术指标

主要物理力学性能指标见表 8 - 1。

表 8 - 1   主要物理力学性能指标

项目		指标
拉力/（N/50mm）		≥500
膜断裂伸长率（%）		≥400
低温弯折性		−25℃，无裂纹
不透水性		0.4MPa，120min，不透水
冲击性能		直径（10±0.1）mm，无渗漏
钉杆撕裂强度/N		≥400
防窜水性		0.6MPa，不窜水
与后浇混凝土的剥离强度/（N/mm）	无处理	≥2.0
	水泥粉污染表面	≥1.5
	泥沙污染表面	≥1.5
	紫外线老化	≥1.5
	热老化	≥1.5
与后浇混凝土浸水后的剥离强度/（N/mm）		≥1.5
热老化（70℃，168h）	拉力保持率（%）	≥90
	伸长率保持率（%）	≥80
	低温弯折性	−23℃，无裂纹

8.1.3 适用范围

适用于地下工程底板和侧墙外防内贴法防水。

8.1.4 工程案例

北京地铁十号线农展馆站、北京地铁四号线知春路站、北京 LG 大厦、北京宝洁研发中心、上海联合利华研发中心、上海陶氏化工研发大楼、大连奥林匹克广场、无锡机场候机楼、南京光进湖别墅。

8.1.5 工程实例

1. 工程概况

我单位施工的山西果老峰大型水上乐园建筑面积 17 万 m²，地处庞泉沟景区河滩地段，海啸海浪池、水炮台等大型水上娱乐项目，占地面积达到 18000m²，防水应用面积 38754m²，对防水质量要求高；景泰万水澜庭 1、2、3 号楼及地下车库防水面积 22200m²，占地面积大，地下水位埋深在 1.3～2.0m；霍州开元小区 1、2 号楼及地下车库建筑面积 10.3 万 m²、防水面积 7789m²。

这些项目均存在防水工程面积大、工期要求紧和防水质量要求高的情况，因此地下防水工程预铺反粘防水技术的研究与应用满足这些要求，且本技术适用于各种地下防水工程。

2. 项目可行性

地下工程预铺反粘防水技术采用的材料是高分子自粘胶膜防水卷材。该卷材系在一定厚度的高密度聚乙烯卷材上涂覆一层非沥青类高分子自粘胶层和耐候层复合制成的多层复合卷材。其特点是具有较高的断裂拉伸强度和撕裂强度，胶膜的耐水性好，一、二级防水工程单层使用时也可达到防水要求。

采用预铺反粘法施工时，在卷材表面的胶粘层直接浇筑混凝土，混凝土固化后，与胶粘层形成完整连续的粘结。这种粘结是由液态混凝土与整体合成胶相互勾锁而形成。高密度聚乙烯主要提供高强度；自粘胶层提供很好的粘结性能，可以承受结构产生的裂纹影响；耐候层既可以使卷材在施工时可适当外露，同时提供不粘的表面供工人行走，使得后道工序可以顺利进行。该卷材采用全新的施工方法进行铺设：卷材使用于平面时，将高密度聚乙烯面朝向垫层进行空铺；卷材使用于立面时，将卷材固定在支护结构面上，胶粘层朝向结构层，在搭接部位临时固定卷材。防水卷材施工后，不需铺设保护层，可以直接进行绑扎钢筋、支模板、浇筑混凝土等后续工序施工。混凝土浇筑过程中，未凝固混凝土与卷材的耐候层和胶粘层接触、作用，在混凝土固化后卷材与混凝土之间形成牢固连续的粘结，实现对结构混凝土直接的防水保护，防止防水层局部破坏时，外来水在防水层和结构混凝土之间窜流。该技术在提高防水层对结构保护可靠性的同时大幅度降低可能发生的漏水维修难度和费用。

3. 项目的实施过程

2012 年 3 月 10 日，地下工程预铺反粘防水技术采用技术在公司立项。

2012 年 3 月 15 日～2012 年 5 月 27 日，本科技项目成员组开始去外地进行学习、考察，了解了防水卷材的材料特性，防水施工的特性，对采用过的工程进行了实地考察；

2012 年 5 月 16 日～2012 年 6 月 20 日，按照预铺湿铺防水卷材标准，通过对防水材料的取样送样试验，掌握了卷材的抗氧化、抗紫外线、与混凝土的粘结力等各项基本性能，在此基础上对防水卷材进行了试铺，针对卷材施工中经常出现的一些技术问题。如搭接问题、破损后的串水问题、基层清理及潮湿程度的问题等等。试铺时，将基层表面的浮尘进行了清理，确保防水卷材能够与混凝土进行有效粘结，拐角部位及阴阳角等处理未采用加强层，而采用单层卷材。铺贴完成后。直接有工人在上面走动，同时进行了钢筋的绑扎，记录钢筋的搬运和绑扎过程中对防水卷材的碰撞部位。施工完成后，进行了闭水试验，未发现有漏水现象。预铺反粘防水卷材不需要做保护层，不仅节约了工程造价，而且加快了施工进度。

2012 年 8 月～2012 年 11 月，在外出考察的基础上，结合工程的实际情况，对施工人员进行了集中培训，将预铺反粘防水技术在霍州开元小区 1、2 号楼及地下车库、景泰万水澜庭 1、2、3 号楼及地下车库、山西果老峰大型水上乐园海啸海浪池中实际应用。

2012 年 11 月 15 日～至今，对本科技成果进行总结分析，并寻找下一研究课题。

4. 项目的实施成果

通过预铺反粘防水卷材的应用研究，经过全体成员的共同努力，在工程中取得了很好的防水效果。我单位在研发施工的山西果老峰大型水上乐园，防水应用面积 38754m²，景泰万水澜庭 1、2、3 号楼及地下车库防水面积 22200m²，霍州开元小区 1、2 号楼及地下车库建筑面积 10.3 万 m²、防水面积 7789m²，共计防水面积达 68743m²。在实际应用过程中，在基层施工完成后即进行防水卷材的施工，施工速度快，防水效果好，受到了业主和监理单位的一致好评，共计节约工期 32 天，降低工程造价 27 万元，取得了良好的经济效益和社会效益。

5. 经济效益与社会效益

预铺防水卷材相对于传统卷材，虽然每平方米卷材的直接价格较高，但是如果考虑如下因素，就能发现预铺防水卷材有更好的经济效益：

（1）预铺防水卷材空铺施工，不需要底涂处理基面；传统卷材需要底涂才可以保证粘结效果。

（2）预铺防水卷材相对于传统卷材，不用底涂、基层要求低、松铺施工快捷、不做保护层，因此可以缩短施工工期。

（3）预铺防水卷材只需要一层施工，即可达到一级防水要求。

（4）预铺防水卷材不需要附加层，传统卷材需要附加层，材料损耗大。

（5）预铺防水卷材不需要混凝土保护层，节省材料，减少了施工工序。

（6）预铺防水卷材与结构混凝土满粘，建筑使用期间，卷材有破损后即使漏水，也可以判断漏点，大幅度降低修补难度和费用。

8.2 预备注浆系统施工技术

8.2.1 技术内容

预备注浆系统是地下建筑工程混凝土结构接缝防水施工技术。注浆管可采用硬质塑料或硬质橡胶骨架注浆管、不锈钢弹簧骨架注浆管。混凝土结构施工时，将具有单透性、不易变形的注浆管预埋在接缝中，当接缝渗漏时，向注浆管系统设定在构筑物外表面的导浆管端口中注入灌浆液，即可密封接缝区域的任何缝隙和孔洞，并终止渗漏。当采用普通水泥、超细水泥或者丙烯酸盐化学浆液时，系统可用于多次重复注浆。利用这种先进的预备注浆系统可以达到"零渗漏"效果。

预备注浆系统是由注浆管系统、灌浆液和注浆泵组成。注浆管系统由注浆管、连接管及导浆管、固定夹、塞子、接线盒等组成。注浆管分为一次性注浆管和可重复注浆管两种。

8.2.2　技术指标

（1）硬质塑料、橡胶管或螺纹管骨架注浆管的主要物理力学性能应符合表 8-2 的要求。

表 8-2　　　　　　　　　硬质塑料或硬质橡胶骨架注浆管的物理性能

序号	项目	指标
1	注浆管外径偏差/mm	±1.0
2	注浆管内径偏差/mm	±1.0
3	出浆孔间距/mm	≤20
4	出浆孔直径/mm	3~5
5	抗压变形量/mm	≤2
6	覆盖材料扯断永久变形（%）	≤10
7	骨架低温弯曲性能	−10℃，无脆裂

（2）不锈钢弹簧骨架注浆管的主要物理性能应符合表 8-3 的要求。

表 8-3　　　　　　　　　不锈钢弹簧骨架注浆管的物理性能

序号	项目	指标
1	注浆管外径偏差/mm	±1.0
2	注浆管内径偏差/mm	±1.0
3	不锈钢弹簧钢丝直径/mm	≥1.0
4	滤布等效孔径 O95/mm	<0.074
5	滤布渗透系数 K20/(mm/s)	≥0.05
6	抗压强度/(N/mm)	≥70
7	不锈钢弹簧钢丝间距/(圈/10cm)	≥12

8.2.3　适用范围

预备注浆系统施工技术应用范围广泛，可以在施工缝、后浇带、新旧混凝土接触部位使用。主要应用于地铁、隧道、市政工程、水利水电工程、建（构）筑物。

8.2.4　工程案例

北京地铁、上海地铁、深圳地铁、杭州地铁、成都地铁、厦门翔安海底隧道、国家大剧院、杭州大剧院。

8.3　丙烯酸盐灌浆液防渗施工技术

8.3.1　技术内容

丙烯酸盐化学灌浆液是一种新型防渗堵漏材料，它可以灌入混凝土的细微孔隙中，生成不透水的凝胶，充填混凝土的细微孔隙，达到防渗堵漏的目的。丙烯酸盐浆液通过改变外加剂及其加量，可以准确地调节其凝胶时间，从而可以控制扩散半径。

8.3.2　技术指标

丙烯酸盐灌浆液及其凝胶的主要技术指标应满足表 8-4 和表 8-5 要求。

表 8-4　　　　　　　　　　　丙烯酸盐灌浆液的物理性能

序号	项目	技术要求	备注
1	外观	不含颗粒的均质液体	
2	密度/（g/cm³）	生产厂控制值≤±0.05	
3	黏度/（MPa·s）	≤10	
4	pH 值	6.0～9.0	
5	胶凝时间	可调	
6	毒性	实际无毒	按我国食品安全性毒理学评价程序和方法为无毒

表 8-5　　　　　　　　　　　丙烯酸盐灌浆液凝胶后的性能

序号	项目名称	技术要求	
		Ⅰ 型	Ⅱ 型
1	渗透系数/（cm/s）	$<1\times10^{-6}$	$<1\times10^{-7}$
2	固砂体抗压强度/kPa	≥200	≥400
3	抗挤出破坏比降	≥300	≥600
4	遇水膨胀率（%）	≥30	

8.3.3　适用范围

矿井、巷道、隧洞、涵管止水；混凝土渗水裂隙的防渗堵漏；混凝土结构缝止水系统损坏后的维修；坝基岩石裂隙防渗帷幕灌浆；坝基砂砾石孔隙防渗帷幕灌浆；土壤加固；喷射混凝土施工。

8.3.4　工程案例

北京地铁机场线、北京地铁 10 号线、上海长江隧道、向家坝水电站、丹江口水电站、大岗山水电站、湖南省筱溪水电站等工程。

8.4　装配式建筑密封防水应用技术

8.4.1　技术内容

密封防水是装配式建筑应用的关键技术环节，直接影响装配式建筑的使用功能及耐久性、安全性。装配式建筑的密封防水主要指外墙、内墙防水，主要密封防水方式有材料防水和构造防水两种。

材料防水主要是指各种密封胶及辅助材料的应用。装配式建筑密封胶主要用于混凝土外墙板之间板缝的密封，也用于混凝土外墙板与混凝土结构、钢结构的缝隙，混凝土内墙板间缝隙，主要为混凝土与混凝土、混凝土与钢之间的粘结。装配式建筑密封胶的主要技术性能如下：

（1）力学性能。由于外墙板接缝会因温湿度变化、混凝土板收缩、建筑物的轻微震荡等产生伸缩变形和位移移动，所以装配式建筑密封胶必须具备一定的弹性且能随着接缝的变形而自由伸缩以保持密封，经反复循环变形后还能保持并恢复原有性能和形状，其主要的力学性能包括位移能力、弹性恢复率及拉伸模量。

（2）耐久耐候性。我国建筑物的结构设计使用年限为 50 年，而装配式建筑密封胶用于装配式建筑外墙板，长期暴露于室外，因此对其耐久耐候性能就得格外关注，相关技术指标主要包括定伸粘结性、浸水后定伸粘结性和冷拉热压后定伸粘结性。

（3）耐污性。传统硅酮胶中的硅油会渗透到墙体表面，在外界的水和表面张力的作用下，使得硅油在墙体载体上扩散，空气中的污染物质由于静电作用而吸附在硅油上，就会产生接缝周围的污染。对有美观要求的建筑外立面，密封胶的耐污性应满足目标要求。

（4）相容性等其他要求。预制外墙板是混凝土材质，在其外表面还可能铺设保温材料、涂刷涂料及粘贴面砖等，装配式建筑密封胶与这几种材料的相容性是必须提前考虑的。

除材料防水外，构造防水常作为装配式建筑外墙的第二道防线，在设计应用时主要做法是在接缝的背水面，根据外墙板构造功能的不同，采用密封条形成二次密封，两道密封之间形成空腔。垂直缝部位每隔 2～3 层设计排水口。所谓两道密封，即在外墙的室内侧与室外侧均设计涂覆密封胶做防水。外侧防水主要用于防止紫外线、雨雪等气候的影响，对耐候性能要求高。而内侧二道防水主要是隔断突破外侧防水的外界水汽与内侧发生交换，同时也能阻止室内水流入接缝，造成漏水。预制构件端部的企口构造也是构造防水的一部分，可以与两道材料防水、空腔排水口组成的防水系统配合使用。

外墙产生漏水需要三个要素，即水、空隙与压差，破坏任何一个要素，就可以阻止水的渗入。空腔与排水管使室内外的压力平衡，即使外侧防水遭到破坏，水也可以排走而不进入室内。内外温差形成的冷凝水也可以通过空腔从排水口排出。漏水被限制在两个排水口之间，易于排查与修理。排水可以由密封材料直接形成开口，也可以在开口处插入排水管。

8.4.2　技术指标

（1）密封胶力学性能指标中位移能力、弹性恢复率及拉伸模量应满足指标要求，试验方法应符合现行标准《混凝土建筑接缝用密封胶》（JC/T 881）、《建筑硅酮密封胶》（GB/T 14683）中的要求。

（2）密封胶耐久耐候性中的定伸粘结性、浸水后定伸粘结性和冷拉热压后定伸粘结性应满足指标要求，试验方法应符合现行标准《混凝土建筑接缝用密封胶》（JC/T 881）及《硅酮建筑密封胶》（GB/T 146836）的要求。

（3）密封胶耐污性应满足指标要求，试验方法可参考现行标准《石材用建筑密封胶》（GB/T 23261）中的方法。

（4）密封防水的其他材料应符合有关标准的规定。

8.4.3　适用范围

适用于装配式建筑（混凝土结构、钢结构）中混凝土与混凝土、混凝土与钢的外墙板、内墙板的缝隙等部位。

8.4.4　工程案例

国家体育场（鸟巢）、武汉琴台大剧院、北京奥运射击馆、中粮万科长阳半岛项目、五和万科长阳天地项目、天竺万科中心项目、清华苏世民书院项目、上海华润华发静安府项目、上海招商地产宝山大场项目、合肥中建海龙办公综合楼项目、上海青浦区 03－04 地块项目、上海地杰国际城项目、上海松江区国际生态商务区 14 号地块、上海中房滨江项目、青岛韩洼社区经济适用房等。

8.4.5 工程实例

1. 工程概况

位于浦东新区周浦镇的周康航大型居住社区，是上海市六大保障性住宅基地之一。其中，位于周康航基地 C—04—01 地块的周康航预制装配式高层住宅项目，为保障性住房中的动迁安置房，工程占地面积 24501m²，共 6 栋住宅楼，由 3 栋 18 层住宅楼、1 栋 17 层住宅楼、1 栋 14 层住宅楼、1 栋 13 层住宅楼等组成，总建筑面积 59887m²。3 号楼预制率为 29.2%，其余住宅楼预制率为 16.5%～17%。据悉，采用预制装配技术建造如此大规模的住宅项目，在上海还是首次，而且被业界誉为"PC 住宅品牌示范项目"。

该工程建筑结构形式为剪力墙结构。外围护结构、建筑物公共区域、电梯厅、走道及户内阳台、厨房、卫生间区域，均采用预制叠合结构，楼梯段均采用全预制结构。本工程使用的外墙板是一种基于复合保温、永久模板、构件功能高集成度的设计思想设计出的新型围护体系——预制叠合保温外挂墙板；一层以上的楼板采用的是预制叠合板。

2. 预制叠合保温外挂墙板防水技术

（1）预制叠合保温外挂墙板介绍。预制叠合保温外挂墙板是指将外保温与预制外墙板合二为一。简单来说，就是在预制外墙模的基础上集成保温层。这实现了保温层与墙板同寿命，可克服传统的保温外贴面做法存在的不可逆转的弊病，切实解决长期困扰传统建筑外保温、外装饰的诸多问题。

本工程外墙板采用的保温材料为泡沫混凝土。本工程外墙由外而内依次为：外墙板（总厚度为 95mm，其中，外板混凝土厚度 55mm，保温泡沫混凝土厚度 40mm）、现浇墙板（厚度为 180mm）。预制叠合保温外挂墙板与建筑主体结构连接成一体，增强了结构的整体性，避免建筑外围护结构在外力作用下发生过大变形。

该工程将保温材料集成于外墙板内，在不显著增加构件质量、不改变建筑结构受力体系的情况下，提高建筑构件预制装配化比例，达到提高构件功能集成度的目的，使预制外墙板体系具有构件尺寸与质量适中、节点构造简便、防水防潮性能可靠等优点。

（2）预制叠合保温外挂墙板的防水处理。传统建筑防水最主要的设计理念就是堵水，将水流可以进入室内的通道全部隔断以起到防水效果。然而，对于预制装配式建筑，导水优于堵水、排水优于防水。简单地说，就是在设计时就要考虑水流可能会突破外侧防水层。除进行防水处理外，通过设计合理的排水路径将可能渗入的水引导到排水构造中，将其排出室外，才能有效避免其进一步渗透到室内。

本工程中，无论是墙板的横向接缝还是竖向接缝，在板面的拼缝口处都用聚乙烯棒塞缝并用密封胶嵌缝，以防水汽进入墙体内部。另外，在首层现浇楼面边缘设置企口，墙板的上下两端分别设有用于配套连接的企口，将墙板横向接缝设计成内高外低的企口缝，利用水流受重力作用自然垂流的原理，可有效防止水进一步渗入。墙板竖向接缝处通过设计减压空腔，能防止水流通过毛细作用渗入室内。其原理是让建筑内外侧等压确保水密性和气密性，防止气压差造成接缝空间内出现气流，带入雨水，形成漏水。其操作过程是让建筑外侧处于开放或半开放状态，对建筑内侧进行气密处理，通过用发泡材料将外墙板接缝空间划分为小的区域，让接缝空间内与室外气压瞬间平衡。外墙板的横向接缝、竖向接缝的防水构造，分别如图 8-1、图 8-2 所示。

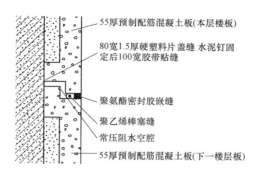

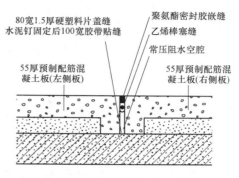

图 8-1 外墙板横向接缝的防水构造　　　　　图 8-2 外墙板竖向接缝的防水构造

由于现浇结构精度不高，所有构件安装时，与首层楼面现浇结构相交处，下部宜设置垫片，解决构件找平问题。

对首层预制外墙板内侧进行固定时，采用 L 形连接片将现浇楼面结构与外墙板连接，以防止水通过拼装接缝处渗入。

在相邻外墙板安装就位后，以自粘防水胶带密封缝隙，以确保后期浇筑主体结构时水泥浆不致阻塞空腔，保证空腔的完整、有效。此外，还可防止水从拼装缝处流入。防水胶带粘贴好后，在外墙板内侧通过横向连接片进行板与板的连接，安装内侧斜撑，保证预制外挂板的垂直度。

为解决常规的结构施工中外墙门窗框的常见性渗漏问题，构件在工厂加工时，将窗框放入预制外板构件中一次性浇筑，外窗框与预制构件形成整体（图 8-3），能减少渗漏点，有利于外墙防渗漏，达到优质工程标准。

预制墙板的加工精度和混凝土养护质量直接影响墙板的安装精度和防水情况。墙板安装前，必须认真复核墙板的几何尺寸和平整度情况，检查墙板表面以及预埋窗框周围的混凝土是否密实，是否存在贯通裂缝。质量不合格的墙板严禁使用。

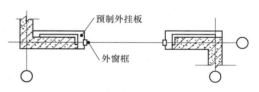

图 8-3　外窗框预埋剖面图

3. 预制叠合楼板防水技术

叠合楼板是预制板与上部现浇混凝土相结合的一种结构形式，具有现浇楼板的整体性、刚度大、抗裂性好、不增加钢筋消耗、节约模板等优点。对预制叠合板进行防水设计，首先应对卫生间预制板上的坐便器、厨房间预制板上的排水立管、线盒等提前进行定位预留，进行 BIM（建筑信息模型）深化设计，这样可大大提升日后排水立管及平顶内管线敷设的施工效率。后期再进行混凝土浇筑，整体性好，可降低渗漏概率。

根据 BIM 深化图纸，在预制厂里进行定位，预留专用套管后运输至现场，经现场管理人员验收合格后开始吊装。

现场安装预制板时，需对管道预埋件处采取保护措施。本工程中，在卫生间叠合板上管道预埋件处，将塑料盖与短管连接而成的配件插入预埋件中进行保护，大量减少了预埋件的后期破坏，并可防止浇筑混凝土时混凝土流入预埋件中。

此外，预制板机电管件预埋的工作质量对叠合板的防水性能也相当重要。准确地立管、线盒及地漏预留定位，是装配式建筑防水的一个基本保障。

4. 预制空调板防水技术

对于安装在室外的空调板，合理的防水设计也是。在本工程中，通过在预制空调板上预埋地漏、设置滴水线，设置一定坡度的泛水等，可以使积水快速导出。

5. 总结

预制装配式建筑是目前建筑行业正在大力推广的新型技术，从技术层面上来讲，通过将外墙板的横向拼装接缝设计成企口缝、在竖向拼装接缝处设计空腔，在叠合板中安装预埋管件等一系列改良措施，外墙防水性能可以得到有效保障。另外，现场施工人员若能熟练掌握预制外墙防水施工要领，严格按相关规范流程进行操作，把好防水质量关，相信预制装配式住宅产品能够获得广大用户的认同和市场的认可。

8.5 高效外墙自保温技术

8.5.1 技术内容

常用自保温体系以蒸压加气混凝土、陶粒增强加气砌块、硅藻土保温砌块（砖）、蒸压粉煤灰砖、淤泥及固体废弃物制保温砌块（砖）和混凝土自保温（复合）砌块等为墙体材料，并辅以相应的节点保温构造措施。高效外墙自保温体系对墙体材料提出了更高的热工性能要求，以满足夏热冬冷地区和夏热冬暖地区节能设计标准的要求。

8.5.2 技术指标

主要技术指标参见表 8-6，其他技术性能参见《蒸压加气混凝土砌块》（GB/T 11968）、《蒸压加气混凝土应用技术规程》（JGJ 17）和《烧结多孔砖和多孔砌块》（GB 13544）的标准要求；节能设计参见《公共建筑节能设计标准》（GB 50189）、《夏热冬冷地区居住建筑节能设计标准》（JGJ 134）、《夏热冬暖地区居住建筑节能设计标准》（JGJ 75）等标准的要求，同时需满足各地地方标准要求。

表 8-6　　　　　　　　　　　　自保温体系的墙体材料技术指标

项目	指标
干体积密度/（kg/m³）	425～825
抗压强度/MPa	≥3.5，且符合对应标准等级的抗压强度要求
导热系数/［W/（m·K）］	≤0.2
体积吸水率（%）	15～25

8.5.3 适用范围

适用于夏热冬冷地区和夏热冬暖地区的建筑外墙、分户墙等，可用于高层建筑的填充墙或低层建筑的承重墙体。

8.5.4 工程案例

苏州高新区科技城文体中心、南京碧堤湾畔花园小区、苏州工业园区独墅湖学校、苏州姑苏区金茂府小区、常州现代传媒中心。

第9章　抗震、加固与监测技术

9.1　消能减震技术

9.1.1　技术内容

消能减震技术是将结构的某些构件设计成消能构件，或在结构的某些部位装设消能装置。在风或小震作用时，结构具有足够的侧向刚度，以满足正常使用要求；当出现大风或大震作用时，随着结构侧向变形的增大，消能构件或消能装置率先进入非弹性状态，产生较大阻尼，大量消耗输入结构的地震或风振能量，使主体结构避免出现明显的非弹性状态，而且迅速衰减结构的地震或风振反应（位移、速度、加速度等），保护主体结构及构件在强地震或大风中免遭破坏或倒塌，达到减震抗震的目的。

消能部件一般由消能器、连接支撑和其他连接构件等组成。

消能部件中的消能器（又称阻尼器）分为速度相关型，如黏滞流体阻尼器、黏弹性阻尼器、黏滞阻尼墙、黏弹性阻尼墙；位移相关型，如金属屈服型阻尼器、摩擦阻尼器等和其他类型，如调频质量阻尼器（TMD）、调频液体阻尼器（TLD）等。

采用消能减震技术的结构体系与传统抗震结构体系相比，具有更高安全性、经济性和技术合理性。

9.1.2　技术指标

建筑结构消能减震设计方案，应根据建筑抗震设防类别、抗震设防烈度、场地条件、建筑结构方案和建筑使用要求，与采用抗震设计的设计方案进行技术和经济可行性的对比分析后确定。采用消能减震技术结构体系的设计、施工、验收和维护，应按现行标准《建筑抗震设计规范》（GB 50011）和《建筑消能建筑技术规程》（JGJ 297）进行，设计安装做法可参考建筑标准设计图集《建筑结构消能减震（振）设计》（09SG610－2），其产品应符合现行行业标准《建筑消能阻尼器》（JG/T 209）的规定。

9.1.3　适用范围

消能减震技术主要应用于多高层建筑，高耸塔架，大跨度桥梁，柔性管道、管线（生命线工程），既有建筑的抗震（或抗风）性能的改善，文物建筑及有纪念意义的建（构）筑物的保护等。

9.1.4　工程案例

江苏省宿迁市建设大厦、北京威盛大厦等新建工程，以及北京火车站、北京展览馆、西安长乐苑招商局广场 4 号楼等加固改造工程。

9.2　建筑隔震技术

9.2.1　技术内容

基础隔震系统是通过在基础和上部结构之间，设置一个专门的隔震支座和耗能元件（如铅阻尼器、油阻尼器、钢棒阻尼器、黏弹性阻尼器和滑板支座等），形成刚度很低的柔性底层，称为隔震层。通过隔震层的隔震和耗能元件使基础与上部结构断开，将建筑物分为上部结构、隔震层和下部结构三部分，延长上部结构的基本周期，从而避开地震的主频带范围，使上部结构与水平地面运动在相当程度上解除了耦连关系。同时，利用隔震层的高阻尼特性，消耗输入地震动的能量，使传递到隔震结构上的地震作用进一步减小，提高隔震建筑的安全性。目前，除基础隔震外，人们对层间隔震的研究和应用也越来越多。

隔震技术已经系统化、实用化，它包括摩擦滑移系统、叠层橡胶支座系统、摩擦摆系统等。其中目前工程界最常用的是叠层橡胶支座隔震系统。这种隔震系统性能稳定可靠，采用专门的叠层橡胶支座作为隔震元件，是由一层层的薄钢板和橡胶相互叠置，经过专门的硫化工艺黏合而成的。其结构、配方、工艺需要特殊的设计，属于一种橡胶厚制品。目前常用的橡胶隔震支座有天然橡胶支座、铅芯橡胶支座、高阻尼橡胶支座等。

9.2.2 技术指标

采用隔震技术后的上部结构地震作用一般可减小3～6倍，地震时建筑物上部结构的反应以第一振型为主，类似于刚体平动。其地震反应很小，结构构件和内部设备都不会发生破坏或丧失正常的使用功能，在内部工作和生活的人员不仅不会遭受伤害，也不会感受到强烈的摇晃，强震发生后人员无需疏散，房屋无需修理或仅需一般修理，从而保证建筑物的安全甚至避免非结构构件如设备、装修破坏等次生灾害的发生。

建筑隔震设计方案，应根据建筑抗震设防类别、抗震设防烈度、场地条件、建筑结构方案和建筑使用要求，与采用抗震设计的设计方案进行技术、经济可行性的对比分析后确定。采用隔震技术结构体系的计算分析应按现行国家标准《建筑抗震设计规范》（GB 50011）进行，设计安装做法可参考国家建筑标准设计图集《建筑结构隔震构造详图》（03SG610－1），其产品应符合现行行业标准《建筑隔震橡胶支座》（JG118）的规定。

9.2.3 适用范围

建筑隔震技术一般应用于重要的建筑，一般指甲、乙类等特别重要的建筑；也可应用于有特殊性使用要求的建筑，传统抗震技术难以达到抗震要求的或有更高抗震要求的某些建筑，也可用于抗震性能不满足要求的既有建筑的加固改造，文物建筑及有纪念意义的建（构）筑物的保护等。

9.2.4 工程案例

北京三里河七部委联合办公楼、北京地铁复八线、福建省防震减灾中心大楼、昆明新机场等。

9.3 建筑移位技术

9.3.1 技术内容

建筑物移位技术是指在保持房屋建筑与结构整体性和可用性不变的前提下，将其从原址移到新址的既有建筑保护技术。建筑物移位具有技术要求高、工程风险大的特点。建筑物移位包括以下技术环节：新址基础施工、移位基础与轨道布设、结构托换与安装行走机构、牵引设备与系统控制、建筑物移位施工、新址基础上就位连接。其中结构托换是指对整体结构或部分结构进行合理改造，改变荷载传力路径的工程技术，通过结构托换将上部结构与基础分离，为安装行走机构创造条件；移位轨道及牵引系统控制是指移位过程中轨道设计及牵引系统的实施，通过液压系统施加动力后驱动结构在移位轨道上行走；就位连接是指建筑物移到指定位置后原建筑与新基础连接成为整体，其中可靠的连接处理是保证建筑物在新址基础上结构安全的重要环节。

9.3.2 技术指标

采用建筑移位技术的结构设计可依据现行行业标准《建（构）筑物移位工程技术规程》（JGJ/T 239）及《建筑物移位纠倾增层改造技术规范》（CECS 225）进行，变形监测做法可按现行行业标准《建筑变形测量规范》（JGJ 8）执行。

9.3.3 适用范围

适用于具有使用价值或保留价值或历史价值的既有建（构）物的整体移位，对于这些既有建（构）物因规划调整、小区平面布置改变等原因，需整体从原址移位到附近新址，其移位方式包括平移、旋转及局部顶升。可考虑进行移位的建（构）筑物为：一般工业与民用建筑，其层数为多层，其结构形式可包括砌体结构、钢筋混凝土结构、砖木结构、钢结构等；其他构筑物；古建筑、历史建筑与特殊建筑。

9.3.4 工程案例

厦门市人民检察院综合楼 6 层钢筋混凝土框架结构平移工程、泉州佳丽彩印厂专家楼平移工程、北京英国大使馆（国家一级文物）整体平移工程、济南宏济堂历史建筑整体移位工程等。

9.3.5 工程实例

1. 工程概况

××市××教堂为哥特式建筑，建造于 1883 年，现为××市重点文物保护单位。该建筑物东西长 27.85m，南北宽 15.98m，占地面积为 374.16m²，总重约 1200t。教堂大厅为砖木结构，木屋架简支于砖柱和砖墙上，教堂钟楼部分为高耸砖混结构，高 21m，大厅和钟楼两部分中间无分隔缝。结构基础为青石基础，地基为杂填土，大厅部分曾于 1986 年和 1998年进行过维修，2005 年因部分墙体出现不均匀沉降裂缝，采用了喷射混凝土板墙对部分墙体进行加固。为满足该市道路扩建工程要求，教堂需向东平移 10m。

2. 建筑整体平移难点

相对于其他的平移建筑，该工程具有以下难点。

（1）结构已建成一百多年，建筑物老旧，砌块和砂浆强度较低，结构整体性差。

（2）结构体系复杂，大厅部分为木屋架大跨度结构，屋架支撑点为砖柱、砖墙，承载力和稳定性差；钟楼部分为高耸结构，中间楼板为木结构，整体稳定性差。

（3）教堂经历过多次改造，年代相隔较大，技术资料不全；结构西端部进行过扩建，原墙结构拆墙换柱，西端部开间为后增建。

（4）结构基础形式多样：砖墙基础为青石基础且基本无放脚，砖柱的基础是独立砖基础，部分建立在原墙青石基础上；室内后砌隔墙无基础，直接坐落在室内地面上。

（5）教堂所处区域地下水位较浅，向下开挖深度受限。

3. 建筑整体平移设计

（1）结构加固设计。该建筑结构体系杂乱，上部结构整体性差。因此在其移位前应首先对上部结构进行了检测，对结构存在的安全隐患部位采取有效的永久性加固和临时性加固，提高结构整体刚度，确保改造过程中结构安全。

1）砖柱加固。对支撑屋架的砖柱采用外包钢法加固，四角设置∟70×5的角钢，下端至基础放脚，上端伸至砖柱顶部，角钢以缀板焊接连接，缀板规格为—60×4，间距300mm，角钢与砖柱贴合面间以结构胶粘结。同时，砖柱四周设置角钢支撑斜向与混凝土托换梁相连，以保证平移过程中结构的整体稳定性。

2）结构木屋架加固。由于结构木屋架构件存在一定损伤和缺陷，平移前采用∟75×5角钢加固，对屋架平面内上下弦杆件和屋架腹杆均采用增设角钢屋架加固，各屋架平面外双角钢架的支撑，提高了屋架整体稳定性，每幅屋架开裂的腹杆增设了钢箍，对屋架支座与墙体、砖柱的连接点采用扁钢环绕，并与下部结构锚固连接。

（2）结构托换及托换底盘设计。

1）墙体、砖柱托换。由于墙体年代久远、强度低且部分基础损伤严重，为保证托换过程的结构安全，本工程采用双夹梁式托换方法，由墙体和砖柱两侧的夹梁和用于拉结两侧夹梁的横向拉梁组成（图9-1）。双夹梁式托换施工方便、施工速度快、对墙体削弱面积小，可有效减小托换对上部结构受力的影响。房屋内部存在四片后砌隔墙直接砌筑在室内地面上，平移前采用工字钢托墙方式进行托换。

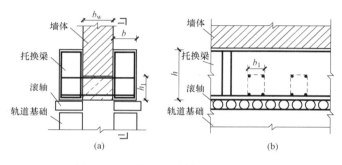

图9-1 双夹梁式墙体托换方法示意
(a) 立面；(b) 1—1剖面

2）平移托换底盘设计。在文物建筑移位工程中托换结构应根据上部建筑布局、结构传力路径、结构荷载分布、上部结构刚度变化和建筑移位方向等方面设计布置。该建筑基本为砖墙屋架体系，纵墙为主要传力路径。本书采用PKPM工程计算软件对该工程进行实体建模。结构模型根据上部结构实际检测数据资料建立，模型的构件截面、材料以及荷载取值均与现场实测一致，通过计算得出荷载传递数值，以此为依据进行托换底盘设计。本平移工程采用间隔布置滚轴法，因此托换梁按连续梁计算。

砌体的上部结构荷载均通过窗间墙传递至基础，本次平移工程将滚轴放置在窗间墙范围下部，即上部荷载大部分通过滚轴的竖向受压承受，而上轨道梁悬空部分基本仅承受门窗洞口下部砌块自重，其受力原理如图9-2所示，因此，轨道梁尺寸以能够保证下部托换底盘整体刚度为原则，进行截面尺寸选择。

为了保证平移过程中结构安全，底盘结构体系设计为近顶推点处设有交叉斜梁，平衡顶推力，房屋平面缩进部位均设有斜梁，中间大开间部位增设了混凝土连梁（图9-3），以保证其具有足够的刚度和强度。

（3）行走轨道梁及新址基础设计。由于原有结构基础材料和形式混杂，砖基础放脚小且损坏变形严重，青石基础无放脚，因此结合现场情况设置6条平移轨道与上部结构墙体位置对应，并对原有基础放脚剔凿至与墙体同宽，以保证平移过程中的结构安全。本工程轨道梁施工需对原结构基础进行剔凿，为保证上部结构安全，采取室内室外分批分段施工。

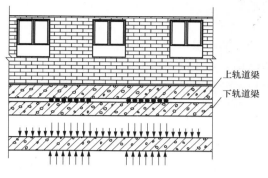

图 9-2　上轨道梁受力示意

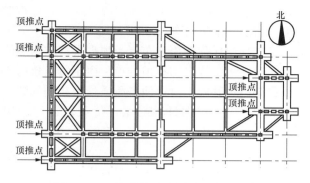

图 9-3　上轨道梁及连梁平面布置示意

依据该工程新址的岩土工程勘察报告书，该处首层地层主要成分为建筑垃圾、煤渣及粉质黏土，含砖块、碎石，不宜作为天然地基。考虑上部结构层数低、荷载小，因此在新址基础范围内采用砂石换填进行地基处理。将基础面以下 1.0m 的杂填土层挖去，然后以质地坚硬、强度较高、性能稳定、具有抗侵蚀性的砂、碎石分层充填，以人工或机械方法分层碾压、振动，使其达到要求的密实度，成为良好的人工地基。在进行新址基础设计时，大厅部分采用墙下钢筋混凝土条形基础，基础宽度设计为 1.5～2.0m，钟楼部分设置为十字交叉条形基础，增强基础底面积和刚度，确保上部结构安全。

4. 施力系统设计施力方式选择

(1) 平移工程可根据施力方式的不同，分为牵引式平移、顶推式平移和牵引顶推组合式平移。牵引式适用于荷载较小的建筑物水平移位或爬升；顶推式应用于各种建筑的水平移位或者顶升；荷载较大时，可采用牵引、顶推组合施力方式。

本工程采用顶推式平移，根据工程实践，将预应力钢绞线技术应用在整体移位工程中，开发一种新的可动反力支座。这种可动反力支座操作方便，而且不受轨道尺寸限制和预留位置的限制，其构造形式如图 9-4 所示。

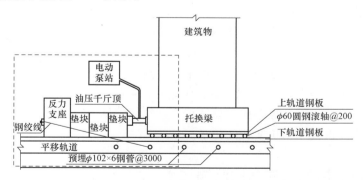

图 9-4　可动反力支座构造示意

(2) 平移推力估算。水平移位时，每条上轨道梁的移动阻力 $T_i = k\mu W_i$。式中：T_i 为轨道梁的水平移位阻力；k 为经验系数，由试验或施工经验确定，一般取 1.5～3.0；μ 为摩擦系数，钢材滚动摩擦系数取 0.05～0.10；W_i 为第 i 根轨道梁的竖向荷载。取屋面荷载为 3.5kN/m²，墙体自重取 28kN/m³；根据初步估算，计算房屋总重约 1200t（重力作用

12000kN），取启动时的摩擦系数为 0.1，最重的轨道梁所需的总推力约为 270kN，建筑整体平移启动总推力约为 1800kN。

（3）千斤顶选用和布置。根据上部结构墙体、砖柱的布置情况，本工程共设置了 6 条平移轨道，每个轨道均有顶推点。由于每条轨道承担结构自重不同，所需的顶推力也不同，因此在结构平移施工时每两条所需推力相同的轨道使用 1 台油泵控制，确保结构平移过程中轨道受力均匀。根据计算结果，每条轨道均选用 50t 千斤顶，共配置 3 台电动油泵供给千斤顶。

5. 整体平移施工

（1）监测系统。在平移过程中，对建筑的沉降、扭转、倾斜、移动位移、房屋安全状况进行实时监测。沉降和倾斜观测通过建筑物的 22 个标记点进行间隔观测，平均每移动 1m 观测一次；建筑扭转和移动位移通过轨道的标记线以及每条轨道的行走记录观测，房屋安全状况通过原有裂缝是否发展和在行走过程中是否有新裂缝产生观测。

（2）启动力的确定。上部结构与原结构基础完全分离后，先试顶推。轨道端头设置 6 台位移监测系统，荷载每次增加 100kN，逐级增加。为避免轨道出现拉应力，大厅部分 4 条轨道首先提前预加压至 400kN，然后 6 个顶推点同时同步施力，直至结构起步。实际平移过程中，通过记录测算，最大推力为启动时的推动力（1500kN），约为上部荷重的 13%，与估算值 1800kN 基本吻合。建筑物移动正常运行后摩擦系数减小，正常行走推动力为 900kN，约为上部荷重的 7.5%。本工程实际测量数据与估算数据基本相同，K 值取 1.25，启动力摩擦系数取 1.0，滚动摩擦系数取 0.075。

（3）结构就位。建筑物平移至设计位置后，先拆除行走钢板轨道，上下轨道间的空隙采用微膨胀细石混凝土进行上部结构与基础连接，将部分上下轨道梁之间的滚轴埋于梁内。施工中严格控制混凝土振捣质量，混凝土均高出平移缝隙上部 200mm，避免新旧混凝土之间的不密实。

6. 实施效果

××教堂平移工程于 2011 年 3 月底开工，2011 年 6 月 12 日教堂平移到位。本平移工程的成功完成为城市建设和文物保护工作提供了新的解决思路。工程针对建筑结构体系采取了临时和永久的加固，解决了大跨结构和高耸结构的平移稳定性问题，房屋平移到位后偏差在规范的允许范围内，教堂原有裂缝未发展且未产生新的影响结构安全的裂缝。新址基础底面积比原址基础增加了两倍多，提高了地基承载能力，从根本上解决了地基沉降问题。同时，平移完成就位时，结构底部连接形成了整体桁架，结构整体性显著增强，有效地保护了文物建筑上部结构原貌，保证了历史文化的传承。

9.4 大型复杂结构施工安全性监测技术

9.4.1 技术内容

大型复杂结构是指大跨度钢结构、大跨度混凝土结构、索膜结构、超限复杂结构、施工质量控制要求高且有重要影响的结构、桥梁结构等，以及采用滑移、转体、顶升、提升等特殊施工过程的结构。

大型复杂结构施工安全性监测，以控制结构在施工期间的安全为主要目的，重点技术是通过检测结构安全控制参数在一定期间内的量值及变化，并根据监测数据评估或预判结构安全状态，必要时采取相应控制措施，以保证结构安全。监测参数一般包括变形、应力—应变、荷载、温度和结构动态参数等。

监测系统包括传感器、数据采集传输系统、数据库、状态分析评估与显示软件等。

9.4.2　技术指标

监测技术指标主要包括传感器及数据采集传输系统测试稳定性和精度，其稳定性指标一般为监测期间内最大漂移小于工程允许的范围，测试精度一般满足结构状态值的 5% 以内。监测点布置与数量满足工程监测的需要，并满足《建筑与桥梁结构监测技术规范》（GB 50982）等国家现行监测、测量等规范、标准的要求。

9.4.3　适用范围

大跨度钢结构、大跨度混凝土结构、索膜结构、超限复杂结构、施工质量控制要求高且有重要影响的建筑结构和桥梁结构等，包含有滑移、转体、顶升、提升等特殊施工过程的结构。

9.4.4　工程案例

武汉绿地中心、上海中心、深圳平安金融中心、天津津塔、上海东方明珠塔、广州电视塔等超高层与高耸结构、国家体育场钢结构、五棵松体育馆钢结构、国家大剧院钢结构、深圳会展中心钢结构、昆明新机场、上海大剧院、2010 年上海世博会世博轴钢结构与索膜结构、中国航海博物馆结构；大同大剧院钢筋混凝土薄壳结构等大跨空间结构，CCTV 新台址异形结构；大同美术馆三角锥钢结构顶推滑移工程，贵州盘县大桥顶推工程，中航技研发中心顶升工程等。

9.5　爆破工程监测技术

9.5.1　技术内容

爆破作业中，爆破振动对基础、建筑物自身、周边环境物均会造成一定的影响，无论从工程施工的角度还是环境安全的需要，均要对爆破作业提出控制，将爆破引发的各类效应列为控制和监测爆破影响的重要项目。

爆破监测的主要项目主要包括：

（1）爆破质点振动速度。

（2）爆破动应变。

（3）爆破孔隙动水压力。

（4）爆破水击波、动水压力及涌浪。

（5）爆破有害气体、空气冲击波及噪声。

（6）爆破前周边建筑物的检测与评估。

（7）爆破中周边建筑物振动加速度、倾斜及裂缝。

振动速度加速度传感器、应变计、渗压计、水击波传感器、脉动压力传感器、倾斜计、裂缝计等，分别与各类数据采集分析装置组成监测系统；对有害气体的分析可采用有毒气体检测仪；空气冲击波及噪声监测可采用专用的爆破噪声测试系统或声级计。

9.5.2 技术指标

爆破监测在具体实施中应符合现行标准《爆破安全规程》（GB 6722）、《作业场所空气中粉尘测定方法》（GB 5748）、《水电水利工程爆破安全监测规程》（DL/T 5333）。

9.5.3 适用范围

适用于市政工程、海港码头、铁路、公路、水利水电工程中的岩石类爆破。

9.5.4 工程案例

三峡水利枢纽三期上游围堰拆除工程、小浪底水利枢纽的左右岸开挖工程、秦山核电站大型基坑开挖爆破、重庆轻轨三号线江北机场站工程、南水北调丹江口水库加高工程、西北热力穿山隧道爆破施工。

9.5.5 工程实例

1. 工程概况

某隧道位于河北省张家口市沙岭子镇北，采用单洞双线形式，进口里程为 DK172＋980，出口里程为 DK180＋320，全长 7340m，设计行车速度为 250km/h。隧道为单面上坡，最大坡度为 20‰。隧道穿越山陵的主脉，山势陡峭，地形起伏较大，地面海拔高程为674.14～809.82m，相对高差为 80～110m。隧道所处区域地质主要为：上覆第四系上更新统洪坡积层新黄土、黏性土、砂类土、碎石土，侏罗系上统四岔组第一段凝灰岩，中生界侏罗系上统陶北营组第三段凝灰岩。

此次开挖爆破采用三台阶开挖法，岩质类型以全分化凝灰岩为主。由于埋深较浅且隧道进口工区靠近张家口市区，故需通过现场监测来确定开挖爆破产生的影响。

2. 隧道浅埋区段爆破震动监测

（1）监测方案。本次监测采用中国科学院成都测控研究所生产的 TC－4850 和 TC－4850N 高精度爆破测振仪，每台测振仪有 3 个通道，配置可同时采集 X、Y、Z 三个方向爆破震动速度的三轴向振动速度传感器。

本次监测重点为下台阶开挖爆破。在保证设备安全的前提下，将传感器固定在隧道边墙2m 高位置处，各传感器与下台阶爆破点的距离分别设定为 15、20、25、30m，振动测点布置在一条直线上，如图 9 - 5 所示。

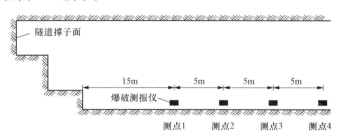

图 9 - 5　爆破震动测点布置

在现场布置传感器时，首先用电钻在衬砌上打膨胀螺栓孔，用膨胀螺栓和不锈钢夹片将传感器固定在衬砌上，保证传感器可随衬砌同时振动。

施工采用三台阶爆破方案。下台阶单孔药量约 7 节，24 个孔，孔间距 35～40cm 不等；最大段装药量为 21kg，采用毫秒导爆雷管延时起爆，炸药类型为 2 号岩石乳化炸药。

（2）监测数据分析。整理监测数据，结果见表 9 - 1。

表 9-1　　　　　　　　　　　　　　　振动速度监测结果

序号	爆心距/m	径向 (X) 择速/(cm/s)	切向 (Y) 振速/(cm/s)	垂向 (Z) 振速/(cm/s)	径向 (X) 主频/Hz	切向 (Y) 主频/Hz	垂向 (Z) 主频/Hz
1	15	3.38	2.26	1.15	114.29	75.47	102.56
2	20	1.02	1.21	0.85	111.11	58.82	117.65
3	25	1.02	1.07	0.81	108.70	52.60	35.70
4	30	0.82	0.70	0.73	96.20	138.90	62.50

　　1）爆破震动速度。监测结果显示，测点 1（距爆心 15m）处径向（X）振动速度最大，其他监测位置处最大振动速度均小于 $3.38\mathrm{cm\cdot s^{-1}}$。对监测数据进行处理，获得典型实测速度时程曲线，如图 9-6 所示。

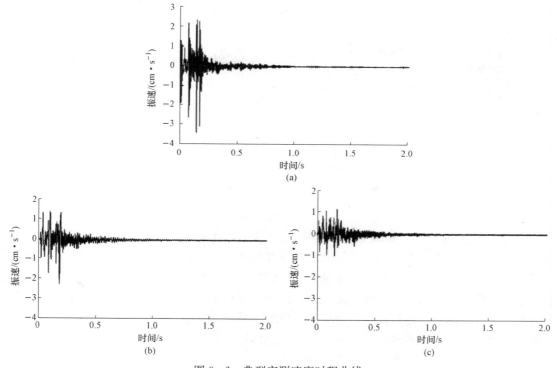

图 9-6　典型实测速度时程曲线

　　目前关于爆破震动强度的预测，国内外比较公认的是萨道夫斯基经验公式，且中国已将萨道夫斯基公式编入《爆破安全规程》（GB 6722—2014）。萨道夫斯基经验公式中：R 为爆破震动安全允许距离（m）；Q 为炸药量（kg），齐发爆破为总药量，延时爆破为最大单段药量；V 为保护对象所在地安全允许质点振速（$\mathrm{cm\cdot s^{-1}}$）；K、α 为与爆破点至保护对象间的地形、地质条件有关的系数和衰减指数，应通过现场试验确定，在无试验数据的条件下，可参考《爆破安全规程》（GB 6722—2014）取值。

　　通过比较发现，径向（X）振动速度比其他方向的大，故选择径向（X）振动速度作为评价指标。通过对现场振动测试数据进行回归计算，得出此隧道凝灰岩地层的萨道夫斯基公式中的 $K=70.3$、$\alpha=1.94$。

2）爆破震动主频率。对振动速度监测数据进行傅里叶变换可得到爆破震动频谱曲线。故本书选取监测点振动速度较大的径向（X）监测数据进行傅立叶变换，得到该方向的爆破振动频谱曲线如图 9-7 所示。

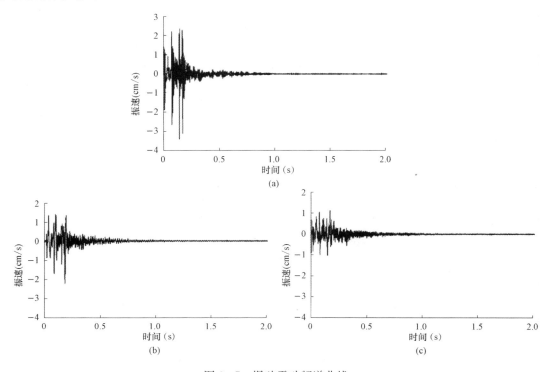

图 9-7　爆破震动频谱曲线

从图 9-7 可以发现：爆破震动主频率随距离的增大逐渐转向低频，即主频域由 $10\sim180\text{Hz}$ 缩减为 $10\sim115\text{Hz}$，说明岩层地质存在高频滤波特性；而且随着爆心距增大，高频成分衰减较快，低频成分衰减较慢，爆破震动频谱曲线整体偏向低频区域。因此，爆破震动主频域分布范围为 $10\sim115\text{Hz}$，开挖爆破前应提前做好自振频率处于该区间的建（构）筑物保护措施。通过频谱曲线还可发现，爆破地震波的衰减并非遵循严格意义上的衰减规律，个别检测点波动较大，因此爆破地震波的衰减过程仍需进一步研究。

3．结束语

（1）监测过程中，振动速度最大值为 3.38cm/s^{-1}，数值较小；而且通过调研发现，开挖爆破未对周围建（构）筑物及新建隧道初衬造成明显影响。

（2）对现场监测数据进行线性回归分析，求得 $K=70.3$、$\alpha=1.94$，得出适用于某隧道凝灰岩地层的爆破震动速度萨道夫斯基公式，为今后施工过程中开挖爆破的控制提供理论基础。

（3）对振动速度监测数据进行傅立叶变换，得到各测点的频谱曲线。经过分析得出爆破震动主频域分布范围为 $10\sim115\text{Hz}$，开挖爆破前应做好自振频率处于该区间的建（构）筑物的保护措施。

（4）通过监测数据发现，爆破地震波的衰减并非遵循严格意义上的衰减规律，个别检测点波动较大，因此爆破地震波的衰减过程仍需进一步研究。

第 10 章　信息化技术

10.1　基于 BIM 的现场施工管理信息技术

基于 BIM 的现场施工管理信息技术是指利用 BIM 技术，并借助移动互联网技术实现施工现场可视化、虚拟化的协同管理。在施工阶段结合施工工艺及现场管理需求对设计阶段施工图模型进行信息添加、更新和完善，以得到满足施工需求的施工模型。依托标准化项目管理流程，结合移动应用技术，通过基于施工模型的深化设计，以及场布、施组、进度、材料、设备、质量、安全、竣工验收等管理应用，实现施工现场信息高效传递和实时共享，提高施工管理水平。

10.1.1　技术内容

（1）深化设计：基于施工 BIM 模型结合施工操作规范与施工工艺，进行建筑、结构、机电设备等专业的综合碰撞检查，解决各专业碰撞问题，完成施工优化设计，完善施工模型，提升施工各专业的合理性、准确性和可校核性。

（2）场布管理：基于施工 BIM 模型对施工各阶段的场地地形、既有设施、周边环境、施工区域、临时道路及设施、加工区域、材料堆场、临水临电、施工机械、安全文明施工设施等进行规划布置和分析优化，以实现场地布置科学合理。

（3）施组管理：基于施工 BIM 模型，结合施工工序、工艺等要求，进行施工过程的可视化模拟，并对方案进行分析和优化，提高方案审核的准确性，实现施工方案的可视化交底。

（4）进度管理：基于施工 BIM 模型，通过计划进度模型（可以通过 Project 等相关软件编制进度文件生成进度模型）和实际进度模型的动态链接，进行计划进度和实际进度的对比，找出差异，分析原因，BIM4D 进度管理直观的实现对项目进度的虚拟控制与优化。

（5）材料、设备管理：基于施工 BIM 模型，可动态分配各种施工资源和设备，并输出相应的材料、设备需求信息，并与材料、设备实际消耗信息进行比对，实现施工过程中材料、设备的有效控制。

（6）质量、安全管理：基于施工 BIM 模型，对工程质量、安全关键控制点进行模拟仿真以及方案优化。利用移动设备对现场工程质量、安全进行检查与验收，实现质量、安全管理的动态跟踪与记录。

（7）竣工管理：基于施工 BIM 模型，将竣工验收信息添加到模型，并按照竣工要求进行修正，进而形成竣工 BIM 模型，作为竣工资料的重要参考依据。

10.1.2　技术指标

（1）基于 BIM 技术在设计模型基础上，结合施工工艺及现场管理需求，进行深化设计和调整，形成施工 BIM 模型，实现 BIM 模型在设计与施工阶段的无缝衔接。

（2）运用的 BIM 技术应具备可视化、可模拟、可协调等能力，实现施工模型与施工阶段实际数据的关联，进行建筑、结构、机电设备等各专业在施工阶段的综合碰撞检查、分析和模拟。

（3）采用的 BIM 施工现场管理平台应具备角色管控、分级授权、流程管理、数据管理、模型展示等功能。

（4）通过物联网技术自动采集施工现场实际进度的相关信息，实现与项目计划进度的虚拟比对。

（5）利用移动设备，可即时采集图片、视频信息，并能自动上传到 BIM 施工现场管理平台，责任人员在移动端即时得到整改通知、整改回复的提醒，实现质量管理任务在线分配、处理过程及时跟踪的闭环管理等要求。

（6）运用 BIM 技术，实现危险源的可视标记、定位、查询分析。安全围栏、标识牌、遮拦网等需要进行安全防护和警示的地方在模型中进行标记，提醒现场施工人员安全施工。

（7）应具备与其他系统进行集成的能力。

10.1.3　适用范围

适用于建筑工程项目施工阶段的深化、场布、施组、进度、材料、设备、质量、安全等业务管理环节的现场协同动态管理。

10.1.4　工程案例

湖北武汉绿地中心项目，北京中国建筑科学研究院科研楼项目，云南昆明润城第二大道项目，越南越中友谊宫项目，北京通州行政副中心项目，广东东莞国贸中心项目，北京首都医科大学附属北京天坛医院，广东深圳腾讯滨海大厦工程，广东深圳平安金融中心，北京中国卫星通信大厦，天津 117 大厦项目等，山西晋中矿山综合治理技术研究中心。

10.2　基于大数据的项目成本分析与控制信息技术

基于大数据的项目成本分析与控制信息技术，是利用项目成本管理信息化和大数据技术更科学和有效地提升工程项目成本管理水平和管控能力的技术。通过建立大数据分析模型，充分利用项目成本管理信息系统积累的海量业务数据，按业务板块、地区、重大工程等维度进行分类、汇总，对"工、料、机"等核心成本要素进行分析，挖掘出关键成本管控指标并利用其进行成本控制，从而实现工程项目成本管理的过程管控和风险预警。

10.2.1　技术内容

1. 项目成本管理信息化主要技术内容

（1）项目成本管理信息化技术是要建设包含收入管理、成本管理、资金管理和报表分析等功能模块的项目成本管理信息系统。

（2）收入管理模块应包括业主合同、验工计价、完成产值和变更索赔管理等功能，实现业主合同收入、验工收入、实际完成产值和变更索赔收入等数据的采集。

（3）成本管理模块应包括价格库、责任成本预算、劳务分包、专业分包、机械设备、物资管理、其他成本和现场经费管理等功能，具有按总控数量对"工、料、机"的业务发生数量进行限制，按各机构、片区和项目限价对"工、料、机"采购价格进行管控的能力，能够编制预算成本和采集劳务、物资、机械、其他、现场经费等实际成本数据。

（4）资金管理模块应包括债务支付集中审批、支付比例变更、财务凭证管理等功能，具有对项目部资金支付的金额和对象进行管控的能力，实现应付和实付资金数据的采集。

（5）报表分析应包括"工、料、机"等各类业务台账和常规业务报表，并具备对劳务、物资、机械和周转料的核算功能，能够实时反映施工项目的总体经营状态。

2. 成本业务大数据分析技术的主要技术内容

（1）建立项目成本关键指标关联分析模型。

（2）实现对"工、料、机"等工程项目成本业务数据按业务板块、地理区域、组织架构和重大工程项目等分类的汇总和对比分析，找出工程项目成本管理的薄弱环节。

（3）实现工程项目成本管理价格、数量、变更索赔等关键要素的趋势分析和预警。

（4）采用数据挖掘技术形成成本管理的"量、价、费"等关键指标，通过对关键指标的控制，实现成本的过程管控和风险预警。

（5）应具备与其他系统进行集成的能力。

10.2.2　技术指标

（1）采用大数据采集技术，建立项目成本数据采集模型，收集成本管理系统中存储的海量成本业务数据。

（2）采用数据挖掘技术，建立价格指标关联分析模型，以地区、业务板块和业务发生时点为主要维度，结合政策调整、价格变化等相关社会经济指标，对劳务、物资和机械等成本价格进行挖掘，提取适合各项目的劳务分包单价、物资采购价格、机械租赁单价等数据，并输出到成本管理系统中作为项目成本的控制指标。

（3）采用可视化分析技术，建立项目成本分析模型，从收入与产值、预算成本与实际成本、预计利润与实际利润等多个角度，对项目成本进行对比分析，对成本指标进行趋势分析和预警。

（4）采用分布式系统架构设计，降低并发量提高系统可用性和稳定性。采用 B/S 和 C/S 模式相结合的技术，Web 端实现业务单据的流转审批，使用离线客户端实现数据的便捷、快速处理。

（5）通过系统的权限控制体系，限定用户的操作权限和可访问的对象。系统应具备身份鉴别、访问控制、会话安全、数据安全、资源控制、日志与审计等功能，防止信息在传输过程中被抓包窜改。

10.2.3　适用范围

适用于加强项目成本管控的工程建设项目。

10.2.4　工程案例

四川成都博览城项目，山东济南世茂天城项目，山东济南中铁诺德名城二期项目，湖北襄阳新天地房建项目等工程项目等。

10.3　基于云计算的电子商务采购技术

基于云计算的电子商务采购技术是指通过云计算技术与电子商务模式的结合，搭建基于云服务的电子商务采购平台，针对工程项目的采购寻源业务，统一采购资源，实现企业集约化、电子化采购，创新工程采购的商业模式。平台功能主要包括：采购计划管理、互联网采购寻源、材料电子商城、订单送货管理、供应商管理、采购数据中心等。通过平台应用，可聚合项目采购需求，优化采购流程，提高采购效率，降低工程采购成本，实现阳光采购，提高企业经济效益。

10.3.1 技术内容

（1）采购计划管理：系统可根据各项目提交的采购计划，实现自动统计和汇总，下发形成采购任务。

（2）互联网采购寻源：采购方可通过聚合多项目采购需求，自动发布需求公告，并获取多家报价进行优选，供应商可进行在线报名响应。

（3）材料电子商城：采购方可以针对项目大宗材料、设备进行分类查询，并直接下单。供应商可通过移动终端设备获取订单信息，进行供货。

（4）订单送货管理：供应商可根据物资送货要求进行物流发货，并可以通过移动端记录物流情况。采购方可通过移动端实时查询到货情况。

（5）供应商管理：提供合格供应商的审核和注册功能，并对企业基本信息、产品信息及价格信息进行维护。采购方可根据供货行为对供应商进行评价，形成供应商评价记录。

（6）采购数据中心：提供材料设备基本信息库、市场价格信息库、供应商评价信息库等的查询服务。通过采购业务数据的积累，对以上各信息库进行实时的自动更新。

10.3.2 技术指标

（1）通过搭建云基础服务平台，实现系统负载均衡、多机互备、数据同步及资源弹性调度等机制。

（2）具备符合要求的安全认证、权限管理等功能，同时提供工作流引擎，实现流程的可配置化及与表单的可集成化。

（3）应提供规范统一的材料设备分类与编码体系、供应商编码体系和供应商评价体系。

（4）可通过统一信用代码校验及手机号码校验，确认企业及用户信息的一致性和真实性。云平台需通过数字签名系统验证用户登录信息，对用户账户信息及投标价格信息进行加密存储，通过系统日志自动记录采购行为，以提高系统安全性及法律保障。

（5）应支持移动终端设备实现供应商查询、在线下单、采购订单跟踪查询等应用。

（6）应实现与项目管理系统需求计划、采购合同的对接，以及与企业 OA 系统的采购审批流程对接。还应提供与其他相关业务系统的标准数据接口。

10.3.3 适用范围

适用于建筑工程实施过程中的采购业务环节。

10.3.4 工程案例

上海迪士尼工程项目，陕西西安西安交大科技创新港科创基地项目，四川宜宾向家坝水电站工程，福建福清核电站 3、4 号机组工程，北京中铁鲁班商务网项目等。

10.4 基于互联网的项目多方协同管理技术

基于互联网的项目多方协同管理技术是以计算机支持协同工作（CSCW）理论为基础，以云计算、大数据、移动互联网和 BIM 等技术为支撑，构建的多方参与的协同工作信息化管理平台。通过工作任务协同管理、质量和安全协同管理、图档协同管理、项目成果物的在线移交和验收管理、在线沟通服务，解决项目图档混乱、数据管理标准不统一等问题，实现项目各参与方之间信息共享、实时沟通，提高项目多方协同管理水平。

10.4.1　技术内容

（1）工作任务协同。在项目实施过程中，将总包方发布的任务清单及工作任务完成情况的统计分析结果实时分享给投资方、分包方、监理方等项目相关参与方，实现多参与方对项目施工任务的协同管理和实时监控。

（2）质量和安全管理协同。能够实现总包方对质量、安全的动态管理和限期整改问题自动提醒。利用大数据进行缺陷事件分析，通过订阅和推送的方式为多参与方提供服务。

（3）项目图档协同。项目各参与方基于统一的平台进行图档审批、修订、分发、借阅，施工图纸文件与相应 BIM 构件进行关联，实现可视化管理。对图档文件进行版本管理，项目相关人员通过移动终端设备，可以随时随地查看最新的图档。

（4）项目成果物的在线移交和验收。各参与方在项目设计、采购、实施、运营等阶段，通过协同平台进行成果物的在线编辑、移交和验收，并自动归档。

（5）在线沟通服务。利用即时通信工具，增强各参与方的沟通能力。

10.4.2　技术指标

（1）采用云模式及分布式架构部署协同管理平台，支持基于互联网的移动应用，实现项目文档的快速上传和下载。

（2）应具备即时通信功能，统一身份认证与访问控制体系，实现多组织、多用户的统一管理和权限控制，提供海量文档加密存储和管理能力。

（3）针对工程项目的图纸、文档等进行图形、文字、声音、照片和视频的标注。

（4）应提供流程管理服务，符合业务流程与标注（BPMN）2.0 标准。

（5）应提供任务编排功能，支持父子任务设计，方便逐级分解和分配任务，支持任务推送和自动提醒。

（6）应提供大数据分析功能，支持质量、安全缺陷事件的分析，防范质量、安全风险。

（7）应具备与其他系统进行集成的能力。

10.4.3　适用范围

适用于工程项目多参与方的跨组织、跨地域、跨专业的协同管理。

10.4.4　工程案例

天津 117 项目、湖北武汉绿地中心项目、重庆来福士广场项目、湖北武汉因特宜家项目、广东深圳华润深圳湾国际商业中心项目、太原山西行政学院综合教学楼项目等。

10.5　基于移动互联网的项目动态管理信息技术

基于移动互联网的项目动态管理信息技术是指综合运用移动互联网技术、全球卫星定位技术、视频监控技术、计算机网络技术，对施工现场的设备调度、计划管理、安全质量监控等环节进行信息即时采集、记录和共享，满足现场多方协同需要，通过数据的整合分析实现项目的动态实时管理，规避项目过程的各类风险。

10.5.1　技术内容

（1）设备调度。运用移动互联网技术，通过对施工现场车辆运行轨迹、频率、卸点位置、物料类别等信息的采集，完成路径优化，实现智能调度管理。

（2）计划管理。根据施工现场的实际情况，对施工任务进行细化分解，并监控任务进度完成情况，实现工作任务合理在线分配及施工进度的控制与管理。

（3）安全质量管理。利用移动终端设备，对质量、安全巡查中发现的质量问题和安全隐患进行影音数据采集和自动上传，整改通知、整改回复自动推送到责任人员，实现闭环管理。

（4）数据管理。通过信息平台准确生成和汇总施工各阶段工程量、物资消耗等数据，实现数据自动归集、汇总、查询，为成本分析提供及时、准确的数据。

10.5.2 技术指标

（1）应用移动互联网技术，实现在移动端对施工现场设备进行安全、高效的统一调配和管理。

（2）结合 LBS 技术通过对移动轨迹采集和定位，实现移动端自动采集现场设备工作轨迹和工作状态。

（3）建立协同工作平台，实现多专业数据共享和安全质量标准化管理。

（4）具备与其他管理系统进行数据集成共享的功能。

（5）系统应符合《计算机信息系统安全保护等级划分准则》（GB 17859）第二级的保护要求。

10.5.3 适用范围

适用于施工作业设备多、生产和指挥管理复杂、难度大的建设项目。

10.5.4 工程案例

贵州贵阳华润国际社区项目示范区总承包工程、吉林长春吉大医院、辽宁沈阳浦和新苑住宅楼项目、天津合纵科技（天津）生产基地项目、云南昆明润城第二大道项目、湖南张家界家居生活广场一期工程、山东淄博五洲国际家具博览城二期等。

10.6 基于物联网的工程总承包项目物资全过程监管技术

基于物联网的工程总承包项目物资全过程监管技术，是指利用信息化手段建立从工厂到现场的"仓到仓"全链条一体化物资、物流、物管体系。通过手持终端设备和物联网技术，实现集装卸、运输、仓储等整个物流供应链信息的一体化管控，实现项目物资、物流、物管的高效、科学、规范管理，解决传统模式下无法实时、准确地进行物流跟踪和动态分析的问题，从而提升工程总承包项目物资全过程的监管水平。

10.6.1 技术内容

（1）建立工程总承包项目物资全过程监管平台，实现编码管理、终端扫描、报关审核、节点控制、现场信息监控等功能，同时支持单项目统计和多项目对比，为项目经理和决策者提供物资全过程监管支撑。

（2）编码管理：以合同 BOQ 清单为基础，采用统一编码标准，包括设备 KKS 编码、部套编码、物资编码、箱件编码、工厂编号及图号编码，并自动生成可供物联网设备扫描的条形码，实现业务快速流转，减少人为差错。

（3）终端扫描：在各个运输环节，通过手持智能终端设备，对条形码进行扫码，并上传至工程总承包项目物资全过程监管平台，通过物联网数据的自动采集，实现集装卸、运输、仓储等整个物流供应链信息共享。

（4）报关审核：建立报关审核信息平台，完善企业物资海关编码库，适应新形势下海关无纸化报关要求，规避工程总承包项目物资货量大、发船批次多、清关延误等风险，保证各项出口物资的顺利通关。

（5）节点控制：根据工程总承包计划设置物流运输时间控制节点，包括海外海运至发货港口、境内陆运至车站、报关通关、物资装船、海上运输、物资清关、陆地运输等，明确运输节点的起止时间，以便工程总承包项目物资全过程监管平台根据物联网扫码结果，动态分析偏差，进行预警。

（6）现场信息监控：建立现场物资仓储平台，通过运输过程中物联网数据的更新，实时动态监管物资的发货、运输、集港、到货、验收等环节，以便现场合理安排项目进度计划，实现物资全过程闭环管理。

10.6.2　技术指标

（1）建立统一的工程总承包项目物资全过程监管平台，运用大数据分析、工作流和移动应用等技术，实现多项目管理，相关人员可通过手机随时获取信息，同时支持云部署、云存储模式，支持多方协同，业务上下贯通，逻辑上分管理策划层、业务标准化层、数据共享层三层结构。

（2）采用定制移动终端，实现远距离（＞5m）条码扫描，监听手持设备扫描数据，通过 HTTPS 安全协议，使终端数据快速、直接、安全送达服务器，实现货物远距离的快速清点和物流状态的实时更新。

（3）以条形码作为唯一身份编码形式，并将打印的条码贴至箱件，扫码时系统自动进行校验，实现各运输环节箱件内物资的快速核对。

（4）通过卫星定位技术和物联网条码技术，实现箱件位置的快速定位和箱件内物资的快速查找。

（5）将规划好的推送逻辑、时机、目标置入系统，实时监听物联网数据获取状态并进行对比分析，满足触发条件，自动通过待办任务、邮件、微信、短信等形式推送给相关方，进行预警提醒，对未确认的提醒，可设定重复发送周期。

（6）支持离线应用，可采用离线工具实现数据采集。在联网环境下，自动同步到服务器或者通过邮件发送给相关方进行导入。

（7）具备与其他管理系统进行数据集成共享的功能。

10.6.3　适用范围

国内外工程总承包项目物资的物流、物管。

10.6.4　工程案例

内蒙古昇华新农村光伏小镇建设项目，沙特拉比格海水淡化厂区建设项目，新疆乌鲁木齐 2×1100MW 超超临界空冷机组项目，宁夏宁东 2×660MW 燃机扩建项目，孟加拉艾萨拉姆 2×600MW 燃机项目等。

10.7　基于物联网的劳务管理信息技术

基于物联网的劳务管理信息技术是指利用物联网技术，集成各类智能终端设备对建设项目现场劳务工人实现高效管理的综合信息化系统。系统能够实现实名制管理、考勤管理、安全教育管理、视频监控管理、工资监管、后勤管理以及基于业务的各类统计分析等，提高项目现场劳务用工管理能力、辅助提升政府对劳务用工的监管效率，保障劳务工人与企业利益。

10.7.1 技术内容

（1）实名制管理。实现劳务工人进场实名登记、基础信息采集、通行授权、黑名单鉴别，人员年龄管控、人员合同登记、职业证书登记以及人员退场管理。

（2）考勤管理。利用物联网终端门禁等设备，对劳务工人进出指定区域通行信息自动采集，统计考勤信息，能够对长期未进场人员进行授权自动失效和再次授权管理。

（3）安全教育管理。能够记录劳务工人安全教育记录，在现场通行过程中对未参加安全教育人员限制通过。可以利用手机设备登记人员安全教育等信息，实现安全教育管理移动应用。

（4）视频监控。能够对通行人员人像信息自动采集并与登记信息进行人工比对，能够及时查询采集记录；能实时监控各个通道的人员通行行为，并支持远程监控查看及视频监控资料存储。

（5）工资监管。能够记录和存储劳务分包队伍劳务工人工资发放记录，宜能对接银行系统实现工资发放流水的监控，保障工资支付到位。

（6）后勤管理。能够对劳务工人进行住宿分配管理，宜能够实现一卡通在项目的消费应用。

（7）统计分析。能基于过程记录的基础数据，提供政府标准报表，实现劳务工人地域、年龄、工种、出勤数据等统计分析，同时能够提供企业需要的各类格式报表定制。利用手机设备可以实现劳务工人信息查询、数据实时统计分析查询。

10.7.2 技术指标

（1）应将劳务实名制信息化管理的各类物联网设备进行现场组网运行，并与互联网相连。

（2）基于物联网的劳务管理系统，应具备符合要求的安全认证、权限管理、表单定制等功能。

（3）系统应提供与物联网终端设备的数据接口，实现对身份证阅读器、视频监控设备、门禁设备、通行授权设备、工控机等设备的数据采集与控制。

（4）门禁方式可采用 IC 卡闸机门禁、人脸或虹膜识别闸机门禁、二维码闸机门禁、RFID 无障碍通行等。IC 卡及读写设备要符合 ISO/IEC14443 协议相关要求、RFID 卡及读写设备应符合 IOS 15693 协议相关要求。单台人脸或虹膜识别设备最少支持存储 1000 张人脸或虹膜信息；闸机通行不低于 30 人/min（采用人脸或虹膜生物识别通行不低于 10 人/min）；如采用半高转闸和全高转闸，应设立安全疏散通道。

（5）可对现场人员进出的项目划设区域进行授权管理，不同授权人员只能通行对应的区域。

（6）门禁控制器应能记录进出场人员信息，统计进出场时间，并实时传输到云端服务器；应能支持断网工作，数据可在网络恢复以后及时上传；断电设备无法工作，但已采集记录数据可以保留 30d。

（7）能够进行统一的规则设置，可以实现对人员年龄超龄控制、黑名单管控规则、长期未进场人员控制、未接受安全教育人员控制，可以由企业统一设置，也可以由各项目灵活配置。

（8）能及时（延时不超过 3min）统计项目劳务用工相关数据，企业可以实现多项目的统计分析。

（9）能够通过移动终端设备实现人员信息查询、安全教育登记、查看统计分析数据、远程视频监控等实时应用。

（10）具备与其他管理系统进行数据集成共享的功能。

10.7.3　适用范围

适用于加强施工现场劳务工人管理的项目。

10.7.4　工程案例

北京新机场项目、北京通州行政副中心项目、吉林长春龙嘉机场二期项目、河南郑州林湖美景项目、上海张江高科技园项目、山东济南翡翠华庭项目、陕西西安地电广场项目、广西南宁盛科城项目、太原山西行政学院综合教学楼项目等。

10.8　基于 GIS 和物联网的建筑垃圾监管技术

基于 GIS 和物联网的建筑垃圾监管技术是指高度集成射频识别（RFID）、车牌识别（VLPR）、卫星定位系统、地理信息系统（GIS）、移动通信等技术，针对施工现场建筑垃圾进行综合监管的信息平台。该平台通过对施工现场建筑垃圾的申报、识别、计量、运输、处置、结算、统计分析等环节的信息化管理，可为过程监管及环保政策研究提供翔实的分析数据，有效推动建筑垃圾的规范化、系统化、智能化管理，全方位、多角度地提升建筑垃圾管理的水平。

10.8.1　技术内容

（1）申报管理：实现建筑垃圾基本信息、排放量信息和运输信息等的网上申报。

（2）识别、计量管理：利用摄像头对车载建筑垃圾进行抓拍，通过与建筑垃圾基本信息比对分析，实现建筑垃圾分类识别、称重计量，自动输出二维码标签。

（3）运输监管：利用卫星定位系统和 GIS 技术，实现对建筑垃圾运输进行跟踪监控，确保按照申报条件中的运输路线进行运输。利用物联网传感器，实现对垃圾车辆防护措施进行实时监控，确保运输途中不随意遗撒。

（4）处置管理：利用摄像头对建筑垃圾倾倒过程监控，确保垃圾倾倒在指定地点。

（5）结算：对应垃圾处理中心的垃圾分类，自动产生电子结算单据，确保按时结算，并能对结算情况进行查询。

（6）统计分析：通过对建筑垃圾总量、分类总量、计划量的自动统计，与实际外运量进行对比分析，防止瞒报、漏报等现象。利用多项目历史数据进行大数据分析，找到相似类型项目建筑垃圾产生量的平均值，为后续项目的建筑垃圾管理提供参考。

10.8.2　技术指标

（1）车辆识别：利用车牌识别（VLPR）技术自动采集并甄别车辆牌照信息。

（2）建筑垃圾分类识别：通过制卡器向射频识别（RFID）有源卡写入相应建筑垃圾类型等信息。利用项目和处理中心的地磅处阅读器，自动识别目标对象并获取垃圾类型信息，摄像头抓拍建筑垃圾照片，并将垃圾类型信息和抓拍信息上传至计算机进行分析比对，确定是否放行。

（3）监控管理平台：利用 GIS、卫星定位系统和移动应用技术，建立运输跟踪监控系统，企业总部或地方政府主管部门可建立远程监控管理平台并与运输监控系统对接，通过对运输路径、车辆定位等信息的动态化、可视化监控，实现对建筑垃圾全过程监管。

（4）具备与相关系统集成的能力。

10.8.3　适用范围

适用于建筑垃圾资源化处理程度较高城市的建筑工程，桩基及基坑围护结构阶段可根据具体情况选用。

10.8.4　工程案例

上海明发商业广场项目，上海保利凯悦酒店项目，山东济南高新万达项目，上海上证所金桥技术中心基地项目等。

10.9　基于智能化的装配式建筑产品生产与施工管理信息技术

基于智能化的装配式建筑产品生产与施工管理信息技术，是在装配式建筑产品生产和施工过程中，应用 BIM、物联网、云计算、工业互联网、移动互联网等信息化技术，实现装配式建筑的工厂化生产、装配化施工、信息化管理。通过对装配式建筑产品生产过程中的深化设计、材料管理、产品制造环节进行管控，以及对施工过程中的产品进场管理、现场堆场管理、施工预拼装管理环节进行管控，实现生产过程和施工过程的信息共享，确保生产环节的产品质量和施工环节的效率，提高装配式建筑产品生产和施工管理的水平。

10.9.1　技术内容

（1）建立协同工作机制，明确协同工作流程和成果交付内容，并建立与其相适应的生产、施工全过程管理信息平台，实现跨部门、跨阶段的信息共享。

（2）深化设计：依据设计图纸结合生产制造要求建立深化设计模型，并将模型交付给制造环节。

（3）材料管理：利用物联网条码技术对物料进行统一标识，通过对材料"收、发、存、领、用、退"全过程的管理，实现可视化的仓储堆垛管理和多维度的质量追溯管理。

（4）产品制造：统一人员、工序、设备等编码，按产品类型建立自动化生产线，对设备进行联网管理，能按工艺参数执行制造工艺并反馈生产状态，实现生产状态的可视化管理。

（5）产品进场管理：利用物联网条码技术可实现产品质量的全过程追溯；可在 BIM 模型中，按产品批次查看产品进场进度，实现可视化管理。

（6）现场堆场管理：利用物联网条码技术对产品进行统一标识，合理利用现场堆场空间，实现产品堆垛管理的可视化。

（7）施工预拼装管理：利用 BIM 技术对产品进行预拼装模拟，减少并纠正拼装误差，提高装配效率。

10.9.2　技术指标

（1）管理信息平台能对深化设计、材料管理、生产工序的情况进行集中管控，能在施工环节中利用生产环节的相关信息对产品生产质量进行监管，并能通过施工预拼装管理提高施工装配效率。

（2）在深化设计环节，按照各专业（如预制混凝土、钢结构等）深化设计标准（要求）统一产品编码，采用专业深化设计软件开展深化设计工作，达到生产要求的设计深度，并向下游交付。

（3）在材料管理环节，按照各专业（如预制混凝土、钢结构等）物料分类标准（要求）统一物料编码。进行材料"收、发、存、领、用、退"全过程信息化管理，应用物联网条码、RFID 条码等技术绑定材料和仓库库位，采用扫描枪、手机等移动设备实现现场条码信息的采集，依据材料仓库仿真地图，实现材料堆垛可视化管理。通过对材料的生产厂家、尺寸外观、规格型号等多维度信息的管理，实现质量控制的可追溯。

（4）在产品制造环节，按照各专业（如预制混凝土、钢结构等）生产标准（要求）统一人员、工序、设备等编码。制造厂应用工业互联网建立网络传输体系，能支持到工序层级的设备层面，实现自动化的生产制造。

（5）采用 BIM 技术、计算机辅助工艺规划（CAPP）、工艺路线仿真等工具，制作工艺文件，并能将工艺参数通过制造厂工业物联网体系传输给对应设备（如将切割程序传输给切割设备），各工序的生产状态可通过人员报工、条码扫描或设备自动采集等手段进行采集上传。

（6）在产品进场管理环节，应用物联网技术，采用扫描枪、手机等移动设备扫描产品条码、RFID 条码，将产品信息自动传输到管理信息平台，进行产品质量的可追溯管理。并可按照施工安装计划，在 BIM 模型中直观查看各批次产品的进场状态，对项目进度进行管控。

（7）在现场堆场管理环节应用物联网条码、RFID 条码等技术绑定产品信息和产品库位信息，采用扫描枪、手机等移动设备实现现场条码信息的采集，依据产品仓库仿真地图实现产品堆垛的可视化管理，合理组织、利用现场堆场空间。

（8）在施工预拼装管理环节采用 BIM 技术对需要预拼装的产品进行虚拟预拼装分析，通过模型或者输出报表等方式查看拼装误差，在地面完成偏差调整，降低预拼装成本，提高装配效率。

（9）可采取云部署的方式，提高信息资源的利用率，降低信息资源的使用成本。

（10）应具备与相关信息系统集成的能力。

10.9.3　适用范围

适用于装配式建筑产品（如钢结构、预制混凝土、木结构等）生产过程中的深化设计、材料管理、产品制造环节，以及施工过程中的产品进场管理、现场堆场管理、施工预拼装管理环节。

10.9.4　工程案例

辽宁沈阳宝能环球金融中心，广东深圳会展中心项目，湖北武汉绿地中心项目，广东深圳汉京项目，北京中国尊项目等。

参 考 文 献

［1］住房和城乡建设部工程质量安全监管司.建筑业 10 项新技术（2017 版）［M］.北京：中国建筑工业出版社，2017.

［2］中国土木工程学会总工程师工作委员会.绿色施工技术与工程应用［M］.北京：中国建筑工业出版社，2018.

［3］苏慧.土木工程施工技术［M］.北京：高等教育出版社，2015.

［4］陆艳侠，宁培淋，张静.建筑施工技术［M］.北京：北京大学出版社，2018.

［5］本书编委会.天津文化中心工程建设新技术集成与工程示范［M］.北京：中国建筑工业出版社，2014.

［6］蔡军兴，王宗昌，崔武文.建设工程施工技术与质量控制［M］.北京：中国建材工业出版社，2018.

［7］吴学松，刘子金.建筑施工技术创新实例［M］.北京：中国电力出版社，2016.

［8］刘海明.建设工程新技术及应用［M］.江苏：江苏科学技术出版社，2016.

［9］吴伟民.市政工程施工技术［M］.厦门：厦门大学出版社，2013.

［10］陈克济.地铁工程施工技术［M］.北京：中国铁道出版社，2014.

［11］姚谨英.建筑施工技术（第六版）［M］.北京：中国建筑工业出版社，2017.